シリーズ 現代の天文学［第2版］ 第5巻

銀河 II——銀河系

祖父江義明・有本信雄・家 正則［編］

日本評論社

口絵1 天の川（p.4, Serge Brunier）[下]野辺山45 m電波望遠鏡FUGINプロジェクトによる天の川銀経12-22度の星間分子（一酸化炭素）の詳細な分布．赤が^{12}CO，緑が^{13}CO，青がC^{18}O分子線強度を示す．Umemoto, T., *et al.* 2017, *PASJ*, 69, 78より転載（FUGIN: FOREST Unbiased Galactic plane Imaging survey with the Nobeyama 45 m telescope）

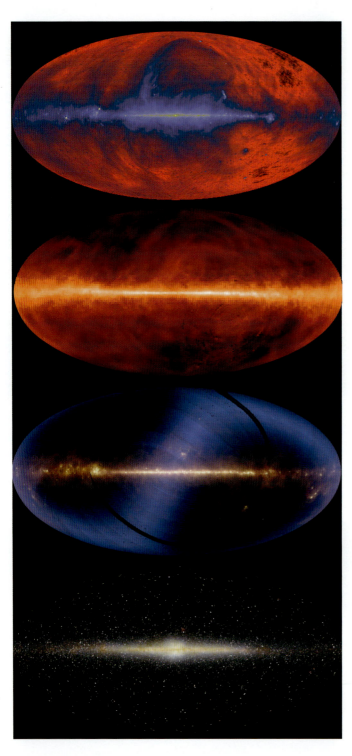

口絵2［上から順に］
- 408 MHz（波長73 cm）連続波の全天画像（p.30参照, C. Haslam et al., MPIfR, SkyView）
- 電波輝線（波長21 cm）の全天画像（p.32参照, J. Dickey (UMn), F. Lockman (NRAO), SkyView）
- 遠赤外線（波長12, 60, 100 μm）の赤外線強度を合成した全天画像（p.34参照, http://coolcosmos. ipac.caltech.edu/image_gallery /IRAS/allsky.html）
- 赤外線の全天画像（p.35, E. Wright (UCLA), The COBE Project, DIRBE, NASA）

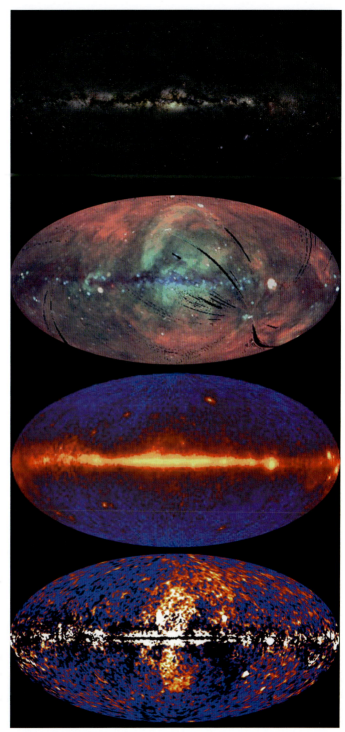

可視光の全天画像(p.36, Axel Mellinger)

X線の全天画像(p.38, S. Digel, S. Snowden (GSFC), ROSAT Project, MPE, NASA)

ガンマ線の全天画像(p.39, https://heasarc.gsfc.nasa.gov/docs/cgro/egret/)

FERMI衛星ガンマ線ハード成分の全天画像(p.141, NASA, DOE, Fermi Gamma-Ray Space Telescope, LAT detector, D. Finkbeiner et al.))

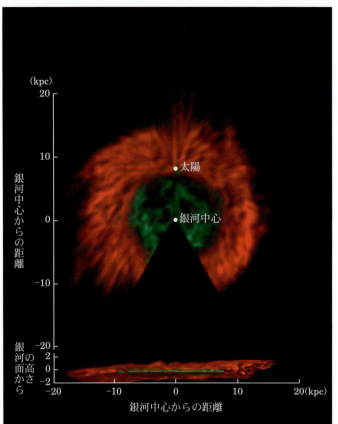

口絵3［左］
［上］北銀極から見た銀河系の星間ガス分布．赤は中性水素(H I)ガス，緑が水素分子(H₂)ガス［下］銀河系星間ガス分布の銀河面に垂直な断面図（p.80参照）

口絵5［下］
銀河中心（銀径方向に6度幅）の10 GHz 連続波電波の分布．中心がいて座A．野辺山宇宙電波観測所45 m鏡にて観測(p.99)

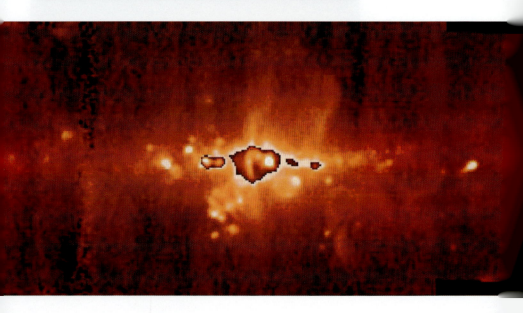

口絵4 [右上]
電波源のファラデー回転量RMから求めたファラデー深度の天球分布（p.94, Oppermann et al. 2012, Astron. Astrophys, 542, 93）

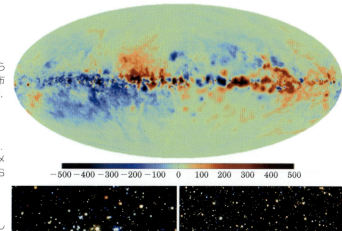

口絵6 [右中]
アーチ星団（左）と五つ子星団（右）. ハッブル宇宙望遠鏡の近赤外線カメラによる（p.113, Don Figer (STScl) et al., NASA）

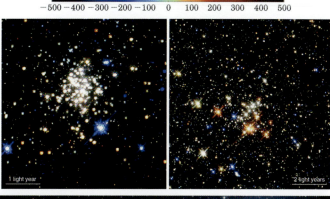

口絵7 [右下]
105 cmシュミット望遠鏡で撮影したアンドロメダ銀河M31. 左にコンパクト楕円銀河M32, 右下に矮小楕円銀河NGC205が見える. NGC205には球状星団があるが, M32には球状星団がまったくない（p.191, 撮影：東京大学理学部木曽観測所）

口絵8［上］
「あかり」による大マゼラン雲の遠赤外線画像. 60 μm, 90 μm, 140 μm の画像から疑似カラー合成をした (p.252, JAXA提供)

口絵9［下］
渦状銀河M51の可視光像. ハッブル宇宙望遠鏡による撮影 (p.319, N. Scoville(Caltech), T. Rector(U. Alaska, NOAO) *et al*., Hubble Heritage Team, NASA)

シリーズ第 2 版刊行によせて

　本シリーズの第 1 巻が刊行されて 10 年が経過しましたが，この間も天文学のめざましい発展は続きました．2015 年 9 月 14 日に，アメリカの重力波望遠鏡 LIGO によってブラックホール同士の合体から発せられた重力波が検出されました．これによって人類は，電磁波とニュートリノなどの粒子に加えて，宇宙を観測する第三の手段を獲得しました．太陽系外惑星の探査も進み，今や太陽以外の恒星の周りを回る 3500 個を越す惑星が知られています．生物の住む惑星はもとより究極の夢である高等文明の探査さえ人類の視野に入ろうとしています．観測された最遠方の銀河の距離は 134 億光年へと伸びました．宇宙の年齢は 138 億年ですから，この銀河はビッグバンからわずか 4 億年後の宇宙にあるのです．また，身近な太陽系の探査でも，冥王星の表面に見られる複数の若い地形や土星の衛星エンケラドス表面からの水の噴き出しなど，驚きの発見が相次いでいます．

　さまざまな最先端の観測装置の建設も盛んでした．チリのアタカマ高原にある日本（東アジア），アメリカ，ヨーロッパの三極が運用する電波干渉計アルマ（ALMA）と，銀河系の星全体の 1％にあたる 10 億個の星の位置を精密に測るヨーロッパの Gaia 衛星が観測を始めています．今後に向けても，我が国の重力波望遠鏡 KAGRA，口径 30 m の望遠鏡 TMT，長波長帯の電波干渉計 SKA，ハッブル宇宙望遠鏡の後継機 JWST などの建設が始まっています．

　このような天文学の発展を反映させるべく，日本天文学会の事業として，本シリーズの第 2 版化を行うことになりました．第 1 巻から始めて適切な巻から順次全 17 巻を 2 版化して行く予定です．「新版シリーズ現代の天文学」が多くの方々に宇宙への夢を育む座右の教科書として使っていただければ幸いです．

2017 年 1 月

　　　　　　　　　　　日本天文学会第 2 版化 WG　岡村定矩・茂山俊和

シリーズ刊行によせて

　近年めざましい勢いで発展している天文学は，多くの人々の関心を集めています．これは，観測技術の進歩によって，人類の見ることができる宇宙が大きく広がったためです．宇宙の果てに向かう努力は，ついに129億光年彼方の銀河にまでたどり着きました．この銀河は，ビッグバンからわずか8億年後の姿を見せています．2006年8月に，冥王星を惑星とは異なる天体に分類する「惑星の定義」が国際天文学連合で採択されたのも，太陽系の外縁部の様子が次第に明らかになったことによるものです．

　このような時期に，日本天文学会の創立100周年記念出版事業として，天文学のすべての分野を網羅する教科書「シリーズ現代の天文学」を刊行できることは大きな喜びです．

　このシリーズでは，第一線の研究者が，天文学の基礎を解説するとともに，自らの体験を含めた最新の研究成果を語ります．できれば意欲のある高校生にも読んでいただきたいと考え，平易な文章で記述することを心がけました．特にシリーズの導入となる第1巻は，天文学を，宇宙－地球－人間という観点から俯瞰して，世界の成り立ちとその中での人類の位置づけを明らかにすることを目指しています．本編である2～17巻では，宇宙から太陽まで多岐ににわたる天文学の研究対象，研究に必要な基礎知識，天体現象のシミュレーションの基礎と応用，およびさまざまな波長での観測技術が解説されています．

　このシリーズは，「天文学の教科書を出してほしい」という趣旨で，篤志家から日本天文学会に寄せられたご寄付によって可能となりました．このご厚意に深く感謝申し上げるとともに，多くの方々がこのシリーズにより，生き生きとした天文学の「現在」にふれ，宇宙への夢を育んでいただくことを願っています．

2006年11月

編集委員長　岡村定矩

はじめに

　我われが住む天の川銀河，すなわち銀河系の研究は，宇宙にくまなく存在する銀河を理解するための基礎である．銀河系は，非常に身近にあるために例外的に精密な研究が進んでいる渦状銀河である．恒星や星団が個別に識別でき，星間雲の内部まで立ち入った構造や力学そして物理的性質を，銀河構造との関連において詳細に研究することができる．巨大ブラックホールである銀河中心の周辺ではエキゾチックな活動現象が展開し，密集する星間物質や恒星系の物理は，研究者の興味を引きつけて止まない．

　本書は3部からなっている．第I部では，銀河系が渦状銀河として認識されるまでの，長い道のりを，近代天文学史を交えて述べ，銀河系の概要について記述する．次に銀河系の構造と動力学，渦状銀河としての普遍性と特異性について記述する．観測者が内側に住んでいるが故の構造把握の困難さと，それを克服する優れた手法についても述べる．その苦労の果てに得られる3次元構造は，系外銀河の構造を論じるための基礎となる．また中心領域についてくわしく述べ，巨大ブラックホールなど，銀河中心で起きているさまざまな特異な現象について考察する．そしてこのような構造を持つ銀河系が，どのように形成され，進化してきたかを，銀河進化論の立場から探る．

　銀河系は孤立した銀河ではない．それをとりまく環境は，進化に大きく影響し，銀河系自身も周辺の環境に変化を与える．第II部では，銀河系が属する局所銀河群と，それを構成するアンドロメダ銀河など巨大な銀河，そして銀河系形成の鍵を握る多数の矮小銀河について深く考察する．銀河系とその衛星銀河である大小マゼラン雲の重力的な相互作用についてくわしく解説し，相互作用する系として銀河系を含む局所銀河群がたどる力学的な運命についても触れる．

　第III部では，銀河系と銀河を研究し理解するのに必要な基本的な物理法則と基礎方程式，およびその解法について述べる．銀河系の構造を表現し理解するために導入されたさまざまな力学モデルを紹介する．また重力多体系の動力学について，銀河系を解析的・数値的にどう扱うかを論じる．銀河系の特質である渦状

腕の成因や力学的な性質について，渦状構造論，とくに密度波理論に基づいてくわしく解説する．

「シリーズ現代の天文学」では，全巻をとおして，宇宙論や宇宙大規模構造などスケールが大きく距離の遠い天体から，より近距離の天体へとクローズアップしていく構成になっている．第4巻と第5巻では銀河を取り上げる．第4巻は「銀河 I——銀河と宇宙の階層構造」として，系外銀河と銀河団，そして宇宙論的な距離にある遠方の銀河について解説する．そして第5巻「銀河 II——銀河系」では，至近距離にある代表的な渦状銀河として，私たちの銀河系を取り上げる．

2007年3月

祖父江義明

[第2版にあたって]

地球から見上げる天の川銀河は近年ますます身近なものとなり，人類のふるさとという認識が深まりつつある．宇宙生物学の発展によって銀河系が宇宙生命の宝庫であることが再認識されているためである．銀河系には，質量にすると1千億太陽質量ほど，個数にすると1兆個を超える恒星が存在する．恒星と惑星の形成過程を考えると，銀河系全体では莫大な数の惑星系が存在し，生存圏に属する惑星も膨大な数にのぼる．本書で銀河動力学を学び，精密な銀河計測の成果を知ることによって，生命環境としての銀河系の新たな姿を描き出してみるのも興味深いことであろう．

ひるがえって宇宙の果てから銀河系を眺めてみよう．そこには銀河の形成・進化研究のゴールとしての銀河系が見えてくる．私たちは，赤方偏移3000（宇宙年齢～10万年）の宇宙背景放射の壁まで見通すことができ，その手前では銀河が生まれ進化する姿がとらえられている．銀河形成と進化を理解するには，進化の最後にたどり着く銀河系の姿を理論的に再現すること必須である．その目標の姿（形態，構造，質量分布，運動，化学組成，活動等々）を精密に描き出して提示することも銀河系研究の重要な役割である．

銀河の活動現象は，基礎的な構造や進化とは一味違う興味深い研究対象であ

る．銀河中心には巨大なブラックホールが存在し，中心核の活発な活動について近年のガンマ線観測で新たな発見が加った．銀河中心の大爆発についても半世紀にわたる論争に終止符が打たれようとしている．現在は比較的静かな銀河系もかつて，そして将来も間欠的に，立派な活動銀河核をもつ一人前の銀河であることが再認識されている．

　第2版では，これら銀河系の新たな見方や姿にも触れて頂ければ筆者らの喜びとするところである．

2018年1月

祖 父 江 義 明

シリーズ第2版刊行によせて i
シリーズ刊行によせて iii
はじめに v

第I部 銀河系 ... I

第1章 銀河系の概観 3
1.1 銀河系と銀河の発見 3
1.2 さまざまな波長で見た銀河系 27
1.3 基本的な観測量 39
1.4 銀河としての銀河系 46

第2章 銀河系の構造 53
2.1 銀河系の構成成分 53
2.2 銀河系の運動 63
2.3 銀河系の3次元構造 78
2.4 銀河系の質量分布とダークマター 83
2.5 銀河系の磁場構造 92

第3章 銀河系の中心 97
3.1 電波で見た銀河中心 97
3.2 赤外線で見る銀河中心 110
3.3 X線, ガンマ線で見る銀河中心 116
3.4 銀河中心の動力学 128
3.5 中心核 132

第4章 銀河系の形成と進化 143
4.1 銀河形成の描像 143
4.2 恒星の種族と年齢, 金属量 146
4.3 銀河系の構造形成 153
4.4 銀河系の化学進化 163

第II部 局所銀河群と構成銀河 ... 177

第5章 局所銀河群と構成銀河 179
5.1 局所銀河群とは 179
5.2 局所銀河群の空間分布と動力学 182

5.3 局所銀河群のおもな構成銀河　189
5.4 局所銀河群のこれから　202

第6章 矮小銀河　205

6.1 矮小銀河の性質　205
6.2 矮小銀河のダイナミクス　226
6.3 矮小銀河の形成と進化　232

第7章 マゼラン雲　241

7.1 大小マゼラン雲　241
7.2 マゼラン雲の星間物質　244
7.3 星形成, スターバースト, 30 Dor　248
7.4 マゼラン雲の力学, 棒状構造, ダークマター　253
7.5 マゼラン雲流, 高速度HI雲　255
7.6 銀河系との相互作用　257
7.7 マゼラン雲と局所銀河群　264

第III部　銀河系と銀河の動力学　267

第8章 重力ポテンシャル論と恒星系力学　269

8.1 重力ポテンシャル論と銀河の形状　269
8.2 恒星系力学　276
8.3 力学平衡　278
8.4 銀河の構造と運動の流体近似　281
8.5 ジーンズ方程式とビリアル定理　282
8.6 動力学　284

第9章 渦状構造論　293

9.1 銀河の渦状構造の理論:密度波理論　293
9.2 渦状腕の発生と成長　309
9.3 銀河衝撃波理論　318
9.4 渦状腕理論の数値的検証　329

参考文献　339
索引　341
執筆者一覧　346

第I部
銀河系

第 I 章

銀河系の概観

太陽系は巨大な恒星集団に属しており，その姿は天の川として地球から見ることができる．この天体を天の川銀河あるいは銀河系と呼ぶ．この章では，人類がこの天体の存在を認識した歴史的経緯や，現代天文学において得られている知識を概観する．

1.1 銀河系と銀河の発見

北半球の夏から秋に都市から遠く離れた場所へ行き，月明かりのない晴れた夜空を見上げると，目が次第に暗さに慣れるにつれ，天上を横切るぼんやりとした薄雲のような帯が見えてくる．さらに雄大な景観を求めて南半球の南緯30度付近を訪ねると，真夜中にその帯のもっとも濃く明るい部分が頭上にまたがり，天空を横切る大円の流れ「天の川」を実感することができる（図1.1）．現代の我々はこの天の川が，さし渡し10万光年にもおよぶ円盤状に分布した約1000億とも2000億とも言われる恒星の大集団，「銀河系」の姿であることを知っている．

しかしながら，この天の川の全景が銀河系として明らかになったのは，じつは20世紀も後半に入ってからのことである．以下，その歴史を順次たどってみることにする．なお，銀河系の"発見"が中心の話題である前半では，時代的背景から，欧米の研究者による成果が中心となっているが，日本の発展とそれに伴う

図 **1.1**　南アフリカから見た天の川の姿（https://www.nao.ac.jp/contents/astro/gallery/etc/Conste/mwcenter.jpg, 撮影：福島英雄）.

優れた多数の観測装置の開発により，近年では日本の研究者のめざましい活躍が見られる分野の一つである．

1.1.1 星の大集団，銀河系

　天の川に近代天文学の観測手段を持ち込み，その正体に初めて迫ろうとしたのはイタリアの科学者ガリレイ（G. Galilei）であった．1610 年の著作『星界の報告』の中で彼は，自作の望遠鏡を雲のように見える天の川に向けたところ，そこに無数の星を見出したことを記している．雲のように見えていたのは，紀元前 5 世紀のギリシャの哲学者デモクリトス（Democritus）の推論どおり，微かな星の集合だったのである．

　こうして今から 4 世紀前に人類は初めて天の川の正体の一端に触れた．17 世紀から 18 世紀にかけては，観測に基づく天の川の理解に大きな進展は見られなかった．しかし，人々の思考まで止まっていたわけではなかった．プロシア（ドイツ）の哲学者カント（I. Kant）は 1755 年に，イギリスのライト（T. Wright）の著書にあった宇宙の構造の記述に触発され，独自の思考を展開した．そして天の川が太陽系と同様に，ある中心のまわりを回る円盤状に分布した恒星集団ではないかと考えるに至った．さらに，すでに星雲として知られていた淡く小さな天体が，天の川の外にある同様の天体であるという着想に至り，それらを「島宇宙」と呼んだ．

　これらの考えは今日我々の持つ描像にきわめて近いものであった．しかし，その説を掲載した本が出版社の倒産で差し押さえられ，あまり世間に出回らなかったこともあり，カントの島宇宙説は人々の間に広くは行き渡らなかった．彼の考えが 1925 年ハッブル（E.P. Hubble）によって明快に実証されるまで，なお 170 年の歳月を必要とした．

　ガリレイの後，天の川を近代科学の方法で初めて探査したのは，18 世紀後半にドイツからイギリスへ渡ったハーシェル（W. Herschel）であった．ハーシェルは太陽系の第 7 惑星，天王星の発見（1781 年）の功績により，天文学研究に専念できる地位を英国王から与えられた．彼は主に自作の口径 47 cm，焦点距離 6 m（20 フィート）の反射望遠鏡（図 1.2）を使い，天の川の 683 か所で肉眼で視野内に見える星の数を数え，1785 年に天球面上の単位面積あたりに含まれる星の数（星の面密度）の分布を明らかにした．ガリレイの観察から 170 年以上の時が経っていた．

　彼は天の川の真の構造を知るには個々の星の距離を知る必要のあることを理解

図 **1.2** ハーシェルの銀河系探査に主に使われた口径 47 cm，焦点距離 6 m（20 フィート）の反射望遠鏡．

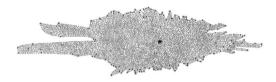

図 **1.3** ハーシェルが描いた銀河系の姿（Herschel 1785, *Philosophical Transaction of the Royal Society of London*, 75, 213*）．中央やや右の大きめの星印が太陽．

していたが，当時としてはそれは手の届かないことであった．そこで簡単のため，すべての星の明るさは等しく，一様に，有限の領域内に分布し，望遠鏡では分布領域の端まで見通していると仮定した．星間物質による光の減衰の程度も当時はよく分かっていなかったので，簡単のため無視できるものとした．

すると，視野の中で星の数（面密度）の多いところは分布が遠くまで広がっていて，少ないところは近くで終わっていることになる．面密度は分布領域の端までの距離の 3 乗に比例する（相似な立体の体積の比は，辺の比の 3 乗になる）．逆に面密度の立方根が端までの距離に比例する．この方法で得られた天の川の星の分布は，凸レンズのような形であった．太陽からおおいぬ座シリウスまでの距離を基準とすると，直径がその約 1000 倍，中央の厚みが約 250 倍であった．太陽系はそのほぼ中心に位置していた（図 1.3）．

1.1.2　統計視差とカプタインの小さな銀河系モデル

　銀河系の構造を明らかにするため基本となる個々の恒星までの距離は，1838年にベッセル（F.W. Bessel）により，はくちょう座 61 番星の年周視差を検出することで初めて測定された．しかし，その方法で測ることのできる星の数は，その後長らくごく少数に限られた．

　そこで星の明るさと数から距離を推定する方法[*1]が工夫され，銀河系の構造研究に適用された．この方法のもっとも単純な形がハーシェルの方法であり，ドイツのフォン・ゼーリガー（H. Von Zeeliger），続いてオランダのカプタイン（J.C. Kapteyn）により発展させられた．

　フォン・ゼーリガーは空のいろいろな場所で，一等級増すごとに星の数がどれだけ増えるかを調べた．その結果，星の数密度が太陽から遠くなるほど見かけ上小さくなっていくこと，密度の下がり方が天の川から離れる方向で急なこと[*2]を定量的に示した．そこから得られた銀河系の構造は，結局ハーシェルとほとんど変わらないものであった．また，彼の方法は銀河系の形を与えはするが具体的尺度（大きさ）は与えなかった．

　カプタインは，19 世紀の終わりに完成した全天にわたる星の等級と位置のカタログを使い，1901 年，フォン・ゼーリガーの方法にさらに星の絶対等級[*3]の分布の効果を組み入れ精密化させた銀河系モデルを発表した．カプタインは絶対等級に対する星の頻度分布がどこでも一定と仮定し，固有運動[*4]を使って一等級の差に対応する星の平均距離を決定し，フォン・ゼーリガーのモデルに尺度を与えた．

　彼のモデルは当時の多くの研究者に受け入れられた．彼の 1922 年の総仕上げの論文では，銀河系は直径（長軸）が $16\,\mathrm{kpc}$[*5]で軸比が 5：1 の回転楕円体で表

---

* 本書で用いた図・表については担当執筆者が作成した．転載した図・表については出典を明記した．

[*1] この方法を統計視差の方法と呼ぶ．天文学では，天体までの距離を視差と呼ぶ習慣がある．

[*2] 図 1.3 で横方向より縦方向の方が密度がより急激に減少すること．

[*3] 星を 10 パーセクの距離においたと仮定したときの見かけの等級．星の真の明るさの指標であり記号 M で表される．距離 r パーセクにある絶対等級 M の星の見かけの等級 m は，$m - M = 5 \log r - 5$ で表される（第 1 巻 2.4 節参照）．

[*4] 視線に垂直な速度成分により，時間とともに天球上で星の位置がずれる量．角度/年の単位で表す．

[*5] $1\,\mathrm{pc}$（パーセク）$= 3.08 \times 10^{18}\,\mathrm{cm} = 3.26$ 光年．$1\,\mathrm{kpc} = 1000\,\mathrm{pc}$．

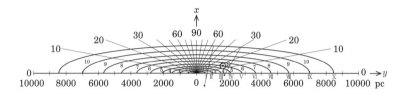

図 1.4 星の数密度分布を回転楕円体で表現したカプタインの銀河系モデル（Kapteyn 1922, *ApJ*, 55, 302）．図では回転軸（x 軸）を含む平面で切った断面上での等密度線（楕円形の上半分）が描かれている．一番外側の曲線が中心の 100 分の 1 となる場所を示す．モデル導出にあたっては，太陽は原点，つまり銀河系の中心にあると仮定された．

され，474 億個の星で満たされていた．また，外へ行くほど星の数密度が下がり，長軸方向に 800 pc のところで中心の約半分，8 kpc で約 100 分の 1 まで下がるようになっていた（図 1.4）．カプタインもまたハーシェルと同様，星間物質による減光の影響には注意を払ったが，それをうまく決定することができず，最終的に星間空間には光の吸収がないと仮定した．

　このカプタインのモデルには残念ながらいくつかの欠点があった．もっとも望ましくない点は，ハーシェルの場合と同様，さまざまな考察を加えたにもかかわらず太陽がその中心の近くに位置することであった．地球が太陽系の特別な地位から退いたのと同様，太陽系も銀河系の特別な地位を占めるべきでないと考えると，この太陽系の位置は彼自身にも受け入れにくいものであった．個々の恒星の距離を直接決定できないこと，星間物質による減光の量を特定できないことが，銀河系構造の研究において本質的な困難として横たわっていたのである．

1.1.3 新しい距離決定法，分光視差と周期–光度関係

　19 世紀になると，急速に発達した物理学の分光学の手法が天文学研究に持ち込まれ，星のスペクトル型から絶対等級を決める新しい距離決定法，分光視差法が開発された．このきっかけを作ったのは，19 世紀末から 20 世紀初めにかけて，アメリカのハーバード天文台長のピカリング（E.C. Pickering）の指揮のもと，全天の 9 等級以上の明るさの 22 万個の恒星スペクトルを集めるヘンリー・

ドレーパー・カタログの編纂という大事業であった．

そのカタログでは，初めのうちは水素原子の引き起こすスペクトル線強度が強い順に A, B, C, ⋯ 型と分類されていたが，後に解析チームの 2 代目リーダーとなったキャノン（A.J. Cannon）により A, B, C の順序を並びかえて O-B-A-F-G-K-M, -R-N, -S と並べ直され，スペクトルのハーバード分類が確立された．この系列は，後に，恒星の表面温度が高い側から低い側へと移っていく系列を表していることが明らかにされた．

さらに同一チームのモーリー（A.C. Maury）は同じスペクトル型の星のスペクトル線に幅の違うものがあることに気がついた．デンマークのヘルツシュプルング（E. Hertzsprung）は 1905 年，モーリーの見出したスペクトル線の幅の違いが星の本来の明るさと関係することに気がついた．彼は，表面温度が同等な場合には，明るいものほど表面積つまり直径が大きくなければならないという考えに至り，巨星の存在を明らかにした．ついで 1911 年，彼はプレアデス星団とヒアデス星団の星について，横軸に色，縦軸に見かけの等級をとった図を発表した．

一方，アメリカ，プリンストン大学のラッセル（H.N. Russell）は 1913 年に，星の大きさについて，ヘルツシュプルングとは独立に同じ結論に到達し，現在のヘルツシュプルング–ラッセル（Hertzsprung-Russel; HR）図の原型となるスペクトル型–絶対等級の図を発表した（図 1.5）．ここに HR 図が完成し，くわしいスペクトル型が分かればその星の絶対等級が推定でき，したがって，見かけの等級との差から，その星までの距離を推定できるようになったのである（分光視差の方法）．

一方，ほぼ同時期に，ハーバード天文台のレヴィット（H.S. Leavitt）は別の方法で，ある特定のスペクトル型を示す星の絶対等級を決める方法を研究していた．彼女は 1908 年，マゼラン雲中にあるそのスペクトル型の星では変光周期が長いほど光度が大きいことを発見し，その 4 年後には周期の対数と等級が直線の関係にあるという周期–光度関係を確立した．

1914 年，ヘルツシュプルングはレヴィットの見つけたマゼラン雲中の変光星が銀河系のケフェウス型（δCep 型）変光星[*6]（セファイド，Cepheid）と同一の光度曲線を示すことに気がついた．すると，近傍のセファイドで，周期と絶対光

[*6] ケフェウス座デルタ星（δCep）を代表とする変光星の種別．

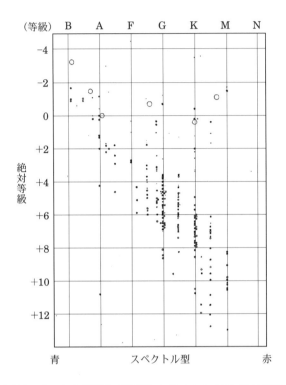

図 1.5 ラッセルが初めて出版したスペクトル型–絶対等級図 (Russell 1914, *Popular Astronomy*, 22, 275). 赤い K, M 型の星には絶対等級 +9 等前後と 0 等前後の 2 つのグループのあることが分かる.

度の関係を決めれば,それを適用してマゼラン雲までの距離を決めることができる.残念ながら年周視差から距離を決められる近傍のセファイドはなかったものの,固有運動から統計的に絶対光度が決められた.この新しい距離決定の方法が明らかにされたことで,次に述べるように新しい銀河系モデルへの道が開かれた.

1.1.4 周期–光度関係とシャプレーの大きな銀河系モデル

アメリカの若き天文学者シャプレー (H. Shapley) は 1916 年,球状星団の分布が,銀河面 (図 1.12 参照) の,いて座の方向に一方的に偏在しており,かつ銀河面の北と南については対称的であることを発表した.これは球状星団に独特

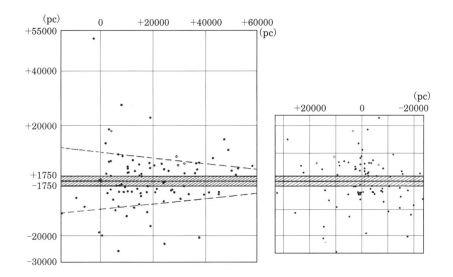

図 1.6 シャプレーが求めた 86 個の球状星団の空間分布 (Shapley 1919, *ApJ*, 50, 107).（左）銀河面を横から（太陽系と球状星団の分布中心を結ぶ線が紙面上に乗る方向から）見た分布. 太陽は原点にいる.（右）太陽系から銀河中心の方向（いて座の方向）に向かって見た分布. 斜線がつけてあるのは銀河系円盤部.

のもので，他の種類の天体には見られないものであった．

さらに彼は同年，レヴィットの発見した周期–光度関係を利用して球状星団 M13 中のセファイドの距離決定に成功し，その距離を 30 kpc とした．その値は，M13 がカプタインの銀河系のはるか外にあることを示していた．

シャプレーは最初，球状星団を銀河系の外の非常に遠方にある，銀河系と同じような大きさの天体と考えた．しかし，もし銀河系と結びつかない天体とするなら，なぜ空間分布に偏りが見られるのかという謎が残った．また，もし結びつく天体なら，今度は太陽が銀河系の端の方にあることになり，銀河系の大きさも同程度に大きくなる．すると太陽系の位置も銀河系の大きさも，カプタインのモデルと合わないという問題が生じた．

さらに研究を進め，よりくわしい球状星団の分布を手にしたシャプレーは

1919年，ついに球状星団は銀河系と物理的に結びついている天体であると結論した．そして彼は，銀河系がそれまで考えられていたカプタインモデルより約10倍も大きい直径100 kpcに広がっているとする銀河系モデルを提唱し，太陽は中心から20 kpc（現在の値は8 kpc）の場所にあるとした．もちろん，彼の主張がすべての人にすんなりと受け入れられることはなかった．渦巻き星雲が銀河系と同様の天体なら，それらは信じられないほどに遠い天体となるという理由で一部の天文学者から反対が起き，後の論争へとつながっていった．

1.1.5 渦巻き星雲の正体と銀河系の大きさ

ここで，銀河系と深い関係にあり，かつ，銀河系と同様に1920年代に入っても一致した見解が得られずに謎の存在であった渦巻き星雲について触れておきたい．

18世紀，望遠鏡の発達とともに，天球上にもやもやとした小さな光のしみのような天体が数多く認識されるようになった．それらは星雲と呼ばれ，フランスのメシエ（C. Messier）による初期のカタログ（1771年，1781年）は有名である[*7]．ハーシェルもこの正体不明の星雲に興味を持ち，そのうちのいくつかが彼の40インチ（1 m）望遠鏡で星団に分解されたことから，すべての星雲が遠距離の恒星系で，なかには銀河系外の天体もあるはずとの推論を著している．

1845年にはイギリスのウィリアム・パーソンズ伯爵（W. Parsons）[*8]が口径72インチ（1.8 m）の反射望遠鏡を完成させ，星雲のいくつかに渦巻構造を初めて肉眼で確認している．さらに1863年には，ウィリアム・ハーシェルの息子ジョン・ハーシェル（J. Herschel）が一般カタログ（GC）を出版．さらに，ドライヤー（J.L.E. Dreyer）が1888年に新一般カタログ（NGC），1895年に目次カタログ（IC）を出版し，合わせて13000ほどの星雲，星団を収めたカタログが編纂された．

ローウェル天文台のスライファー（V.M. Slipher）はこの淡い渦巻き星雲の分光観測という困難な課題に挑戦した．その結果，1912年に予想外の大きな視線

[*7] これはメシエカタログと呼ばれ，100個あまりの星雲状の天体が含まれている．それらはカタログ記載の順番を示す数字の名前にMをつけて，M31などと呼ばれる．

[*8] 一般にはロス卿の名前で知られる．

速度と赤方偏移[*9]を発見し，渦巻き星雲が銀河系外の天体と考えるべき証拠を得た．さらに 1914 年には渦巻き星雲の高速の回転を発見した．

1917 年，ウィルソン山天文台のリッチー（G.W. Ritchey）は渦巻き星雲 NGC6946 を撮影した写真に見かけ 15 等級の新星を偶然見つけ，渦巻き星雲の距離推定のきっかけを与えた．カーチス（H.D. Curtis）は，渦巻き星雲中の新星の平均の明るさが銀河系内のそれの約 1 万分の 1 であることを見出し，それらが平均で 100 倍遠い天体であることを認識した．彼は，それ以外にも渦巻き星雲内部の固有運動の測定を試みていたが一切検出できず，渦巻き星雲を非常に遠方の天体と結論していた．一方で彼は，銀河系の大きさについては，その研究手法の手続きの正しさからカプタインモデルを支持していた．

時を隔てて撮った写真を比較して渦巻き星雲内の固有運動を測ることをリッチーから依頼されたファン・マーネン（A. van Maanen）は 1916 年，カーチスとは異なり渦巻き星雲の回転を検出したと主張した．ただし，その固有運動の大きさとカーチスが決めた渦巻き星雲までの距離を使うと，その回転速度があり得ないほどの大きな値になってしまうという問題が生じた．ファン・マーネンの結果が正しいなら，渦巻き星雲は銀河系内の近い天体となるのであった．また，ファン・マーネンが見つけた回転はスライファーとは向きが逆であった．当時「大きな銀河系」モデルを提唱していたシャプレーは，渦巻き星雲についてはファン・マーネンの結果を受け入れ，銀河系内の天体との立場を取っていた．

このように 1910 年代が終わる頃には，カーチスの提唱するカプタインの小さな銀河系と遠くにある渦巻き星雲，シャプレーの大きな銀河系と近くにある渦巻き星雲，という二つの描像が示されていた（図 1.7）．つまり，銀河系の大きさと渦巻き星雲の距離に関して，統一見解からはほど遠い状況にあったのである[*10]．

この二つの描像の雌雄を決する突破口を開いたのは，イギリスのすぐれた理論家ジーンズ（J.H. Jeans）であった．彼は 1923 年，ファン・マーネンの結果の説明には重力の法則の変更を必要とする深刻な問題が発生することを明らかにし，渦巻き星雲が銀河系内の天体とは考えられないことを指摘した．そして，渦

[*9] 分光観測で得られるスペクトル中のスペクトル線が波長の長い（赤い）方にずれることを赤方偏移といい，ずれの量から視線方向の速度がわかる．

[*10] 後の世から見たとき，いずれも半分正しく半分誤りであったことは興味深い．

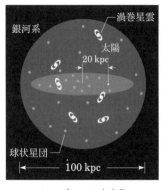 

図 **1.7** シャプレーとカーチスがそれぞれ主張した銀河系の描像.

巻き星雲の正体に最後の審判を下したのはハッブルであった.

彼はウィルソン山天文台の 60 インチと 100 インチの望遠鏡を使って，NGC6822, M31, M33 の外縁部を個々の恒星に分解して撮影することに成功した．そしてセファイドを見つけ出し，シャプレーの周期–光度関係式を用いてそれらが 214 kpc, 263 kpc, 285 kpc という非常に遠方の天体であることを明らかにした．それらの結果は 1924 年末に行われた会議で報告され，1925 年，1926 年，1929 年に出版された．また，渦巻き星雲が銀河系に匹敵するきわめて大きな恒星系であることもはっきりとした．

さらに，ファン・マーネンによる固有運動の検出について，ハッブルがファン・マーネンの使った写真乾板も含めて自分で再解析し，固有運動が見出せないことを明らかにし，島宇宙理論は完全な定着を見た[*11].

こうして，天空上に見える天体には，銀河系を構成する天体と，それよりはるか遠くにあって，銀河系と同様の大きさを持つ別種の天体が多数あることが分かった．それとともに，銀河系の大きさも確定したのである．

[*11] ファン・マーネンの固有運動の検出については，乾板上の天体位置測定の精度ぎりぎりのところで生じた誤差であった可能性の高いことが後年指摘されているが，断定されるには至っていない．

1.1.6　銀河系は高速で回転している

　1920年代までに銀河系は凸レンズの形をした恒星の大集団であること，渦巻き星雲と同じくらいの大きさの天体であること，渦巻き星雲は高速で回転していることなどが明らかにされた．すると銀河系も高速で回転していると考えられる．その観測的証拠は，19世紀の終わり頃から知られるようになった高速度星の空間運動の研究から導かれることになる．ここで高速度星とは，太陽から見たときに大きな視線速度を持ち，太陽系にどんどん近づいて来るか，どんどん遠ざかって行くように見える星ぼしである．

　最初の証拠は，すでに19世紀にいったん見つかっていた．スウェーデンのギルデン（H. Gilden）が1871年，高速度星の運動の非対称分布に気がついた．空のある部分で測った複数の星の固有運動が，そろって一つの方向へ向かっているのである．固有運動がもっとも大きい天域に直角な方向にはこの系統的運動は見られなかった．彼はこの現象を，太陽系が銀河中心のまわりを高速回転していて，高速回転していない恒星たちの中を突き進んでいるために起こるものと考え，銀河回転の現れと正しく解釈したのである．しかし，あまりにも早すぎた研究であったため，発表時に注目を集めることなく埋もれてしまった．

　銀河系の高速回転の再発見は，ボス（B. Boss）が高速度星の運動方向の非対称性を指摘したことで始まった．アダムズ（W.S. Adams）とコールシュッター（A. Kohlschutter）は1914年，観測された高速度星の大部分が負の速度（太陽に近づく）を示すことに気がついた．

　アダムズとジョイ（A.H. Joy）は1919年，視線速度が大きいという基準で選んだ37個の高速度星の実際の空間速度を決定し，どれも銀経 l^I が322度から0度を通って131度の間の半球内へ向かうのを避ける傾向があることを明らかにした[*12]．

　ストレンバーグ（G. Strömberg）は1922年，太陽近傍の星の空間運動の研究から，ランダム運動[*13]が大きい星のグループほど太陽に対する平均運動も大き

[*12] 銀河円盤（天の川）に沿った方向を経度（銀経），円盤に垂直な方向を緯度（銀緯）とする天球上の座標系による表記．ここで用いている銀経 l^I は現在使われている l^{II} とは定義が異なる．くわしくは1.2.1節参照のこと．

[*13] グループの平均的な運動の周りのばらつき．グループの星がすべて同じ運動をしている場合はランダム運動はゼロである．

いことを見出した．つまり高速度星はランダム運動も大きいのである．

　オランダのカプタインのもとで高速度星の研究をさらに進めたオールト（J.H. Oort）は1922年，収集した高速度星のデータから，銀経 l^I が162度から310度の間ではすべての高速度星は正の速度（遠ざかる），その反対方向の扇形の領域では，すべての高速度星は負の速度（近づく）を持っていることを再確認した．そのうえで新たに，この非対称性が速度の大きさに依存し，秒速63 km 以下では等方対称であるが，それ以上では今述べたように運動の方向が大きな非対称性を持つことを明らかにした．

　彼はカプタインの銀河系モデルに従ってこれらの観測事実を説明しようと試み，1926年に提出した学位論文の中でさまざまな可能性を議論した．もし秒速63 km が銀河系の重力を振り切る脱出速度とすると，カプタインのモデルに比べ実際の銀河系はずっと軽くなることが分かった．一方，等方対称な速度分布を示す大多数の星が力学的な平衡状態にあるとすると，それらの視線速度の平均，秒速約15 km は銀河系がカプタインのモデルに比べはるかに重いことを示していた．カプタインのモデルを前提にした彼は，この不一致を説明することができなかった．そして，球状星団の銀経の分布が特定の範囲に集中することから，銀河系はカプタインのモデルに比べてずっと先の方まで続いているのではないかと推測した．さらに既知の19個の球状星団の視線速度が平均で秒速92 km であり，カプタインのモデルでは重力だけでは引き止めておけないことを明らかにし，その200倍の質量を持つ恒星系が必要であると論じた．それらの大部分は銀河面内の吸収物質によって隠されているというわけである．そして太陽系が銀河系の中心の周りを，高速度で動いていると推測した．

　スウェーデンのリンドブラッド（B. Lindblad）は1927年，銀河系のモデルとして，いろいろな角速度で回転する恒星系を重ね合わせたものを考えた．太陽系の彗星のように，各恒星系は銀河中心の周りを楕円軌道を描いて回転しており，その形のつぶれ具合を表す離心率，長半径，軌道面がさまざまな値をとっていると考えたのである．その場合，とても細長い軌道を持つものは遠銀点[*14]で非常に低速になる．すると，とりわけ視線速度の大きい高速度星が太陽系の運動方向の前側と後側に現れることや，固有運動に銀河系の中心から外へ向かう流れと内へ

[*14] 銀河中心からもっとも遠い位置．

向かう流れの二つが認められることなどの観測事実が彼の理論でよく理解された.

オールトは 1927 年,銀河系の回転角速度が場所によって違う場合に視線速度 V_r が $V_r = DA \sin(2(l - l_0))$ で表せることを導いた.D は太陽から星までの距離,l と l_0 はそれぞれ星と銀河中心の銀経である.また固有運動に関係する接線速度 V_t が $V_t = D(A \cos 2(l - l_0) + B)$ となることも導いた(くわしくは 2.2.3 節を参照).観測量から A, B を推定することで,銀河系の力学モデルのパラメータが決定可能となり,特に,銀河中心までの距離 R_0 を求められるようになった.これらの定数 A, B はオールト定数と呼ばれている(くわしくは,2.2 節参照).

彼は最終的に $R_0 = 6.3 \pm 2.0$ kpc を得た.オールトの決めた銀河中心の方向(旧銀経 $l^I = 323° \pm 2.°4$)はシャプレーの決めた方向($l^I = 325°$)とほとんど一致していた.一方,銀河系の大きさは 3 倍ほど違っていたが,それは星間減光の問題とともに後に解決されることになる.

オールトの研究以前から遠くにある高温の O, B 型星[*15]のスペクトルデータを蓄積していたカナダのプラスケット(J.S. Plaskett)とピアース(J.A. Pearce)は,すぐに自分たちの視線速度データにオールトの解析を適用し,銀河中心の方向の銀経 $l_0^I = 324° \pm 1.8°$,オールト定数 $A = 15.5 \pm 0.7$ km·s^{-1}·kpc^{-1}(オールトは 19 ± 3 km·s^{-1}·kpc^{-1})とオールトによく一致する値を得た.星の視線速度に基づくオールト定数 A を決める際,星までの距離が大きいほど相対精度が良くなる.したがって絶対光度が大きく,遠くのものまで観測可能な O, B 型星は,精度の良い測定を可能とし,オールトの結果を高い精度で確認することとなった.

1.1.7 謎を解く鍵,星間吸収

リンドブラッドとオールトの活躍により凸レンズの形をした恒星の大集団,銀河系が高速で回転していることが明らかにされた.さらに,銀河系の大きさがカプタインやシャプレーとは独立に推定された.その結果,カプタインの銀河系モデルは小さすぎ,また,太陽系の位置も合っていないことが明らかにされた.一方,シャプレーの銀河系モデルは好ましいものではあるが,オールトとの間に 3 倍の相違が残された.その解決には星間空間に潜む光の吸収物質の理解が不可欠であった.

[*15] 表面温度が 5 万–15 万 K の青白い明るい星.

もともとカプタインは，もし 1 kpc あたり 1 等か 2 等の星間物質による減光があれば，フォン・ゼーリガーが最初に見つけた太陽から遠くなるほど星の空間密度が下がって見える現象を説明できると認識していた．そのため彼は星間吸収量の決定をいろいろ試みたのだが，この難問にあまり明瞭な結論を得られず，徐々に吸収は無視できるという考えに傾いていった．

シャプレーもまた，カプタイン同様に星間吸収の影響を懸念し，その決定を試みた．1917 年，彼は球状星団の研究から，赤化[*16]は 0.01 等級・kpc^{-1} 以下であることを示し，星間吸収は無視できると結論した．しかし，これは銀河面から離れた星間吸収のない方向の球状星団を使って得られた結果であり，銀河面に近い領域に適用できるものではなかった．実際，銀河面に近い領域に球状星団が見られないことが無吸収を仮定したシャプレーにとっての課題であった．皮肉にもカプタインは星間吸収量を自分で決定できなかったため，彼のその小さな値を受け入れたのである．その結果，同じ無吸収の仮定から出発したはずなのに，シャプレーとカプタインの銀河系モデルの大きさは 10 倍も違うことになってしまった．

星間物質による光の減衰の存在を初めて強く主張したのはバーナード (E.E. Barnard) であった．1889 年に彼は，天の川の中の恒星雲の写真を撮り始めた．恒星雲とは星が密集していて個々に分離できず雲のように見える領域のことである．必然的に彼は天の川の中の暗黒領域も同時につぶさに見てゆくことになった．暗黒領域の存在自体はハーシェルの時代から知られていたが，正体は不明であった．そこには星が少ないのか，それとも隠されているのか．興味を持ったバーナードは暗黒領域を調べ続け，ついに 1919 年，星間空間に一般的に吸収物質があると強く主張するに至った．一方，カーチスは，横を向いた渦巻き星雲の写真によく見られる銀河円盤面沿いの暗黒帯との類推から，銀河系にも円環状または渦巻状の吸収物質があると推論し，銀河面付近で球状星団が乏しいことを説明し，バーナードの扱っていた暗黒星雲にその起源を求めた．

星間物質が存在することの直接の証拠は，それ以前に星間ガス吸収線の発見によりもたらされていた．1904 年にハルトマン (J. Hartmann) がオリオン座 δ

[*16] 波長の短い光ほど強い星間吸収を受けるので，星間吸収が起これば星が暗く見えるのに加え，その色が赤くなる．赤くなる度合いを赤化という．赤化は二つのバンドで測った等級差（色指数）の変化によって測定される．

星という連星スペクトル中に線幅の狭い視線速度の変化しない吸収成分を発見した．これをきっかけに，渦巻き星雲の回転を発見したスライファーが，多数の連星を観測し，星のスペクトルに重なったカルシウム K 線の吸収線を次々と検出し，それらはドップラー効果による波長のずれがほとんどないことを見出した．このことは，星の手前にカルシウムガスがあり，それが周辺の星に対して実質的に静止していることを示していた．太陽系外の星間空間にガス雲があることも分かった．1923 年にはプラスケットが，カルシウムガス雲はどこにでもあり，O, B 型星はそれらの中を高速で移動しているという考えを提出した．

1920 年代の半ば頃，イギリスの有名な理論家エディントン（A.S. Eddington）が星間吸収線の現れ方に関する理論を提案した．そして，カルシウム雲は銀河系全体を満たす連続した雲として存在し，恒星に対してはほとんど静止していると結論した．彼は，恒星からの放射エネルギーを考慮して，星間ガスの温度とカルシウムの電離状態を計算し，星間カルシウム線のいくつかの観測的特長を矛盾なく説明した．

エディントンがカルシウムのガスは星間空間に連続的に存在しているとした予測は，1928 年にストルーベ（O.L. Struve），1929 年にゲラシモビッチ（V. Gerasimovich）とストルーベにより実証された．彼らは 1.1.6 節のオールトの研究で出てきた DA の値の平均値を観測から決め，ガスの値が星のそれの半分になっていることを示した．これはガスが星までの空間を連続的に満たしていることを意味している．同じ頃，十分なデータを持っていたプラスケットとピアースもまた，星の DA の平均値がガスのそれのちょうど 2 倍であることを確認した．しかしながら，星間ガスの量を求めてみると，それは強い減光をもたらす吸収の主たる要素とはなりえないものであった．

星間減光の存在を決定付けたのは，1930 年に発表されたトランプラー（R.J. Trumpler）による研究であった．彼は散開星団が，星の中心への集中度とある一定の範囲に含まれる星の数で分類できること，それらが似ているものは似た空間的広がりを持つことをすでに示していた．それをもとに彼は星団の距離決定に二つの独立した方法を導入した．一つは星の見かけの等級と HR 図から求められる絶対等級を比較し，もう一つは同種の星団の見かけの直径が距離に反比例することを使う．

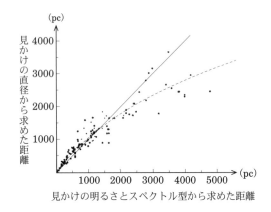

図 1.8 トランプラーが二つの独立な方法で求めた銀河系の散開星団までの距離の関係（Trumpler 1930, *PASP*, 42, 214）．実線は吸収がないとしたときに期待される関係で，破線は 0.7 等級・kpc^{-1} の吸収があるとしたときの関係.

その結果，二つの方法で求めた距離が遠方で一致しないことが明らかになった（図 1.8）．近い星団を基準にとり，遠くの星団を見かけの等級から求めた距離に置いたとき，その距離から予想される見かけの直径が実際より有意に大きかった．これは，距離とともに星団が大きくなるか，吸収が存在するかのどちらかでしか解釈できない．トランプラーは星団の色の観測結果も考えあわせ，後者であると結論した．さらに，二つの方法の不一致を解消するには写真等級で 0.7 等級・kpc^{-1} の吸収が必要とし，球状星団の色が赤くなっていないのは吸収物質が散開星団同様，銀河面に集中しているためだと説明した．

これにより，吸収物質による光の減衰を考慮に入れると，カプタイン，シャプレー，オールトの銀河系モデルの矛盾点がすべて解消され，シャプレーの銀河系は 3 分の 1 の大きさになった．また，このとき，銀河系と渦巻き星雲がお互いに矛盾なく整然と理解されることとなった．そして現在は固体の微粒子（ダスト）が星間減光の主たる原因物質だと考えられるようになっている．

1.1.8 星の種族と銀河系の大きさ

1920 年代，ウィルソン山の 60 インチ（1.5 m）望遠鏡でハッブルは渦状銀河 M31 や M33 の渦状腕を星に分解し，赤色超巨星，黄色セファイド，青色超巨星

を検出し，渦巻き星雲の正体の論争を決着させた．そこで彼は M31 の中心部（バルジ）にも挑んでみた．しかしそこはどうしても星に分解できなかった．また，M31 の隣の楕円形をした衛星銀河[*17]のどちらも，やはり何度も試したが星に分離できなかった．

　ハッブルとともにウィルソン山天文台にいたバーデ（W. Baade）は，それからおよそ 20 年後の 1943 年に，100 インチ（2.5 m）望遠鏡を使ってそれをやってのけた．M31 のバルジ，その衛星銀河の M32 と NGC205 を初めて個々の星に分解して写真を撮ることに成功したのである．これには，日本の真珠湾攻撃以来の灯火管制でロサンゼルス近郊のウィルソン山の空が暗かったこと，バーデがドイツ人だったため敵国人として一人ウィルソン山に留められその望遠鏡を自由に使って周到な準備を積み重ねられたことが有利に働いたといわれている．

　彼は初めハッブルと同じ青い光をよく感じる青色乾板を使ってみたが，やはり同じ壁に突き当たった．そこで改良されたばかりの赤い光をよく感じる赤色乾板を使うことにした．彼は M31 のバルジの色が黄色ないし橙色で，青色乾板では星が写らないことから，一番明るい星は青くなく赤い可能性があると考えたのである．また，赤色乾板の波長だと空が暗いので何時間も露出することができる利点もあった．

　しかしそれだけではこの成功は得られなかったと後にバーデは振り返っている．さらに大切なことは，大気が安定していて星がとてもシャープに見える晩を選んだことである．また，昼間ドーム内が暖められて夜になり冷えるときにかげろうが立って像が悪くなるのを防ぐため，昼間一時的に換気してドーム内を冷やした．そのうえ観測中に定期的にガイド星を調べ，望遠鏡の焦点変動を厳しく監視し，ズレを検出したらただちに補正した．このような検出能力向上の準備作業に 1 年が必要であった．

　これらの周到な準備が完了したとき，もはや，M31 中心部の星の分離検出に困難はなかった．彼は M31 のバルジを皮切りに立て続けに四つの楕円銀河も星に分解した．それらの一番明るい星は予想どおり青色超巨星でなく橙色の巨星だった．1944 年，バーデはこれらの発見を報告する二つの記念碑的論文を出版し，銀河を扱う際には二種類の恒星種族を区別しなければならないことを明らかにした．

[*17] 伴銀河ともいう．

一つ目はもっとも明るい星が青色超巨星で，渦状腕や散開星団を構成する種族Iである．二つ目はもっとも明るい星が橙色か赤色の巨星で渦状銀河のバルジ，楕円銀河，球状星団などを構成している種族IIである．

この種族という概念を得た後，バーデは，改めて渦状銀河M31の変光星を眺めた．ハッブルがM31の距離を導く際に基礎としたセファイドに関するシャプレーの求めた周期–光度関係式では，種族Iのセファイドと同じ変光周期でその4分の1の明るさを持つ種族IIのおとめ座W星型変光星とを混同していたことに気づいた．

バーデは長年，ハッブルの決めたM31までの距離を使うと，M31の球状星団に比べ銀河系のそれが4倍も明るいこと，他にも新星や他のどんな対応のつく天体も銀河系の方がより明るいことに困惑していた．さらに，M31がハッブルの推定どおりに近ければM31中のこと座RR型変光星[*18]が新しいパロマー山の200インチ（5m）望遠鏡で多数見つけられるはずであったが，実際にはそれらを見つけられなかった．しかも，ハッブルの距離を使うと，銀河系が他のどの系外銀河よりも大きくなってしまうという受け入れ難い結果になる．

二種類の恒星種族を区別することで，それらの問題が解決するばかりでなく，銀河系とM31で対応する天体の明るさが一致し，銀河系はM31より小さい普通の銀河となったのである．

1.1.9　円盤銀河，渦状銀河としての銀河系

1940年代までに，銀河系は多数の恒星とその間を満たすガスと固体微粒子の星間物質からなり，それらが薄い円盤状に分布した天体であることが分かった．また，恒星は形成年代の異なる二つの大きなグループ，種族I, IIに分けられることが理解され始めた．これらの特徴は銀河系の外にある渦巻き星雲（本書では以後渦状銀河と呼ぶ）と共通のもので，銀河系もおそらくは美しい渦巻きの発達した「島宇宙」ではないかとの思いに駆られる．

実際，72インチ（1.8m）望遠鏡を完成させたロス卿がM51に渦巻き構造を見出して以来，銀河系が渦状銀河だという説得力ある提案が，オランダのイース

[*18] 脈動変光星の一種．変光周期がせいぜい数日，典型的には1日以下と短い．同じ変光周期では，ケフェウス座δ星型変光星より光度が低い．

トン（C. Easton）をはじめ何人もの人から出されてきた．しかしその実証は容易ではなかった．たとえば，オールトとファン・ライン（P. van Rhijn）に学んだオランダのボック（B. Bok）は1930年代後半，星数調査の方法で渦状腕を描き出す研究に取り組んだが，結局何も見出すことはできなかった．

その困難を打ち破ったのは，M31の渦巻きに沿ってのみO, B型星が分布するというバーデの得た知見であった．彼はO, B型星の距離，つまり，絶対等級を決めることで銀河系の形を決められると提唱した．この考えを取り入れたアメリカ，ヤーキス天文台のモーガン（W. Morgan）は，シャープレス（S. Sharpless），オスターブロック（D. Osterbrock）の協力を得て，1940年代に遠距離にあるO, B型星の絶対等級，ついで距離を順次決めていった．絶対等級の決定には精密なスペクトル分類が必要であったが，既存のハーバード分類（ヘンリー・ドレーパー・カタログ）ではO, B型星の分類は著しく精度を欠いていた．しかしモーガンはこの研究を始めるまで，恒星スペクトル分類の精密化という大きなプロジェクトに従事していたため，そのような微細な差異を正確に識別することができた．彼はハーバード分類を踏襲する一方で，光度階級 I, II, III, IV, Vを導入し，キーナン（P. Keenan）とともに精密なスペクトル分類を確立した．この分類は今では標準的スペクトル分類となり，彼らの頭文字を取ってMK分類と呼ばれている．

しかし，モーガンたちはすぐにO, B型星だけでは明瞭な渦状腕を描き出せないことを知った．モーガンは1950年にバーデが示したアンドロメダ銀河の電離水素領域（HII領域）[19]の写真に再びヒントを得て，1950年から51年にかけ，シャープレスとオスターブロックとともに今度は銀河系内の大きなHII領域をHα輝線を使って同定し，その中にあるO, B型星からそのHII領域の距離を決めていった．複数のO, B型星から決める距離は精度を増したのである．

その結果，1951年には太陽の属するオリオン腕とその外側のペルセウス腕を，その2年後には内側のいて腕を描き出すことに成功した．銀河系が渦状銀河であることの最初の観測的証拠であった．1951年の報告は12月のアメリカ天文学会のオールトが座長を務めるセッションで報告され，聴衆から熱気をもって迎え

---

[19] O, B型星からの紫外線に熱せられて，周囲の水素ガスが電離した状態になっている領域．水素原子の出すHα線でよく見える．

られた.しかし,この発見の報告は決して完全な論文として出版されなかった.モーガンは 1952 年にいったん心の病を患い,同年中に回復したものの,すでに他の研究者にかなり先んじられていたため,彼はその結果を完全な論文にまとめずに終わった.その後研究は発展したが,可視光による O, B 型星や H$_{II}$ 領域の探査は,銀河面をあまり遠くまで見通すことができないため,渦状腕の部分的な姿を描き出すに留まったのである.

1.1.10　新しい観測手段が描き出す渦巻きと円盤

　銀河系全体を見渡した渦巻き地図は新しい観測手段,電波観測によりもたらされた.1933 年,アメリカ電信電話会社,ベル研究所の技師であったジャンスキー(K. Jansky)は,銀河系円盤が放出する波長 14.6 m,周波数 20.5 MHz の電波を検出した.さらに,アメリカのリーバー(G. Reber)は 1940 年,自作した直径 9 m のパラボラ鏡で,波長 1.85 m,周波数 162 MHz の電波放射を捕えた.電波は銀河面で強く,銀河中心にピークを持っていた.その他にもいくつかのピークがあった(図 1.9).だが,彼らの成果はアメリカ国内の天文学者の興味をあまり惹かなかった.

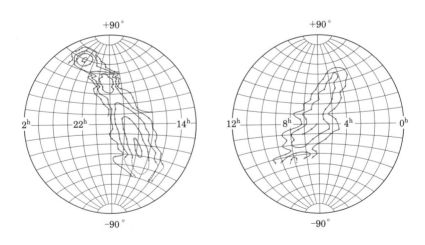

図 1.9　リーバーが作った波長 1.85 m の電波で見た天の川の地図(Reber 1944, *ApJ*, 100, 279).座標系は赤経 (0^h–24^h) と赤緯 ($-90°$–$+90°$).

しかし，ナチ占領下のオランダにいたオールトは 1944 年のリーバーの報告を目にしてその重要性をただちに理解した．彼は，学生のファン・デ・フルスト（H. van de Hulst）に電波天文学の有効な使い道は何かないかと尋ねた．すると優秀な彼は期待通りにその答えを見つけ出してきた．

ファン・デ・フルストはもっとも普遍的な水素に注目した．彼の計算によれば，陽子と電子からなる水素原子が，それぞれの持つスピン角運動量が平行から反平行の状態へ約 1100 万年に 1 回の割合で遷移し，その際に波長 21 cm の電波輝線を放出する．これはきわめて稀な現象であるが，それを埋め合わせて余りある莫大な数の水素原子が存在するので，十分強い電波放射が観測されると彼は予言した．

第 2 次世界大戦後まもなく，この中性水素（H_I） 21 cm 輝線の検出競争が始まった．戦禍の傷跡もまだ癒えないオランダ，ライデン大学のオールトのグループが初めリードしていたが，実験室が火災に遭うという不運に見舞われ，アメリカ，ハーバード大学のユーエン（H. Ewen）とパーセル（E. Purcell）が 1951 年に一番乗りを果たした．その 1 か月半後にオランダチーム，そのまた 2 月後にオーストラリアのチームも検出に成功した．その後，主にオランダとオーストラリアのチームの努力により，H_I 21 cm 輝線を使った銀河系全体の地図作りが進められた（図 1.10）．

こうして，1953 年には最初の地図ができ，次いで 1958 年の地図で人類は初めて銀河系の中心の向こう側の様子を手にした．そこには，まさに直径 20 kpc にもおよぶきわめて薄いガスの大円盤が回転していたのである．

1960 年代に入ると，可視光に比べはるかに遠くまで銀河系の中を見通し，恒星の分布を捉えることのできる赤外線を検出する技術が天文学の世界に持ち込まれ，銀河系の構造に関する理解は一層の飛躍を迎えることになった．赤外線観測の黎明期に，気球に搭載した望遠鏡を使って銀河面を探査した京都大学の奥田治之らと名古屋大学の伊藤浩弐らはそれぞれ 1977 年に，波長 2.4 ミクロンの赤外線で銀河系の中心部に円盤から飛び出たバルジの存在を初めて確認した（図 1.11）．さらに注目すべきことに，奥田らは 2.4 ミクロンで見たバルジは中心から銀経が正の側と負の側で明るさに違いのあることを報告している．

続いて京都大学の舞原俊憲らが 1978 年にさらにくわしい構造を報告し，バル

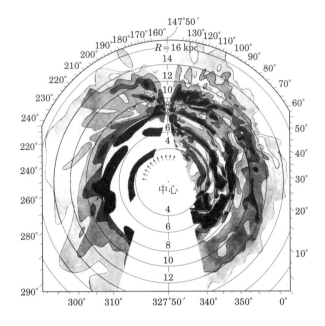

図 **1.10** 中性水素（H I）輝線による銀河系ガス円盤の全体像 (Oort *et al.* 1958, *MNRAS*, 118, 379).

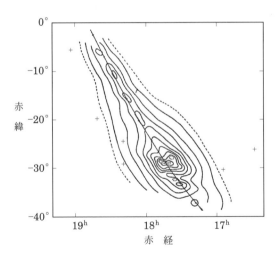

図 **1.11** 奥田らによる銀河系バルジの発見 (Okuda *et al.* 1977, *Nature*, 265, 515).

ジの全光度を太陽光度の約 200 億倍と導いている．また，これらに先立つ 1975 年に理論面から東京天文台の宮本昌典と永井隆三郎が，その後の長年にわたり銀河系や銀河一般の研究において標準となる質量分布モデルを発表したことは特筆に値する．

1983 年に打ち上げられた赤外線天文衛星 IRAS のもたらした全天 25 万個の赤外線点源カタログから，1985 年にオランダのハビング（H.J. Habing）は，個々の点源の集合体としてバルジの存在を描き出した．そして東京大学の中田好一らは 1991 年，IRAS 点源の分布をくわしく解析することで，銀河系バルジの棒状構造を見出すに至った．この棒状構造は近赤外域のバルジの輝度分布が銀経方向に非対称であることに気がついたブリッツ（L. Blitz）により直後に追認された．

その後，大気圏外からの広域高精度の近赤外線観測（たとえば宇宙背景放射探査衛星（COBE））や地上からの精密大量測光観測（たとえば光学重力レンズ実験（OGLE））[20]の時代を迎え，銀河系のバルジと円盤の構造に関する研究は新たな段階に突入した．さらに次世代の赤外線観測衛星や恒星位置精密測定衛星などの活躍を目前にして，一層の飛躍が期待されている．

1.2 さまざまな波長で見た銀河系

1.2.1 天の川と銀河座標

太陽系は銀河系の内部に位置する．そこで，銀河系の全容を知るには全天にわたった観測が必要となる．特に地上からの観測では地球自身が邪魔になるので，複数地点からの観測結果を総合する必要が生じるのは容易に理解できよう．このため，銀河系の全容を観測的に研究するには，北半球と南半球からほぼ同一仕様の観測を行い，これを総合するか，軌道上を周回する人工衛星からの観測データを用いるのが普通である．また，全天サーベイ（掃天）や宇宙背景放射の研究を目的とした観測データが利用されることも近年では多くなっている．

いずれの手法にせよ，得られた全天画像は天球を内側から見た球面の画像となる．そこで，これを平面上で一望できるように表示するためには，世界地図を描

---

[20] Optical Gravitational Lensing Experiment の略．銀河系バルジの多数の星の明るさを長期間モニターし，重力レンズ効果による星の変光から暗黒物質（ダークマター）の性質を調べるプロジェクトの名称．

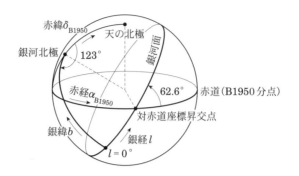

図 1.12 赤道座標と銀河座標.

くのと同じ図法（投影法）を用いるのが都合がよい．特に，世界地図でモルワイデ図法（全天を横長の楕円上に展開した図法）やそれに類した図法で表記されることが普通である．以下に示す図では，世界地図の赤道に対応する方向を銀緯 0 度の面とし，図の中央を銀経 0 度の方向として表示している．ただし，出典が異なるため，ここに掲載したすべての図が完全に同じ図法で描かれているわけではないので，厳密な比較をしようと思った場合には注意していただきたい．

銀経・銀緯を用いる座標系を銀河座標と呼ぶ．慣例的に銀経は l，銀緯は b を用いて表す．天の川が表す銀河円盤の中央面と天球の交線が銀緯 0 度の線で，それに沿って，銀河系の中心方向を銀経 0 度とする（図 1.12）．ただし，この意味に拘泥すると基準となる座標系として厳格に定義できなくなるため，実用上は，B1950.0 分点[*21]の赤道座標に対して以下のように定義されている．

銀河北極（$b = +90°$）　$(\alpha, \delta)_{B1950} = (12^h 49.0^m, +27°24.0')$,

$l = 0$ 線の銀河北極での赤道座標に対する位置角　$\theta = 123°$.

これは，1958 年の国際天文学連合（International Astronomical Union; IAU）総会での決議に基づいて求めた値としてブラーウ（A. de Blaauw）の 1960 年の

[*21] 地球の赤道面と南北軸を基準にして天球に描かれた座標系．赤道と黄道の交点（γ 点，春分点）を赤経 0 度と定める．地球の歳差運動などのために春分点が移動するので，赤経赤緯（α, δ）もずれてゆく．そのために何年何月の春分点を赤経 0 度としたときの赤道座標系とことわる必要がある．B1950 分点とは 1950 年の春分点を用いた赤道座標系の意．交点を 2000 年の値にとったものを J2000 分点の赤道座標系という．

論文に掲載されており，公式には 1958 年版銀河座標と呼ばれる．
　球面座標変換を適用すると，おもな点の座標や傾斜角は以下の値となる．ただし，銀河座標原点の赤経赤緯値のみ近似値である．

赤道座標との昇交点位置　$l = 33°$,　$\alpha_{B1950} = 18^h49^m$,
銀河座標原点　　　　　　$(l, b) = (0°, 0°)$,
　　　　　　　　　　　　$(\alpha, \delta)_{B1950} \simeq (17^h42.4^m, -28°55.0')$,
赤道面との傾斜角　　　　$i = 62.6°$.

　参考のため，対応する J2000 年分点での対応近似値を示すが，こちらには 1 分角程度の丸め誤差があることに留意されたい．

銀河北極（北銀極）　　　$(\alpha, \delta)_{J2000} \simeq (12^h51^m26.3^s, +27°7'42'')$,
赤道座標との昇交点位置　$l \simeq 32°56'$,　$\alpha_{J2000} \simeq 18^h51.4^m$,
銀河座標原点　　　　　　$(\alpha, \delta)_{J2000} \simeq (17^h45.6^m, -28°56.0')$,
赤道面との傾斜角　　　　$i \simeq 62°52'$.

　なお，これ以前にも 1930 年代に定義された銀河座標があり，1960 年以降も暫くは用いられていた．これは特に銀経の値が大きく異なるので，古い文献を参照する際には注意が必要である．両者を特に区別する必要がある場合には，旧銀河座標は l^I と b^I，1958 年版銀河座標は l^{II} と b^{II} で表す（たとえば，1.1.6 節で用いられている l^I と b^I は，この旧銀河座標である）．
　それでは，波長順に，いろいろな観測結果を眺めてみよう．

1.2.2　低周波電波連続波

　電波天文学で観測されるなかでは比較的低い周波数の 408 MHz（波長 73 cm）あたりの連続波では，高エネルギー電子が磁場と相互作用して発生するシンクロトロン放射（3.1.1 節参照）が卓越する．したがって，この波長での電波強度は高エネルギー電子あるいは磁場強度の分布を示すと考えてよい（図 1.13）．おおざっぱに言えば両者は比例していると考えられるので，どちらを反映していると考えても同じである．
　図でもっとも目立つのは天の川が明るく輝いていることである．これは，高エネルギー電子密度や磁場強度が銀河面に集中していることの反映である．銀河面

図 1.13 地上観測による 408 MHz 連続波の全天画像（口絵 2 参照，C. Haslam *et al.*, MPIfR, SkyView）.

のなかでも，図の中心に当たる銀河中心方向が特に強い．こちらの方向が銀河系の奥行きがもっとも長いためでもあるが，その効果よりも（3 次元的な意味での）銀河中心付近に高エネルギー電子や磁場エネルギーが集中している効果の方がずっと大きい．他にも銀河面に沿ってところどころ電波の強いところがある．これらの方向は，銀河系の渦状腕の接線方向に当たる．高エネルギー電子密度や磁場強度が渦状腕で高くなっていることの反映である．

408 MHz の図で次に目立つのは銀河北極に向かって銀河面から伸びる構造である．これは，"北極スパー"と呼ばれている．北極スパーは，太陽系近傍にある巨大バブルの壁を見ているという説が有力である．太陽の周囲には複数の超新星残骸が連結した巨大な高温ガスの泡状の構造が存在する．超新星残骸と同様，この泡（巨大バブル）の周囲には爆発膨張で掃き集められたガスや磁場が集中しているはずで，それが北極スパーとして見えているという説である．このほか，銀河中心からの巨大衝撃波だとする説もある．よりくわしく見ていくと，他にも銀河面から極方向に筋状の構造が多数見えることがわかるだろう．このような構造は，銀河面と垂直方向にも物質やエネルギーの流れがあることを示唆している．

1.2.3　高周波電波連続波

電波天文学としては比較的高い周波数といえる 10–40 GHz 付近での連続波強度分布を見ると，やはり銀河面へ集中していることがわかる（図 1.14，図 1.15）．

図 1.14　WMAP 衛星による 41 GHz 連続波の全天画像（https://lambda.gsfc.nasa.gov/product/map/current/m_images.cfm（NASA and the WMAP Science Team））．

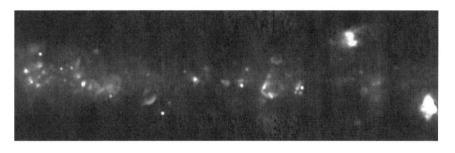

図 1.15　地上観測による 10 GHz 連続波の銀河面画像（部分）．電波で明るい天体は，電離水素領域や一部の超新星残骸である．角分解能を上げると，電離水素ガス起源の電波連続波は主に，電離水素領域などコンパクトな天体を起源とするのに対し，シンクロトロン放射は特定の天体に付随することなく，それらの天体間に広がっている成分の方が強いなどの違いも分かってくる（Handa et al. 1987, PASJ, 39, 709 にもとづいて作成）．

　この波長では，高エネルギー電子のシンクロトロン放射に加えて，電離水素ガスが放つ熱制動放射が見えてくる．

　電離水素ガスは早期型星が放つ紫外線によって生じるので，10–40 GHz 付近での連続波強度分布は早期型星の分布を反映しているわけである．408 MHz の

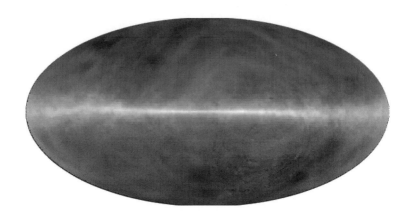

図 1.16　地上観測による HI 輝線の全天画像（口絵 2 参照，J. Dickey（UMn），F. Lockman（NRAO），SkyView）.

図と比べると北極スパーがほとんど見えないことが分かる．このような違いを見ることが天体の成因を知る上で大きな手がかりとなる．

1.2.4　電波輝線

電波輝線では，星間ガスの分布を知ることができる．波長により観測可能なガスの種類や状態が異なる．波長 21 cm の電波輝線では，中性水素原子（HI）の分布を知ることができる（図 1.16）．21 cm 輝線の強度分布の特徴は銀河面への強い集中である．408 MHz 連続波（図 1.13）に比べて，銀緯（南北）方向への広がりが狭く集中度が高いことがわかる．これに比べて銀河中心への集中は弱い．これは，銀河中心付近には HI ガスが少ないことの現れである．このことは，視線速度を利用した銀河中心距離に対する分布からも確認されている．21 cm 輝線でも銀河面と垂直方向に筋状の構造が見えている．

115 GHz や 230 GHz の一酸化炭素電波輝線では，水素分子ガスの分布を知ることができる．輝線の場合，ドップラー効果による周波数のずれを用いることができるので，天球上の分布ばかりでなく，視線速度に関連した構造を調べることができる．このように空間構造と速度構造とを関連させて調べたい場合には，天球上の分布を見るだけでは不十分で，位置と速度とを両軸にとった強度分布図，すなわち，位置–速度図が好都合である．

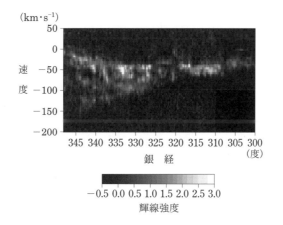

図 1.17 地上観測による一酸化炭素分子輝線の銀河面に沿った位置–速度図（部分）．図上での輝線強度の違いから，分子ガスの分布が限られていることや，渦状腕に集中していることなどが分かる．

銀経の広い範囲にわたった位置–速度図を見ると，電波輝線が見られる領域はある銀経–速度範囲に限られていることがよく分かる（図 1.17）．これは，銀河系がほぼ円運動しており，星間ガスが銀河円盤内の一定の半径以内に集中していることの現れである．また，この領域内でも電波強度は一様ではない．これは同じ銀経でも，視線速度が奥行きに単純には比例せず，さらに，銀河円盤上のガス分布が一様でないことを反映している．電波強度の強い場所のうち曲線に沿っている部分の多くは，渦状腕にガスが集中していることを反映したものと考えられている．

1.2.5 遠赤外線

波長がより短い $60\text{--}100\,\mu\mathrm{m}$ ほどの電磁波を天文学では遠赤外線と呼ぶ．遠赤外線になると，ガスに代わって星間塵[22]が発する熱放射が見えてくる．

全天を見まわすと天の川に沿った分布が鮮明に見られる（図 1.18）．星間塵は星間ガスに混在しており，恒星からの可視光や紫外線によって加熱され，低温の

---

[22] 星間吸収の原因である固体微粒子．星間ダストともいう．

図 **1.18** 赤外線天文衛星 IRAS による 12, 60 および 100 μm の赤外線強度を合成した全天画像（口絵 2 参照）．弓形に黒い部分が何か所か見られるのは，観測がされなかった部分を示す（http://coolcosmos.ipac.caltech.edu/image_galleries/IRAS/allsky.html）．

もので数 10 K, 高温のものだと数 1000 K になっていると考えられている．星間ガスには H{\sc i} ガス以外に水素分子（H_2）ガスもあり，星間塵は分子ガス内により多く含まれている．このため，遠赤外線の分布は分子ガスの分布をよく反映しており 21 cm 電波輝線では見られなかった構造があることが分かる．これらは星間分子ガスを検出できる電波観測の結果と合わせると確かめることができる．

ただし，図 1.18 の画像では S 字状のやや淡い帯状の構造も見られる．これは主に 12 μm で検出される構造で，その方向は黄道面に一致する．このことから，太陽系内の惑星公転面に集中している惑星間塵が太陽光で暖められ，それが熱放射しているために見えている構造であることが分かる．つまり，この構造は銀河系の全体構造とは関係がないので注意が必要である．

1.2.6 近赤外線

より波長の短い赤外線は比較的低温の恒星が放っており，この波長の電磁波は星間塵による吸収の影響が可視光に比べはるかに小さいので，恒星の真の分布を調べることができる．COBE 衛星による近赤外線画像を見ると，銀河面への集中と銀河中心への集中が明確である（図 1.19）．次に示す可視光で見るよりも銀河

図 1.19 COBE 衛星搭載の DIRBE 観測装置による赤外線での全天画像（口絵 2 参照，E. L. Wright/UCLA, The COBE Project, DIRBE, NASA）．

面への集中が激しく分布が空間的に連続なのは，吸収の影響が小さいためである．

また，銀河系がバルジを持つことも明確にわかる．バルジの見かけの形状を詳細に測定することで，バルジが棒状構造をしており東側（図で左側）が太陽系に近い状態に傾いていることが知られている．

1.2.7 可視光

可視光では，よく知られているように恒星やさまざまな星雲が見られる．可視光の全天画像（図 1.20）を見ると，中央から左右に天の川が長く伸びていることに気づく．世界地図ならば赤道に相当する位置である．これは，天の川が天球上で大円を描いているためで，円盤状の恒星集団の内部に太陽系が含まれていることの直接の反映である．

全天写真で見ると，天の川は至るところで見かけの恒星の密度が低い部分が散在していることが目立つ．これは恒星分布に著しいむらがあるためではなく，暗黒星雲[23]による現象である．暗黒星雲もまた，天の川に沿って分布しているために局所的に見かけの恒星密度が低い領域が散在しているように見えるのであ

---

[23] 星間ガスと塵（ダスト）が濃く集まっている領域．背後の光が遮られて（吸収されて）暗黒に見えることからこの名前がついた．

図 1.20 地上からの写真撮影による可視光の全天画像（口絵 2 参照，Axel Mellinger）．

る．これを逆に利用して，恒星の見かけの分布密度から星間吸収量を見積もることができる．これを星計数法と呼ぶ．ハーシェルが用いた銀河系の恒星分布を得る手法と根本的には同じ方法であるが，彼の場合無視していた星間吸収の方がむしろ見かけの恒星面密度分布に強く影響していることを逆に利用した方法である．これによるもっとも広範な星間吸収の分布図を図 1.21 に示す．

暗黒星雲による星間吸収の影響を考慮の上で，おおざっぱに恒星分布を見ると，図 1.20 の中央部付近では天の川の幅が広くなっていることがなんとか分かる．このことからも，図の中央部付近が銀河系の中心方向だと見当がつくだろう．

暗黒星雲と恒星とが混在していることからもわかるように，銀河系は恒星や星雲など多種多様な天体の集合体である．このため，銀河系の全容を知るには，それぞれの天体の観測に適したさまざまな波長の電磁波による観測が必要である．たとえば，カプタインが得た銀河系の姿が，実際には銀河系の一部に限られてしまっていたのは，実際の星間減光が当時の予想よりもずっと大きかったためである．

1.2.8 X 線

X 線の強度分布も，銀河面および銀河中心へ集中している傾向が見られる（図 1.22）．ただし，他の波長での図と大きく異なるのは，銀河面に非常に近い細い

1.2 さまざまな波長で見た銀河系 37

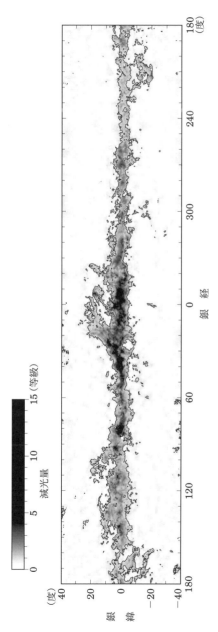

図 1.21 星計数法による天の川領域の星間吸収量分布 (Dobashi *et al.* 2005, *PASJ*, 57, SP1).

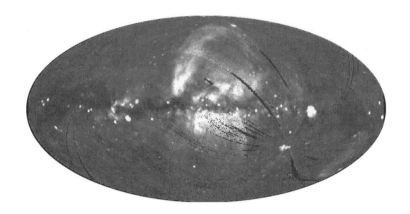

図 1.22 ROSAT 衛星による光子エネルギー 0.75 keV の X 線での全天画像（口絵 2 参照，S. Digel and S. Snowden (GSFC), ROSAT Project, MPE, NASA）．弓形に黒い部分が何か所か見られるのは，観測されなかった部分を示す．

帯状の領域がむしろ暗くなっていることである．ここで見られる X 線は数 100 万 K という高温ガスから放射されているため，X 線強度分布は超高温ガスの分布を反映している．つまり，このようなガスも銀河面に集中していることを示すが，帯状に暗くなっているのは可視光の場合と同じく，X 線が手前の星間物質によって吸収（散乱減光）されているためである．そのような事情にも拘わらず，銀河中心が非常に明るいということから，超高温ガスが銀河中心領域に著しく集中していることが見てとれよう．

銀河面以外では，X 線でも北極スパーに対応する構造が見えることが特徴的である．超新星残骸の内部は超高温ガスが満ちており，X 線で光っていることが知られている．したがって，北極スパーが X 線と低周波電波連続波で見えるということ自体が，北極スパーが超新星残骸と類似の構造であるとする根拠となっている．

1.2.9 ガンマ線

ガンマ線では，銀河面が明瞭に見えている（図 1.23）．このように広がっているガンマ線は，高エネルギー宇宙線と星間ガス（分子ガスも中性原子ガスも）中の陽子との相互作用で発生すると考えられている．

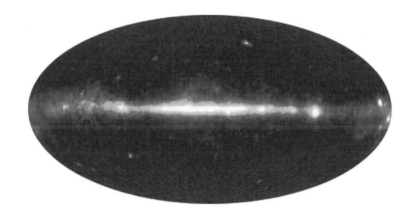

図 1.23 コンプトンガンマ線天文台衛星 CGRO 搭載の EGRET 観測装置による光子エネルギー 100 MeV 以上のガンマ線での全天画像（口絵 2 参照，https://heasarc.gsfc.nasa.gov/docs/cgro/egret/）．

星間ガスが銀河面に集中していることは 21 cm 電波輝線などで見たとおりであり，高エネルギー宇宙線が銀河面に集中していることは低周波電波連続波の様子から想像できる．したがって，どちらも銀河面に集中しているため，ガンマ線強度分布が銀河面に集中していることは，いわば当然である．ただし，複数の観測事実を統一的にしかも定量的に説明できることが天体の真の姿を明らかにする上できわめて重要であることを考えると，ガンマ線強度分布がこのようになっていることは，当然の事実としてではなく独立した観測事実として捉えるべきである．

1.3 基本的な観測量

1.1 節で述べた 19 世紀から 20 世紀の研究により，銀河系は約 2000 億の恒星（正確には太陽 2000 億個分の質量に相当する恒星）が高速回転しながら凸レンズ状に集まった天体であることが明らかにされてきた．また，星と星の間には星間物質が存在する．星間物質はガスと固体微粒子からなり，それぞれ恒星の約 20 分の 1 と約 2000 分の 1 の質量を担っている．

それらは恒星同様にあるいはそれ以上に薄い円盤状に分布し，星とともに高速に回転している．円盤面には電離水素領域を伴う青く明るい大質量星が渦状腕を

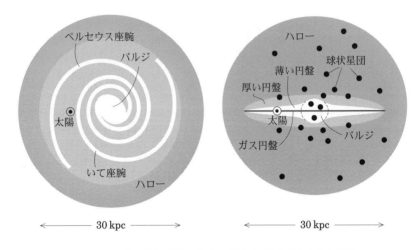

図 1.24 現代の銀河系像の概略.（左）円盤正面から見た構造,（右）円盤側面から見た構造.

描いており，典型的な渦状銀河の一つであることも確認された．また，円盤中央部に盛り上がる密集した恒星集団——バルジの存在も確認された．近年，バルジは棒状構造を持つことも共通の認識となりつつある．一方，円盤面に垂直な方向に沿っては，恒星の数密度が指数関数的に急速に減少し，円盤から少し離れると，円盤とは異なる力学的，化学的な特徴を持つハローと呼ばれる領域へ移っていく．球状星団はこのハローの代表的なメンバーの一つである．ハローは球状星団の分布をはるかに超えてさらに外へと続いていると考えられている．

このように銀河系は，大きく分けて円盤，バルジ，ハローの3成分を持つ渦状銀河として知られるようになった（図1.24）．

もともとは恒星の分布や運動から区別されてきたこれら3要素の相違は，現在，銀河系形成史の流れの中で捉えられるようになり，その形成過程や形成時期の違いに起因したものであることが明らかにされつつある．

1.3.1 銀河系の大きさと質量

銀河系の円盤部はパンケーキ状の形をしていて，外縁部は半径約 15–20 kpc 程

度まで広がっていると推定されている．太陽系は，中心から 8 kpc[*24] のところに位置し，厚さ方向には円盤の中央面，厳密には銀河面から 40 pc ほど離れている．

一般に渦状銀河の恒星円盤は，中心から外に向かって，また，円盤面から離れるにつれてほぼ指数関数的に密度の下がるモデルをあてはめて定量化されている．そのような円盤は中心での星の濃密さ，中心から半径方向へ進むときに密度が $1/e$ (e は自然対数) に減少する長さ (スケール長)，銀河面から垂直方向へ離れるときに密度が $1/e$ に減少する高さ (スケール高) で記述される．

銀河系の場合，中央での円盤成分の恒星密度は約 0.8 星 pc^{-3} (1 pc の立方体の中に星が平均 0.8 個あるということ)，スケール長は約 3.5 kpc，スケール高は約 0.3 kpc と考えられている．近似的には直径が厚みの 12 倍ある円盤ということになる．太陽近傍の星の密度は約 0.1 星 pc^{-3} である．さらにくわしくみると，この円盤成分のスケール高は恒星の質量や金属量 (つまり年齢) によって異なり，現在はさらに二つ (場合によっては三つ) の成分に分けて記述されることが多い．これらから円盤の質量は約 1000 億太陽質量 ($M_\odot$)[*25] であることが知られる．

銀河系のバルジは，中心から外へ向かって星の数密度が下がって行く扁平な回転楕円体と考えられている．そして，精度の低い概数であるが，およそ 100 億 $M_\odot$ の星を含むと考えられている．しかし，詳細な恒星分布はまだ調べられていない．これは星間減光の影響で可視域の星数調査そのものに困難が多いためである．

バルジの大きさの感覚をつかむため敢えて大まかな値を記すと，直径 4 kpc，中央の厚さ 3 kpc ほどの回転楕円体におもな部分が収まっている．バルジの面輝度[*26]をドゥ・ボークルール (G.H. de Vaucouleurs) の $r^{1/4}$ 乗則[*27] で表現した場合，有効半径約 0.3 kpc が得られる．ここで有効半径とは，2 次元に投影したときにバルジ全体の光の半分が含まれる半径のことである．さらに最近では，バルジの全体形状は回転楕円体というより，三つの軸の長さがすべて異なる，ラグビーボールをやや押しつぶした感じの 3 軸不等楕円体と考えられている．その

[*24] IAU で決議された 1980 年代当時 (正確には 1985 年) の推奨値は 8.5 kpc であった．現在はもっと小さな値が観測されるようになってきた (2.2.1 参照)．

[*25] 1 $M_\odot$ = 1 太陽質量 = 10^{30} kg．天体の質量の単位として使われる．

[*26] 天球上の単位面積あたりの明るさ，あるいは単位立体角あたりの明るさ．

[*27] 面輝度を $e^{-(r/r_0)^{1/4}}$ に比例する関数で表すこと．r_0 は定数．

長半径は約 2 kpc で，銀河中心と太陽を結ぶ線から銀経で正の側へ 20 度程度傾いた向きにある．3 軸の長さの比はおよそ 1：0.5：0.3 と考えられている．

ハローは円盤とバルジを取り囲む広大な空間である．その恒星密度はこと座 RR 型変光星や球状星団の分布から，銀河中心からの距離のおよそ 3.5 乗に反比例して下がることが分かっている．球状星団の属する領域は内部ハローまたは恒星ハローと呼ばれ，半径約 25 kpc におよぶ球状の領域である．一方，さらに外側に広がるハローは，高温で希薄なガスで満たされていることが最近の電波，X 線観測で明らかになった．ハローからさらに離れていくと，そこには銀河系の周りを回る矮小銀河や大小マゼラン雲（距離約 50 kpc）が存在し，銀河系の隣には同様に矮小銀河をいくつも従えたアンドロメダ銀河 M31（距離約 700 kpc）や M33 などの渦状銀河がある．銀河系は M31, M33 とともに局所銀河群を形成している．

1.3.2 銀河系の運動とミッシングマス

銀河系の円盤，バルジ，ハローのいずれにおいても，星や星間物質は銀河系全体の重力で引き付けられ，ばらばらにならずにまとまっている．一方でその重力に抗する運動により，それぞれの形態を保っている．三つの成分に属する恒星の平均的な運動は，その形態から推測されるように，重力に対する支えられ方が異なり，円盤，バルジ，ハローの順で銀河中心の周りを回転運動する度合いが小さくなりランダムな運動がまさってくる．

円盤の星や星間物質は太陽系の惑星と同じように，ほぼ同一平面内で銀河中心のまわりを回転し，遠心力が重力とつりあって一定の形を保っている．太陽近傍の星は秒速約 220 km で銀河中心の周りをほぼ円運動していることが知られている．円運動からのずれは小さく，大きくても秒速数 10 km 程度のばらつきしか見られない．この整然とした円運動が銀河系の円盤を形成している．円盤に属する星は，円盤面に垂直な方向，つまり円盤から外れる方向にもある程度の速度を持って運動している．そのため垂直方向にある程度の厚みを持っている．また，厚みは後述するように年齢と関係し，古いものほど厚い．この厚みの起源については，いくつかの候補が考えられていて，銀河系の形成史と関連付けて研究が進められている．

バルジも全体として円盤部と同じ方向へそろって回転する成分が有意に存在していることが，近年の惑星状星雲や赤外線源の電波観測から確認されている．しかし，円盤部に比べるとその度合いは約半分以下である．その分，ランダムな運動により支えられている割合が大きい．バルジの3軸不等楕円体の形を作り出すには，銀河中心の周りの単純な円軌道や楕円軌道のほかに，さまざまな形の複雑な軌道を取るものが多数必要と考えられている．しかしながら，詳細な理解はまだ得られていない．

　ハローは，その形状から推測できるように，系統的な回転は小さく，全体として主にランダムな運動により重力に対して支えられている．つまり，太陽系の彗星のようにいろいろな方向にいろいろな大きさの楕円運動をする天体の集合体として捉えられている．

　ここで太陽近傍の質量密度について触れておきたい．太陽近傍の恒星の銀河面に垂直な方向の運動から，銀河系が及ぼす重力の銀河面に垂直方向の成分が求められ，そこから太陽近傍の力学的な質量密度が推定される．すでに1922年の論文でカプタインはこの方法による太陽近傍の質量密度の求め方について述べている．その弟子のオールトは1932年，力学的に求めた質量密度が電磁波によって観測される天体をすべて合計した質量密度に比べずっと大きいことを指摘し，見えない質量の存在を指摘した．1960年に彼の求めた新しい質量密度の推定値は，電磁波で観測された質量密度に比べなお約2倍大きいものであった．この食い違いはミッシングマスとも呼ばれ長らく謎であったが，1989年のクアイケン（K. Kuijken）とギルモア（G. Gilmore）による一連の研究により，解消されたとする意見が優勢である．しかしながら，これについては異論もあり，完全に決着はついていないとする人もいる．

　オールトのこの問題提起によって多くの研究者がミッシングマス問題に興味を持つようになり，その結果，銀河系の回転曲線，球状星団や大小マゼラン雲の運動と，着目するスケールが大きくなるほど食い違いが重大な問題となっていることが明らかにされてきた．今日食い違いの原因となる物質はダークマターと呼ばれている．電磁波の観測から直接捉えられる物質の約8倍の質量を持つ直径180 kpc程度に及ぶハローが銀河系を包み込んでいるとすれば食い違いがなくなるとされている．ダークマターの正体はいまだに明らかではなく，天文学上の大きな問題の一つである．

1.3.3 金属量と星の分類

銀河系の円盤，バルジ，ハローの主要三成分は，力学的に異なる特徴を持つだけでなく，元素組成の面でも異なる特徴を備えていることが明らかにされている．宇宙初期のビッグバンによる元素合成では水素，ヘリウム，質量数7のリチウムだけが作られ，質量数6のリチウムとベリリウムより重い元素は作られない．天文学ではヘリウムより重い元素を重元素または金属と呼び，その量を重元素量または金属量と呼ぶ．重元素は主に星の内部で作られ，超新星爆発や星風によって星間空間に還元される．星間ガスからの星形成と星間空間への重元素還元のサイクルが回るにつれ，星も星間ガスも金属量が増していく．したがって，金属量の違いも形成過程の違いへとつながっている．

円盤に属する天体の金属量は，大まかには太陽近傍と同程度の値を持つと考えられている．また，電波観測の発達により電離水素領域のガスの観測から，銀河中心からの距離が増えるほど金属量が減少することが明らかにされている[*28]．

バルジを構成する大部分の星は年齢の古い星で，スペクトル型がO, B, A, F型の星はほとんど見られない．巨星の分光から求められたところでは，バルジ天体の金属量は平均値としては太陽近傍と比べて大きな差のないことが報告されている．

ハローに属する星は一般に年齢が古く低金属量のものが多い．歴史的に，ハローの典型的な天体は，運動と金属量の両面で，円盤の星とは大きく異なる天体として認識されてきた．球状星団をくわしく調べると，その中にはより金属量の多いものと少ないものがあり，金属量の違いが分布と運動の違いに結びついていることが近年明らかにされた．金属量が太陽の1/6より多い球状星団は銀河中心領域に集中ししかも全体として有意に回転している．一方，それより少ない球状星団はハローに広がっていて回転も小さい．これらは今後さらにくわしく研究されていくものと期待される．

一方，バーデにより導入された星の種族という概念は，その後の研究により，基本的にはその星系で星形成が起こってからの経過時間の違いを表していることが明らかになった．星形成時期の違いは，観測的には形態や分布，運動，金属

[*28] 太陽系から2倍外へ行くと約3分の1ほどに下がる．

量，年齢の違いとして現れるため，それら四つの面から円盤，バルジ，ハローの研究が精密化され，系統的な分類へと進化を遂げている．その結果，研究者によって多少の違いがあるが，太陽近傍の恒星の研究から，現在はおおむね表 1.1 のように恒星を分類して議論することが多い．

表 1.1 銀河系恒星の種族分類．

分類	太陽近傍での割合	スケール高 (pc)	速度分散 (U, V, W) $(\mathrm{km \cdot s^{-1}})$	平均速度 $(\mathrm{km \cdot s^{-1}})$	平均金属量 $Z/Z_\odot$[†]
(i) 新しく薄い円盤	96%	300	35, 25, 20	-10	0.8
(ii) 古くて厚い円盤	4%	1000	65, 50, 40	-30	0.3
(iii) ハロー（楕円成分）	0.1%	—	130, 100, 90	-200	0.02

[†] 太陽の金属量 $Z_\odot = 0.02$．

速度分散の項の (U, V, W) はそれぞれ，銀河中心と太陽系を結ぶ方向，銀河中心の周りを回る方向，銀河面に垂直な方向の星の速度分散を表している．また，平均速度の項は太陽系近傍星の平均値に対する速度を表している．この表から，年齢が古いものほど速度分散が大きく回転運動（表の平均速度）が小さく，金属量が少ないことが分かる．

参考のため各分類に属する具体的な天体の名前を以下に挙げておくと，(i) の中でもとりわけ若いものはシリウス，ベガ，プレアデス星団，ヒヤデス星団などで，相対的に年齢の古いものには太陽，ケンタウルス座 α 星，散開星団 M67，散開星団 NGC188 などがある．(ii) にはアークトゥルス，球状星団きょしちょう座 47 番などが属し，(iii) にはカプタイン星，グルームブリッジ 1830，球状星団 M13，球状星団 M92 などがある．

ここでバルジ成分が表に入っていないのは，実際の成分分析で取り扱われるのが太陽近傍の恒星に限られ，その中ではバルジ成分とハロー成分を区別するのが困難であり，バルジとハローを一つの楕円体成分として扱うモデルが一般的となっているためである．それらを区別した記述は今後の研究の進展を待つ必要がある．

1.4 銀河としての銀河系

　渦状銀河や楕円銀河など今日では銀河と呼ばれている天体は，ハッブルが明らかにした距離の見積もりのほかにも，1920年代までに明らかにされた数々の観測的証拠によって，銀河系の外にある天体だと判明した．これによって銀河系に類する天体は宇宙で唯一の物ではなく，多数ある同種の天体のうちの一つに過ぎないことが明らかとなった．

　それでは，他の銀河と比べると銀河系はどのような銀河だといえるのだろうか．ここでは，銀河自体の類似点や相違点について論ずる前に，観測対象として，銀河系と他の銀河とはどのような関係にあるかを，まず，述べることとする．

　他の銀河と比べて銀河系が示すもっとも顕著な違いは対象までの距離である．太陽系は銀河系の内部にあるため，銀河系は他の銀河とは比較にならないほど近くにある銀河であるといえる．つまり，角分解能が同じ観測装置を用いる場合，他の銀河とは比較にならないほど高い空間分解能で内部構造を調べることができる．これは，銀河のような天体の場合，他の銀河では空間的に分解できない天体や現象を分解することが可能であり，それがどのような天体や現象の集積として生じているのかを直接観測できることを意味する．

　しかしながら，観測者自身が銀河面近くにいるために奥行き方向の分布や構造を決めるのが難しいという困難もある．たとえば，北極スパーを巡る論争などに，その例を見ることができる．あるいは，セファイドが銀河系内で多数発見されていたにもかかわらず，その変光周期と光度に関係があることは小マゼラン雲内の変光星を観測するまで見出すことができなかったことも，この一例と考えることができよう．

　太陽系は銀河系の円盤部に含まれ，中心からかなり外れた位置にある．このため，銀河系は完全な横向き銀河として観測される．銀河系が太陽系からは帯状の天体，すなわち，天の川として観測されるのは，この事実の直接の反映である．この円盤部には星間ガス雲が集中しており，その中に含まれる星間塵による散乱の影響で，可視光では銀河系の全体像はおろか，中心核付近の様子も調べることができない．また，円盤を横向きに見ているということは，渦状腕に代表される円盤面上に広がる構造を天球上の分布として直接観測することができないことを

意味する.すなわち,円盤面上に広がる構造を調べるためには,対象となる個々の天体までの距離をある程度以上の精度で見積もる必要がある.

この際に,もっともよく用いられるのが,運動学的距離と呼ばれる方法である.この具体的な方法については,次の章で述べるが,銀河系の円盤部にある天体が銀河中心の周囲を円運動しているというモデルを利用する.ただし,運動学的距離は,太陽から銀河中心までの距離を単位としてそれに対する比としてしか得ることができないため,太陽–銀河中心の距離を独立に見積もる必要がある.

銀河系内の個々の天体が銀河中心の周囲を完全な円運動をしているのであれば,運動学的距離はきわめて有効な測距方法であるが,実際には円運動からのずれがあることが知られており,これが運動学的距離の大きな誤差要因となる.特に,渦状腕付近や棒状バルジの影響があると系統的に円運動からのずれが見られることが他の銀河の観測から知られており,銀河系でも当然,このような傾向があると推測されている.

このような系統的なずれは銀河系の場合には見積もりが困難であるが,ランダムなずれについては個々の天体の運動を統計処理することによって見積もることが可能である.実際,太陽の場合,周囲の恒星の平均値に対して秒速 20 km 程度の固有運動(太陽運動と呼ばれる)を持つことが観測から知られている(第2章参照).

このような条件を念頭に置いた上で,次に,観測されたデータに基づいて,銀河としての特徴に着目してみることにしよう.

すでに述べたように可視光だけでは銀河系の全域を見通すことができない.星間塵による減光(星間減光)が強すぎて,強力な望遠鏡を用いても銀河面方向には太陽系から 3 kpc 程度までしか観測できないのである.しかし,それでも恒星分布が円盤状であることは,もっとも直接的な観測データである個々の恒星までの距離を総合することでも描くことができる.恒星までの距離を最小限の仮定で測定する方法は年周視差を用いる方法である.現在,広汎かつ高精度で測定されている恒星までの年周視差データは,ヨーロッパの位置天文学衛星ヒッパルコスによって観測された星表である.これによって太陽近傍恒星の距離の3次元分布を描いてみると,恒星が円盤状に分布していることを直接示すことができる.詳細に見ると天体の種類によって厚さが異なっていることが知られており,古い

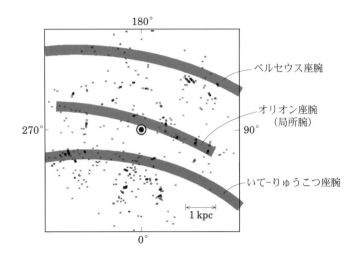

図 1.25 個々の天体に対する距離見積もりを手がかりにして得られた太陽近傍 3 kpc 以内の O 型星の銀河面上の分布．○は散開星団に属する星で，× はそれ以外の星．中央の ⊙ は太陽系の位置，図の周囲の数字は銀経．灰色の太線は星間ガスの分布などから予想されている太陽近傍の 3 本の渦状腕をなぞったもの．O 型星が渦状腕に集中していることが不明瞭ながら読み取れる（Garmany & Conti 1982, *ApJ*, 263, 777）．

世代の天体ほど厚くなっている傾向を示す．他の観測データも総合すると恒星や高温ガスに着目した場合の円盤の厚さは典型的に 1.3 kpc 程度である．

低温の星間ガス（分子ガス）については，運動学的距離も利用することで分子ガスの円盤に垂直方向の厚さ分布を得ることができる．こちらは古い世代の恒星に比べてずっと薄く，典型的に 325 pc 程度と見積もられている．銀河系以外では分子ガスの厚さ方向分布が得られている銀河は今のところ NGC891 などごく少数に限られているが，それらと大きな違いはない．

現在の観測技術では年周視差によって十分な精度で距離が測られる限界よりも遠くまでの恒星の分布を調べるには，スペクトル型から推測される絶対等級を用いる方法が有効である．また，セファイドは変光周期から絶対等級を推定することができる．これらの方法で恒星までの距離を調べ，その分布を調べると，銀河系の円盤面上におおよそ三つの列をなす（図 1.25）．これらの列は質量が大きく

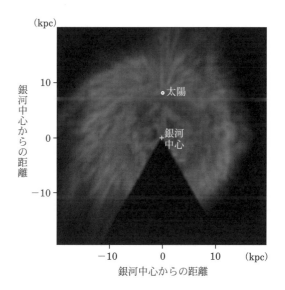

図 1.26 運動学的距離を手がかりに，21 cm 輝線および一酸化炭素分子輝線全天サーベイ観測データを解析して得られた銀河系の全星間ガス分布（Nakanishi 2005 PhD Thesis, Univ. Tokyo）．

寿命が短い主系列星の分布を示しており，他の渦状銀河では渦状腕に沿って集中が見られることが知られている．ここから，三つの列は太陽系近傍に3本の渦状腕が通っていることを反映したものだと予想される．このうち太陽系を含むような形で分布している列をオリオン座腕あるいは局所腕と呼ぶことがある．

電波輝線観測によって得られる H_I ガスや分子ガスの円盤面上の分布を運動学的距離にもとづいて描いてみると，やはり渦状腕状の分布をしていることがわかる．先に述べた誤差のために，この方法で渦状腕の正確な形状を描き出すのは難しいが，太陽系のすぐ内側と外側に渦状腕が通っていることなどが分かり，銀河系のガス分布の全体像もすでに描かれている（図1.26）．

円盤の厚さ方向については直接観測から中心部が膨らんでいることが分かり，他の渦状銀河で見られるのと同様のバルジを持つことが分かる．このバルジを調べると中心に対して東側と西側とでいくつかの性質が非対称性であることが知ら

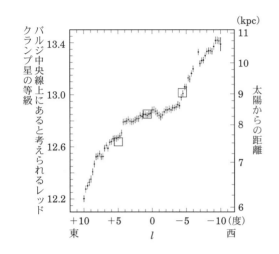

図 1.27 レッドクランプ星の平均距離の銀経分布 (Nishiyama et al. 2005, ApJ, 621, L105).

れている.たとえば,HR 図上で主系列と異なる明るい星の系列である漸近巨星分枝星と呼ばれる絶対等級がほぼ一定の,ある種の赤色巨星の距離分布を調べると,東側 ($0° \leq l \leq 3°$) の方が西側 ($-3° \leq l \leq 0°$) に比べて系統的に近い星が多い.赤外線で見たバルジの見かけの厚さを調べても,東側の方が西側より円盤に垂直方向の分布が若干広いことが知られている.さらに近年では,同様に絶対等級がほぼ等しいことが知られているレッドクランプ星を用いて,バルジの中央軸の銀経ごとに距離を求めることも行われるようになってきた (図 1.27).これらの観測結果から,銀河系のバルジは非軸対称であり,東側 (銀経が正の側) が手前になっていることが予想される.

星間分子ガスをミリ波の分子輝線 (CO) とセンチ波の分子吸収線 (OH) とで比較すると東側の方が西側より吸収量が少ないことが分かる.これを定量的に評価することで銀河面と垂直な方向から見た分子ガスの分布を描くことができる (図 1.28 (左)).これを見ると,銀河中心に付随しているセンチ波連続波分布に対して,分子ガスが東側では手前に分布していることが分かる.これもバルジが棒状で東側が手前であることを示している.この観測結果では,星間分子ガスが,他の銀河の棒状バルジ周囲で見られる非円運動と同じ運動をしていることが

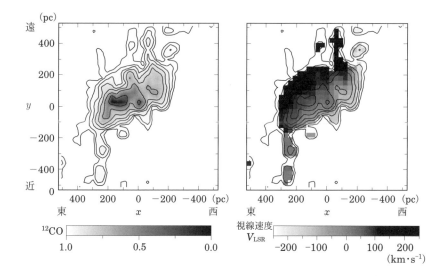

図 1.28 銀河中心・バルジ方向での分子ガスの銀河面と垂直方向からみた分布(Sawada *et al.* 2004, *MNRAS*, 349, 1167). 太陽系は y 軸上で負の方向(紙面の下方).

分かった(図 1.28(右)).

こうして見ると,銀河系は大きさも形も典型的な渦状銀河,しかもバルジに若干の非対称性を持つ棒渦状銀河であることが分かる.我々は銀河系の様子を外から直接観測することができないが,このようにして,さまざまな観測を総合してその全体像を描くことができるのである.

銀河系の周囲には,矮小銀河が点在していることが知られている.その一つは,いて座矮小楕円銀河と呼ばれ,銀河系に落ち込みつつあり,やがて合体してしまうものと考えられている.大マゼラン雲や小マゼラン雲も銀河系のすぐそばにある銀河で,銀河系の重力による潮汐力の影響を強く受けている.実際,これらの銀河と銀河系とを結ぶ H I ガスの尾が観測されており,マゼラン雲流と呼ばれている.これらの他にも,小さな銀河が潮汐力によって破壊された残骸と推測される恒星の集団やガスが見つかっており,銀河系は孤立した系ではないことは明らかである.

現在の宇宙論では宇宙初期に銀河同士の合体が盛んであったとする説が有力

で，銀河系のような大きな銀河は複数の銀河が合体成長してできたとする研究者が多い．現在でも銀河同士の合体による銀河系の成長は続いていると考えるべきであろう．

---- 天の川銀河と銀河系，二つの呼び名 ----

　本書で紹介しているように太陽系は一つの銀河に属している．この銀河をどう呼ぶかについてはいくつかの主張があるが，よく見られるのが，銀河系（the Galaxy）と天の川銀河（Milky Way Galaxy）である．

　銀河とは，もともと，天の川を指す漢語であるが，現代天文学では，これは固有名詞ではなく，恒星や星雲の大集団である天体種別を指す言葉である．1章で述べられているように，太陽系が属する銀河は，1920年頃までは宇宙で唯一の銀河であり，太陽系を中心として広がっているとする考えが主流であった．ところが，実際には，当時の考えよりずっと大きな天体であり，しかも類似の天体が宇宙には多数存在することが明らかとなったのである．

　"大きな銀河"という描像は，それまで銀河と呼ばれていたもの（天の川として見える太陽系周辺の恒星群）が，それよりずっと大きな体系の一部であるということを示している．銀河系という言葉はそこから生まれたのだろう．The Galactic System という言葉も使われたことがあったが，現在では通例，the Galaxy あるいは our Galaxy と表現され，これを日本の多くの天文学者は銀河系と訳している．

　一方多数の銀河を表す "galaxies" という言葉も使われる．日本語には複数がないので銀河と訳される．多数の銀河の一つずつに固有名詞をつけてアンドロメダ銀河，子持ち銀河，触角銀河，M82銀河と呼ぶことがあるように，銀河系を天の川銀河とよぶこともある．英語でも，Milky Way Galaxy という表現があり，近年，学術論文でも目にすることが増えている．文部科学省の学術用語集でも，the Galaxy の訳語は「天の川銀河」に次いで「銀河系」という順となっている．

　以上を踏まえて，本巻の編集会議でも議論がなされたが，本巻は銀河系と呼ぶことで統一することとなった．同様の議論は，いずれ，大小マゼラン雲の呼称についても起こる可能性があろう．

第2章

銀河系の構造

　銀河系は中心部が少し膨らんだレンズのような形をした渦状銀河である．模式的に示すと図2.1のように，(1) 中心付近の楕円状のバルジ成分，(2) 薄いレンズのような円盤成分，(3) バルジと円盤成分を取り囲む球状のハロー成分に分類できる．この章ではまずこれらの成分の大局的な性質について紹介し，続いて銀河系の運動について学びながら骨格ともいえる質量分布を見てみよう．さらに運動を調べることによって明かになった銀河系の3次元的な構造，銀河系の磁場構造についても紹介していく．

2.1　銀河系の構成成分

2.1.1　バルジ

　銀河系の中心部にはバルジと呼ばれる楕円体の成分が存在する（図2.1）．銀河中心方向は可視光では星間塵による吸収で約30等も減光するためバルジ成分の観測は難しいが，銀経 $l = 1$ 度，銀緯 $b = -3.9$ 度 の方向には減光量が2等前後と小さい「バーデの窓」という領域がある．この領域の変光星を観測することによってバルジには種族II（1.1.8節参照）の古い星が多いことが分かっている．バルジ領域の近赤外線観測を行い星の色–等級図を作成すると，色指数 $J - H =$

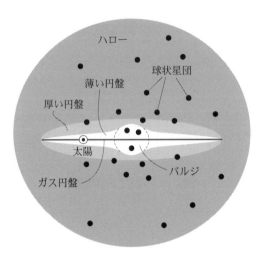

図 2.1　銀河系の模式図.

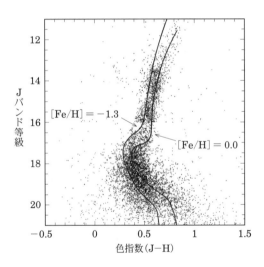

図 2.2　バルジにある星の色–等級図. 曲線は星の年齢が 100 億年のときの等時曲線である. 中央から右下が主系列, 17.5 等級あたりの転向点で右上にそれる. この位置が年齢の指標となる (Zoccali et al. 2003, A&A, 399, 931).

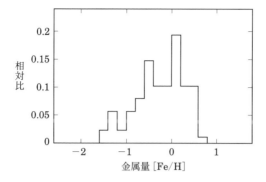

図 **2.3** バルジの赤色巨星の金属量分布 (Fulbright *et al.* 2006, *ApJ*, 636, 821).

0.3 等, J バンド等級*1 が 17.5 等付近で, 主系列星が主系列を離れようとする点 (転向点) があることがわかる (図 2.2). この点は星の集団の年齢を表しており, この図からバルジの主系列星の年齢は 100 億年以上であることが分かっている.

バルジにある星の金属量についてはバーデの窓にある K 型巨星の分光を行って調べられている. 図 2.3 に示すように金属量 [Fe/H]*2 は -1.29 から $+0.51$ という広い範囲に及んでおり, 平均値としては -0.25 という値をとっている. バルジには球状星団と同じ種族 II の星が多いが, 金属量の平均値は球状星団の値よりも大きく, むしろ太陽近傍の星と似ている. また金属量分布の分散が大きいという傾向もある. このような金属量分布は, 銀河系における星形成史を考えた化学進化モデルでよく再現できる (4 章参照).

可視光は銀河面では星間塵による吸収が強いので, バルジ成分は赤外線による観測が有利である. IRAS (アイラス) 衛星による赤外観測データを用いて, バルジの形状を調べるために円盤部分の指数関数成分を取り除くと, $(R/R_e)^{-1/4}$

---

*1 J バンド等級とは波長 $1.22\,\mu m$ を中心とする光を通すフィルターを用いて測定した等級. H バンドは $1.63\,\mu m$ の場合のもの. 色指数 J–H とは J と H バンド等級の差であり, 値が小さいほど色が青く, 大きいほど赤いことを示す.

*2 [Fe/H] は, 水素原子の個数密度 n (H) と鉄原子の個数密度 n (Fe) の対数比を, 太陽における値を単位として表したもの. すなわち [Fe/H]$= \log n(\text{Fe})/n(\text{H}) - \log(n(\text{Fe})/n(\text{H}))_\odot$ ($\odot$ は太陽を表す). [Fe/H]$= -1, -2$, はそれぞれ, 鉄が太陽の 1/10, 1/100 であることを示す. 金属量については, 4.2.3 節参照. 重元素量ともいう.

（ここで R_e は有効半径）に比例した関数で表される楕円体成分が残る．これは他の渦状銀河のバルジの形状と同様の分布である．有効半径 R_e の値はこれまでの研究から 0.3 kpc と見積もられている．

中田好一らはアイラス衛星のデータを用いて赤外線点光源の分布をくわしく解析し，銀経が正の側の方がバルジの星の数が多いという傾向を発見した．この銀河中心に対する非対称性は銀河系のバルジ部分が棒状になっていると考えるとうまく説明できる．つまり銀河系は棒渦状銀河である．実際，中性水素や一酸化炭素ガスの運動の研究から，銀河系は中心部で非円運動をしていることがわかっている．この点からも，銀河系が棒渦状銀河であるという結果と矛盾しない．棒状構造は太陽と銀河中心を結んだ線に対して，銀経が正の側が太陽に近くなるように $20°± 10°$ 傾いており，長半径は 2 kpc 程度であると言われている．最近はこの棒状構造の内側にさらに小さな棒状構造が存在しているということが分かってきている．

2.1.2　円盤成分

銀河系のもっとも主要な成分は半径 10 kpc 以上に及ぶ円盤成分である．星とガスはこの領域に集中して分布しており，太陽もこの円盤成分に属している．円盤部分に存在する星のほとんどは種族 I に分類される．

星密度の動径分布は，銀河系を含む多くの渦状銀河で指数関数になっている．銀河系では，円盤成分の有効半径（最大値の $1/e ≒ 0.37$ になる半径）は 3–4 kpc であると見積もられている．

渦状銀河の円盤の厚み方向の分布は，星の分布についてポアソン方程式と静水圧平衡の式を考えると，

$$n(z) = n(0) \operatorname{sech}^2 \left(\frac{z}{h}\right)^{*3} \tag{2.1}$$

という関数で表されることが知られている．ここで z は銀河面からの距離，$n(z)$ は z におけるすべての星の数密度，h は $z = 0$ で密度の 0.42 倍になる高さを表しており，銀河面付近ではガウス分布，銀河面から離れると指数分布に似た振舞いをする関数である．

[*3] $\operatorname{sech} x = \dfrac{2}{e^x + e^{-x}}$（双曲線正割関数）．

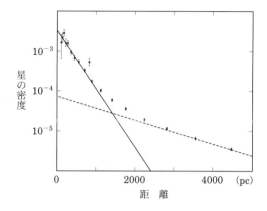

図 2.4 絶対光度が 4 等から 5 等の範囲にある星の密度の銀河面に垂直な方向の分布．実線と破線はそれぞれ $1/e$ になる厚みが $300\,\mathrm{pc}$, $1350\,\mathrm{pc}$ となる指数分布を表している．それぞれ薄い円盤，厚い円盤である（Gilmore & Reid 1983, *MNRAS*, 202, 1025）．

観測データから銀河面に垂直な方向の星の分布を詳細に調べると，その分布は図 2.4 のようになる．簡単のために式 (2.1) の代わりに二つの指数関数 $n(z) = n_1 e^{-z/z_1} + n_2 e^{-z/z_2}$ を用いると観測をよく再現することから，星の円盤には 2 成分あると考えられる．ここで n_1, n_2 は $z = 0$ での 2 成分の密度，z_1, z_2 は $z = 0$ での密度の $1/e$ になる高さを表している．これらの薄い方，厚い方をそれぞれ薄い円盤，厚い円盤と呼ぶ．上式の z_1, z_2 を厚みと定義すると，薄い円盤の厚みは $z_1 = 300\text{–}400\,\mathrm{pc}$ 程度，厚い円盤の厚みは $z_2 = 1\text{–}1.5\,\mathrm{kpc}$ 程度である（図 2.4）．

円盤部分に存在する星の大部分はこの薄い円盤中にあり，若い大質量星はすべてこの中に存在する．若い星の集団である散開星団は薄い円盤部分に多く見られる．

薄い円盤と厚い円盤に属する星は金属量に違いがある．厚い円盤に含まれる星の方は [Fe/H] が -0.4 より小さく，薄い円盤に含まれる星よりも金属量が少ない．金属量は星の年齢を示しており，厚い円盤の星の年齢は 100 億年以上であると見積もられている．厚い円盤については，4 章も参照されたい．一方，薄い円盤では金属量が多く（[Fe/H] > -0.4），年齢が 100 億年未満の若い星が多い．

2.1.3 星間物質

星間物質は銀河系の円盤部分に存在している．星間物質の大部分は水素からなるが，温度・密度に応じて中性水素原子（H I）ガス，中性水素分子（H_2）ガス，電離水素（H II）ガスの 3 形態に分類できる．

中性水素原子ガス

中性水素原子は天文学では H I と表記され，「エイチ ワン」と読まれる．H I ガスは周波数 1.4 GHz, 波長 21 cm の電波輝線で観測される．1950 年代からオランダのオールトらのグループ，オーストラリアのカー（F.J. Kerr）らのグループによって銀河系における H I ガスの大規模な観測が始められた．その後より高感度の観測装置が開発され，より質の良い H I 掃天観測データが次々と公開されている．

H I ガスには大きく分けて「冷たい成分」と「温かい成分」が存在している．冷たい成分は雲となって分布し，通常 H I 雲と呼ばれる．平均的な密度は 35 cm^{-3} [*4]，平均温度は 130 K と言われている．雲の典型的な大きさは 5 pc, 質量は 40–70 $M_\odot$ と見積もられている．温かい成分は雲間ガスと呼ばれ，H I 雲の間を満たすように存在している．この成分の平均密度と平均温度はそれぞれ 0.36 cm^{-3}，4500 K と見積もられている．

銀河面（$b = 0°$）を観測して得られたスペクトルデータを，横軸に銀経（l），縦軸に速度（v）をとって強度分布を描いたものを位置（銀経）–速度図と呼ぶ．最新の H I 掃天観測データの位置–速度図を図 2.5 に示す．

この図においてもっとも顕著な性質はその対称性で，第 1 象限と第 3 象限（中心に対して右上，左下），および第 2 象限と第 4 象限がきれいな対称性を持っており，これは銀河系円盤が回転している事実を反映している．第 2, 第 4 象限は太陽円内の銀河円盤に相当し，第 1, 第 3 象限は太陽円外[*5]のそれに相当する．また，各 l 方向での速度分布は有限幅に収まっており，第 2 象限内の最大速度（あるいは第 4 象限内の最小速度）を特に終端速度という．

[*4] 1 cm^3 あたり水素原子が 35 個という密度をこのように表記する．
[*5] 2.2.1 節参照．

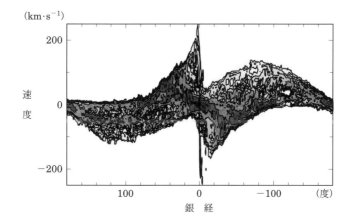

図 2.5 H I 掃天観測データの位置（銀経）–速度図.

分子雲

水素ガス密度がより高くなると水素分子（H_2）として存在する．分子ガスの平均的な密度は $3 \times 10^3 \, \text{cm}^{-3}$ であり，温度は $10 \, \text{K}$ である．

大部分の H_2 ガスは数 $10 \, \text{K}$ と低温であるものの，H_2 ガス自身からの放射は高温の領域に限られる．そこで通常 H_2 そのものの放射の代わりに CO ガスの電波輝線で観測することが多い．なぜなら分子雲では一酸化炭素（CO）の電波輝線が強く，CO 輝線の強度と H_2 の量が比例関係にあるということが観測的に確かめられているからである．^{12}CO 強度（$\text{K} \cdot \text{km} \cdot \text{s}^{-1}$）を H_2 ガスの柱密度（cm^{-2}）に変換する変換係数 X は太陽近傍では $X = 1\text{–}3 \times 10^{20}$ という値をとる．

銀河系の ^{12}CO のガス掃天観測は 1970 年代から始まった．口径 $14 \, \text{m}$ のファイブ・カレッジ望遠鏡を用いた銀河系第 1 象限（$-4° < l < 140°$）の掃天観測やアメリカ・ニューヨークとチリ・セロトロロにある $1.2 \, \text{m}$ 望遠鏡を用いた全銀河面の掃天観測などがある．$1.2 \, \text{m}$ 望遠鏡で得られた CO データの位置–速度図を図 2.6 に示す．位置–速度図は H I ガスとほぼ似た傾向であるが，H I のようななめらかな分布ではなくブツブツとした分布となっており，H I ガスに比べると小さなサイズの雲を形成していることがわかる．

ファイブ・カレッジ望遠鏡を用いた ^{12}CO 輝線データの解析によると，分子雲のサイズは数 pc から数 10 pc のサイズであり，質量は $10^3 M_\odot$ から $10^6 M_\odot$ の

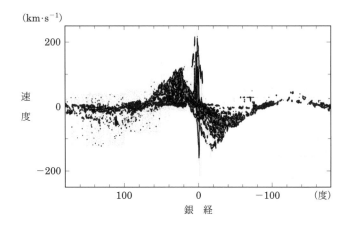

図 2.6　1.2 m 望遠鏡で得られた銀河系 CO ガスデータの位置-速度図.

範囲にある．質量と，その質量を持った分子雲の数の関係は「質量スペクトル」と呼ばれる．星の質量分布関数とほぼ同じ概念である（4 章参照）．分子雲の質量スペクトルは図 2.7（上）に示すような形をしている．この図では質量が約 $10^5 M_\odot$ 以下の分子雲については数え落としがあり実際よりも低く見積もられている．質量が約 $10^5 M_\odot$ 以上の分子雲では，質量スペクトルは以下のようなべき関数で表される．

$$\frac{dN}{dM} \propto M^{\alpha-1}. \tag{2.2}$$

ここで N, M は分子雲の数と質量を示す．べき α は分子雲の場合，-0.5 と見積もられている．これは星の質量スペクトルのべきと比べると有意な差がある．

しかし野辺山 45 m 望遠鏡を用いた高密度ガスの観測によって $H^{13}CO^+$ 輝線で分子雲中の核（コア）の質量スペクトルについて調べてみると，べきが $\alpha = -1$ という値をとることが分かってきた（図 2.7（下））．これは星の質量スペクトルとほぼ同じ値である．分子雲核は分子雲の分裂過程によって生じるものなので，星の質量スペクトルというのは分子雲の質量スペクトルというより，分子雲の分裂過程によって決まるのではないかと考えられるようになってきた．

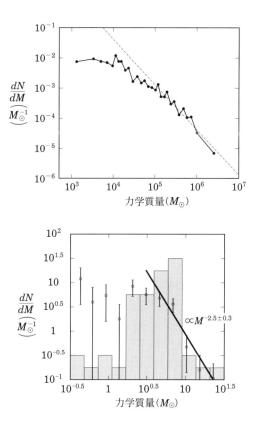

図 2.7 (上) CO 輝線観測から調べられた分子雲の質量スペクトル. 破線は傾き -1.5 ($\alpha = -0.5$) のべき関数を示す (Solomon & Rivolo 1989, *ApJ*, 339, 919 の図 1 を改変). (下) $H^{13}CO^+$ 輝線から調べられた高密度な分子雲中の核の質量スペクトル. 傾きは -2 ($\alpha = -1$) (Onishi *et al.* 2002, *ApJ*, 575, 950).

電離水素ガス

O 型星や B 型星といった大質量星は強い紫外線を放射するので,これによって周りのガスは電離される.このような領域を電離水素領域と呼ぶ.中性水素原子が H_I と表記されたように,電離水素ガスの場合は H_{II} と表記され,「エイチ

ツー」と読まれる．電離水素ガスは波長 656.3 nm の Hα*6などの輝線で観測される．典型的な密度は 10^2–10^3 cm^{-3} であり，温度は約 6000 度である．O，B 型星の寿命は短いので H II 領域は星が生まれて間もない領域と考えることができる．つまり Hα などの放射は星形成の指標となる．分子ガスなどが存在するガスの豊富な領域では星形成も活発に起こっており H II 領域が付随していることが多い．

また超新星爆発などの衝撃波で加熱されるとガスが電離される場合がある．はくちょう座の網状星雲などが，そのようにして生じた電離ガスである．

2.1.4　ハロー

ハローは円盤を囲む球状の成分である．円盤部分に比べるとハローでは星もガスも圧倒的に少ない．ハローには散開星団はほとんどなく，球状星団が多数分布している．

銀河系の回転速度から質量分布を見積もると，星とガスを合わせて見積もられる質量よりもはるかに大きい．そのことから銀河系にはダークマターが存在しており，特にハローはダークマターで満たされていると考えられている．そのことからダークハローとも呼ばれる．

銀河系が小さなブロックが合体して形成されたとする宇宙の階層的構造形成理論によると，銀河系ハロー内の質量はのっぺりと分布しているのではなく，小さな塊状の質量の集合体であると考えられている．このような小さな塊をサブハロー構造と呼ぶ．銀河系では近傍の矮小銀河がサブハローに相当するが，実際に観測されている矮小銀河の数は理論的に予測される数よりも大幅に下回っているという問題が生じている．これは「ミッシングサテライト問題」と言われ，銀河形成論などに大きな波紋を投げかけているが，現在さまざまな手法で解決しようと試みられているところである（6 章参照）．

---

*6 水素原子のバルマー系列の α 線．

*7 恒星はそれぞれ固有の運動をしており，LSR に対して動いている．太陽も LSR に対して，秒速 20 km の速度で，$\alpha = 18$h, $\delta = +30°$（1900 年分点の赤経・赤緯：太陽向点という）の方向に運動している．

2.2 銀河系の運動

2.2.1 局所静止基準と銀河定数

局所静止基準（LSR; Local Standard of Rest）[*7]は，「太陽の位置にあり銀河中心の周りを円運動する仮想的な点」として定義され，銀河系の回転を考える際の基準となる重要な概念である．図 2.8 に示すように，LSR と銀河中心の距離は R_0，LSR が持つ銀河系回転の速度は Θ_0 と表される．この二つの定数は銀河定数と呼ばれ，太陽位置における銀河系回転を記述するもっとも基本的な量である．

銀河定数の値については多数の研究があり，1985 年の国際天文学連合（IAU）の決議では，それまでの研究の平均値として以下の値が推奨されている．

$$R_0 = 8.5\,\mathrm{kpc}, \quad \Theta_0 = 220\,\mathrm{km \cdot s^{-1}}. \tag{2.3}$$

最近の研究では，R_0 に関しては上記よりやや小さめの $7.5\,\mathrm{kpc}$ から $8.5\,\mathrm{kpc}$ 程度の値もあり，また，Θ_0 についても最小値 $200\,\mathrm{km \cdot s^{-1}}$ から最大値 $240\,\mathrm{km \cdot s^{-1}}$ まで広範囲にわたっている．式（2.3）もこの程度の不定性を含んでいる．本書では特に断らない限り，$R_0 = 8\,\mathrm{kpc}$ をとることにする．

太陽を含むすべての星は，銀河系回転に加えて星ごとに固有のランダムな運動成分を持っている．太陽系の LSR に対する運動速度は 1985 年の国際天文学連合推奨値として

$$(U_\odot, V_\odot, W_\odot) = (10.0, 15.4, 7.8)\,\mathrm{km \cdot s^{-1}} \tag{2.4}$$

となっている（ただし，$V_\odot$ は 5–15 km·s^{-1} 程度の誤差範囲を持つと考えられている）．三つの軸の向きは図 2.8 に示してあるとおりで，X 方向（速度 U 成分）は銀河中心方向に，Y 方向（速度 V 成分）は銀河系回転の方向に，Z 方向（速度 W 成分）は北銀極の方向にとる．

LSR と併せて，銀河系を議論する際によく用いる概念の一つが太陽円であり，これは銀河中心を中心とする半径 R_0 の円として定義される（図 2.8）．太陽系はもちろんこの円上に存在する．また，太陽円を境に銀河系円盤を二つに分け，太陽円の内側を内銀河，外側を外銀河と呼ぶことにする．

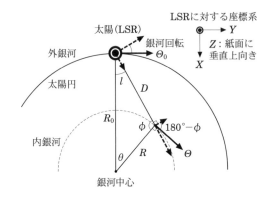

図 2.8 銀河系円盤を円盤上空(北銀極方向)から見たときの模式図.太陽(LSR),銀河中心,太陽円などの位置関係と,天体の銀河回転運動を LSR から観測する際の視線および接線速度成分を図示してある.右上の座標系は LSR に対する運動を記述する際の座標を表す.

2.2.2 視線速度と接線速度

天体が銀河系回転にのって完全な円運動をしている状況を考え,LSR から天体を観測したときの視線方向の速度 V_r および接線方向の速度 V_t を求めよう.このとき V_r および V_t は,観測天体と LSR の速度成分の差として与えられるから,図 2.8 より,

$$V_r = \Theta \sin(180° - \phi) - \Theta_0 \sin l, \tag{2.5}$$

$$V_t = \Theta \cos(180° - \phi) - \Theta_0 \cos l \tag{2.6}$$

となる.ここで,Θ は観測天体位置での銀河回転の速度である.三角関数の性質より $\sin(180° - \phi) = \sin\phi,\ \cos(180° - \phi) = -\cos\phi$ であり,また,正弦定理より $\sin\phi/R_0 = \sin l/R$ が成り立つ.さらに,図 2.8 の幾何学的関係から $R_0 \cos l = D - R \cos\phi$ の関係が得られるので,これらの関係式を式 (2.5) および式 (2.6) に代入して整理すると,

$$V_r = \left(\frac{\Theta}{R} - \frac{\Theta_0}{R_0}\right) R_0 \sin l, \tag{2.7}$$

$$V_t = \left(\frac{\Theta}{R} - \frac{\Theta_0}{R_0}\right) R_0 \cos l - \frac{\Theta}{R} D \tag{2.8}$$

---- 太陽–銀河中心の距離 R_0 ----

　銀河系を認識するために基本となるのはまずその大きさである．天文学で大きさとは半径と質量をさす．さらに光度や年齢そして形態が銀河系を記述するのに重要である．身体測定にたとえれば，身長，体重，年齢，そして活動や容態である．半径は中でももっとも基本となる量である．半径が決まれば回転速度から質量が求められ，星の密度分布と光度分布を使って銀河系の光度を知ることができる．本文で紹介した方法で立体地図を描くこともでき，銀河系がどんな恰好をしているか（形態）を想像することもできる．ここで半径といっても相手は星雲なので，はっきりした境目はない．そこで銀河系では二つの目安を使う．一つは銀河系円盤の表面輝度が $1/e$ になる半径，もう一つは角度 1 秒四方あたり 25 等級になる半径をとる．前者はおよそ 3.5 kpc，後者はおよそ 15 kpc である．

　そしてこれらすべてのもとになるのが，太陽が銀河系のどこにいるかを示す量，太陽–銀河中心の距離 R_0 である．上記のすべての量は R_0 が決まって初めて計算できる量だからである．したがって論文によってまちまちな値が使われると厄介である．そこで 1985 年の国際天文学連合（IAU）の総会で 8.5 kpc を推奨値として使うことが合意され，多くの書物や論文でこの値が使われてきた．しかしその後，銀河中心の距離は 7.5–8.5 kpc 程度という測定が多く報告されるようになり，現在では 8.5 kpc より若干小さめの値であると考えられる．本書では太陽–銀河中心の距離 R_0 は切りのよい 8 kpc とした．

という関係が得られる．これが，銀河系内の天体を LSR から観測したときの速度を記述する基本式である．なお，余弦定理より，

$$R^2 = D^2 + R_0^2 - 2DR_0 \cos l \tag{2.9}$$

の関係があり，D は R_0, R, l を用いて以下のように表すことができる．

$$D = R_0 \cos l \pm \sqrt{R^2 - R_0^2 \sin^2 l}. \tag{2.10}$$

右辺第 2 項が 0 となるのは $R = \pm R_0 \sin l$ が成り立つときである．この点は，銀河中心を中心とする円と LSR から観測した視線とが接する点になっていて，このような点の集合は，R_0 を直径とする円になる．式 (2.10) で第 2 項の符号が正になるのは，このような円の外側の領域である．

2.2.3 オールト定数

式 (2.7) および式 (2.8) を太陽近傍の星に適応し，銀河系の回転を初めて実証したのはオールトである．その際，オールトは，太陽近傍の星までの距離 D が銀河中心距離 R_0 および R に対して十分小さいという近似を用いた．このような近似では，まず，

$$R \approx R_0 - D \cos l \tag{2.11}$$

の関係が成り立つ．また，式 (2.7) を太陽系近傍でテイラー展開して 1 次の項まで取り出すと，

$$V_r \approx \left[\frac{d}{dR}\left(\frac{\Theta}{R}\right)\right]_{R_0} (R - R_0) R_0 \sin l$$

となる．ここで式 (2.11) と，以下のように定義されるオールトの A 定数

$$A \equiv \left[-\frac{R}{2}\frac{d}{dR}\left(\frac{\Theta}{R}\right)\right]_{R_0} = \frac{1}{2}\left[\frac{\Theta}{R} - \frac{d\Theta}{dR}\right]_{R_0} \tag{2.12}$$

を導入すると最終的に次の式が得られる．

$$V_r \approx AD \sin 2l. \tag{2.13}$$

すなわち，太陽近傍の星の視線速度は，（個々の天体のランダム運動など円運動からのずれがなければ）オールト定数 A, 天体距離 D および銀経 l を用いて式 (2.13) のような簡単な形に書ける．

また，接線速度の式 (2.8) についても 1 次の項までテイラー展開して

$$V_t \approx \left[\frac{d}{dR}\left(\frac{\Theta}{R}\right)\right]_{R_0} (R - R_0) R_0 \cos l - \frac{\Theta_0}{R_0} D$$

となり，式 (2.11)，式 (2.12)，および以下で定義されるオールトの B 定数

$$B \equiv \left[-\frac{1}{2R}\frac{d}{dR}(R\Theta)\right]_{R_0} = -\frac{1}{2}\left[\frac{\Theta}{R} + \frac{d\Theta}{dR}\right]_{R_0} \tag{2.14}$$

を導入すると最終的に次の式が得られる．

$$V_t \approx (A \cos 2l + B) D. \tag{2.15}$$

すなわち，太陽近傍の星の接線速度についても，オールト定数 A, B, 天体距離 D および銀経 l を用いて，近似的に式 (2.15) のように簡単な形で表される．オー

表 2.1 オールト定数の測定結果（単位：$km \cdot s^{-1} \cdot kpc^{-1}$）．

著者	A	B	データ
オールト（1927）	19 ± 3	-24 ± 5	O, B 型星，セファイド
IAU 推奨値（1985）	14.4 ± 1.2	-12.0 ± 2.8	複数の研究の平均
宮本 他（1993）	12.2 ± 0.6	-8.2 ± 0.6	K, M 型巨星
フィースト 他（1997）	14.8 ± 0.8	-12.0 ± 0.6	セファイド[†]
ミニャール（2000）	14.5 ± 1.0	-11.5 ± 1.0	K, M 型巨星[†]
ボヴィー（2017）	15.3 ± 0.4	-11.9 ± 0.5	主系列星[*]

[†] ヒッパルコス衛星のデータを用いている．
[*] GAIA 衛星のデータを用いている．

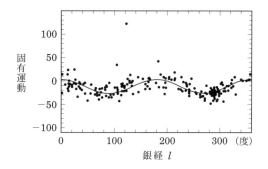

図 2.9 オールト定数の決定例．ヒッパルコス衛星が観測したセファイドについて，固有運動 $\mu \equiv V_t/D$ を l の関数として示したもの（Feast *et al.* 1997, *MNRAS*, 291, 683）．

ルトは太陽近傍の星にこれらの式を適用してオールト定数 A, B を求め，これによって銀河系が回転していることを 1927 年に初めて導き出した（1 章参照）．

図 2.9 はヒッパルコス衛星のデータを用いたオールト定数の決定例を示したもので，式 (2.15) の代わりに天体の固有運動 $\mu \equiv V_t/D$ を図示したものである．観測された固有運動はたしかに周期 180 度の正弦波で表すことができ，式 (2.15) と合致している．

オールト定数 A, B と銀河定数 R_0, Θ_0 との間には，以下の重要な関係がある．

$$A - B = \frac{\Theta_0}{R_0} \equiv \Omega_0, \tag{2.16}$$

$$-(A+B) = \left(\frac{d\Theta}{dR}\right)_{R_0}. \tag{2.17}$$

ここで Ω_0 は LSR での銀河系回転の角速度である．これらの関係は，オールト定数から銀河定数を求めたり，その逆を求めたりする際に利用される．オールト定数や銀河定数の精密決定は現在でも最先端の研究の対象である．1985 年の IAU 決議の推奨値と，その他の研究の代表的な値を 67 ページの表 2.1 にまとめた．

2.2.4 周転円近似

これまでは星の運動が完全な円運動の場合を考えてきたが，次に円運動から少しだけはずれている場合を考えよう．この場合，銀河系回転にのって円運動する仮想的な点（たとえば LSR）に対し，その周りを小さく軌道運動しているとして，星の運動を近似的に表すことができる．このような小さな軌道を周転円といい，このようにして星の運動を記述する方法を周転円近似という．

銀河系の天体位置を円柱座標 (R, ϕ, z) で表し，回転対称な銀河系のポテンシャル $\Phi(R, z)$ を考える．このとき天体の運動方程式の動径方向成分は，

$$\ddot{R} = \frac{V^2}{R} - \frac{\partial \Phi}{\partial R}, \tag{2.18}$$

と書ける．ここで $\ddot{R}$ は R の時間に関する 2 階微分であり，動径方向の加速度を表す．一方，角運動量の銀河面内の運動に対応する成分 L_z が保存されることから

$$L_z = R^2 \dot{\phi} = 一定 \tag{2.19}$$

となり，式（2.18）に代入して整理すると，

$$\ddot{R} = -\frac{\partial \Phi_{\text{eff}}}{\partial R}, \quad \Phi_{\text{eff}} = \Phi + \frac{L_z^2}{2R^2} \tag{2.20}$$

となる．ここで，Φ_{eff} は通常の重力ポテンシャルと遠心力ポテンシャルをあわせた実効ポテンシャルである．式（2.20）の両辺に $\dot{R}$ を掛けて積分を実行すると，

$$\frac{1}{2}\dot{R}^2 + \Phi_{\text{eff}} = E \quad (=一定), \tag{2.21}$$

となり，エネルギー E が保存量として得られる[*7]．このときのエネルギーと実

[*7] ここでは z 方向の速度が 0 の状態を考えている．

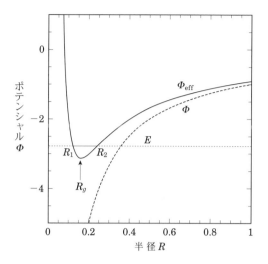

図 2.10 実効ポテンシャルの模式図．質点場のポテンシャル（Φ: 破線）に対する実効ポテンシャルの例を示してある．$0 > E > \Phi_{\text{eff}}$ のとき，粒子は実効ポテンシャル障壁の間を振動する．

効ポテンシャルの関係により，到達可能な R の範囲は図 2.10 で示した (R_1, R_2) の区間になる．もし，エネルギーが実効ポテンシャルの極小値と等しいとき，式（2.21）で常に $\dot{R} = 0$ となるので円運動となる．また，もしエネルギーが正（$E \geqq 0$）の場合は，運動可能な区間は無限になり，無限遠方に飛び去ってしまう．

エネルギー E が Φ_{eff} の極小値よりわずかに大きく，円運動からわずかにはずれて有限の R の区間内で振動する状況を考える．まず，エネルギー E が Φ_{eff} の極小値に等しいときに円運動する点を案内中心と呼び，案内中心が描く円運動の半径を R_g と表す．このとき，案内中心に対する天体の動径方向の微小変移を $x \equiv R - R_g$ で表し，実効ポテンシャル Φ_{eff} を R_g 近傍でテイラー展開すると，式（2.20）は以下のように書ける．

$$\ddot{x} = -x \left[\frac{\partial^2 \Phi_{\text{eff}}}{\partial R^2} \right]_{R_g}. \tag{2.22}$$

ここで，$[\partial \Phi_{\text{eff}} / \partial R]_{R_g} = 0$ であることを用いた．式（2.22）は単振動の式であり，その解は次で与えられる．

$$x = X_0 \cos(\kappa t + \theta_0), \quad \kappa^2 \equiv \left[\frac{\partial^2 \Phi_{\text{eff}}}{\partial R^2}\right]_{R_g}. \tag{2.23}$$

ここで，X_0 は単振動の振幅であり，κ は周転円角速度である．また，θ_0 は初期位相を表す定数である．κ を求めるには，式 (2.18) より円運動の場合，$\partial \Phi/\partial R = V^2/R = R\Omega^2$ （Ω は円運動の角速度）であることを用いる．すると，以下のように求められる．

$$\kappa^2 = \frac{d}{dR}\left[R\Omega^2\right] + \frac{3L_z^2}{R^4} = 4\Omega^2 + 2R\Omega\frac{d\Omega}{dR} = -4B\Omega. \tag{2.24}$$

ここで，最後の式は太陽近傍の場合に対応した式で，B はオールトの B 定数である．太陽近傍で B の値は負であることから κ^2 は正の値であり，κ が実数になるので周転円近似が成り立つ．もし B が正の場合（κ が虚数の場合），式 (2.22) の解は指数関数的な形になり，案内中心からの距離が時間とともに増大する不安定な解になる．特殊な場合として，剛体円盤（$\Omega =$ 一定）のとき，$\kappa = 2\Omega$，質点場（ケプラー運動）の場合 $\kappa = \Omega$ であり，現実的な銀河ではこの二つの（やや極端な）例の間になるので $2\Omega \geq \kappa \geq \Omega$ である．太陽近傍の κ の値は，$\kappa \approx 1.4\Omega$ であり，この範囲内である．

次に y 方向への運動については，角運動量の保存則より，

$$\dot{\phi} = \frac{L_z}{R^2} = \frac{\Omega R_g^2}{(R_g + x)^2} \approx \Omega\left(1 - \frac{2x}{R_g}\right). \tag{2.25}$$

このうち，右辺の第 1 項は案内中心の円運動に対応し，第 2 項が周転円軌道の y 成分に対応している．したがって，式 (2.23) を式 (2.25) に代入して，第 2 項を時間積分することで y は以下のように得られる．

$$y = -\frac{2\Omega}{\kappa} X_0 \sin(\kappa t + \theta_0). \tag{2.26}$$

式 (2.23) および式 (2.26) から得られる周転円を図 2.11 に示してある．一般に周転円は楕円となり，その軸比は $2\Omega/\kappa$ となっていることが分かる．太陽近傍の場合 $\kappa \approx 1.4\Omega$ であり，周転円は y 方向に長い楕円になっている．また，図 2.11 に示したように，周転円に沿った回転運動は案内中心そのものの回転運動とは逆向きになっている．これは角運動量保存則により，案内中心の軌道の内側では速度が増加し，外側では減少するためである．

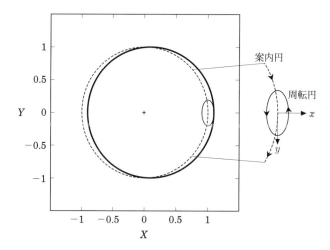

図 **2.11** 周転円の例.半径 1 の案内円(破線)とその周囲を回る振幅 $X_0 = 0.1$ の周転円(細い実線),および,2 者の合成で得られる楕円軌道(太い実線).質点場の場合($\kappa = \Omega$)を仮定.右は周転円の座標および回転方向を表す.

2.2.5 速度楕円体

太陽系近傍の星は円運動だけでなく,ランダム成分を持っていることが知られる.その速度分布は以下のような 3 次元のガウス分布でおおむね説明できることが知られており,最初にこの分布を提唱した人物にちなんで,シュバルツシルト(Schwarzschild)分布と呼ぶ.

$$f(\boldsymbol{v})\,d\boldsymbol{v} = \frac{n_0\,d\boldsymbol{v}}{(2\pi)^{3/2}\sigma_R\sigma_\phi\sigma_z} \exp\left[-\left(\frac{v_R^2}{2\sigma_R^2} + \frac{v_\phi^2}{2\sigma_\phi^2} + \frac{v_z^2}{2\sigma_z^2}\right)\right]. \tag{2.27}$$

速度空間上でのこの分布の等密度線を描くと 3 軸の比が $\sigma_R : \sigma_\phi : \sigma_z$ の楕円体になるので,この楕円体のことを速度楕円体,またはシュバルツシルトの速度楕円体と呼ぶ.

速度楕円体の軸比が銀河回転とどのような関係にあるかを,2.2.4 節でみた周転円近似を用いて調べてみよう.現在太陽系近傍にある星は,R_0 と異なる半径 R_g を持つ円の周りを周転円運動しており,今現在(たまたま)太陽近傍にある(すなわち $x = R_0 - R_g$).このときこの星を LSR から見たときの y 方向の速度

v_y は,

$$v_y = R_0\dot{\phi} - R_0\Omega_0, \tag{2.28}$$

と書ける．式 (2.25) を代入して整理すると,

$$v_y = -x\left[2\Omega + R\frac{d\Omega}{dR}\right]_{R_0} = 2Bx, \tag{2.29}$$

となる．一方 x 方向成分の速度については式 (2.23) の時間微分により得られるので，両軸方向の速度の 2 乗の期待値の比は,

$$\frac{\langle v_y^2 \rangle}{\langle v_x^2 \rangle} = \frac{4B^2 \langle x^2 \rangle}{\kappa^2 \langle x^2 \rangle} = \frac{4B^2}{\kappa^2} = \frac{-B}{A-B} \tag{2.30}$$

となり，両軸の速度分散の比はオールト定数で記述できる．したがって，式 (2.27) のシュバルツシルト分布が周転円運動を行う多数の星によって構成されているのであれば，その楕円体の軸比についても上と同様に,

$$\frac{\sigma_y}{\sigma_x} = \sqrt{\frac{-B}{A-B}}, \tag{2.31}$$

という関係が成り立つ．

2.2.6 終端速度と銀河系回転速度の関係

これまでに太陽近傍の星の運動を主に見てきたが，次に銀河系全域での回転運動を考えよう．これを考える上では H_I ガスの観測が重要な役割を果たす．

まず，図 2.5 の位置（銀経）-速度図で，任意の銀経 l 方向の速度の極大値 V_term（終端速度と呼ぶ）がどのように決まるかを考えよう．観測される H_I ガスが銀河回転にのって円運動しているとすれば，その視線速度は式 (2.7) のように書ける．ある方向 l の終端速度は，$\partial V_r/\partial D = 0$ が成り立つ場所で得られるから，式 (2.7) を微分して,

$$\frac{\partial V_r}{\partial D} = \frac{\partial}{\partial R}\left(\frac{\Theta}{R}\right)\frac{\partial R}{\partial D}R_0 \sin l = 0. \tag{2.32}$$

ここで $\partial R/\partial D$ は式 (2.9) より

$$\frac{\partial R}{\partial D} = \frac{D - R_0 \cos l}{R}. \tag{2.33}$$

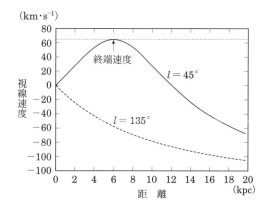

図 2.12 視線に沿った距離 D と視線速度 V_r の関係図. $\Theta(R) = \Theta_0 = 220\,\mathrm{km\cdot s^{-1}}$ の平坦な回転曲線と $R_0 = 8.5\,\mathrm{kpc}$ を仮定. 2本の曲線は上が $l = 45°$, 下が $l = 135°$ に相当. 太陽円より内側では視線速度の極大値(終端速度 V_term)が存在する.

したがって回転速度 Θ によらず,$D - R_0 \cos l = 0$ を満たす点が終端速度を与える.この点は銀河中心を中心とした円と太陽系から観測した視線が接する場所であり,このような点の集合は銀河中心と太陽系を結ぶ直線を直径とする円となる.終端速度を与える点では以下のような関係が成り立ち,終端速度 V_term から直接に銀河回転の速度 $\Theta(R)$ を決定できる.

$$R = R_0 \sin l, \quad V_\mathrm{term} = \Theta(R) - \Theta_0 \sin l. \tag{2.34}$$

一方,終端速度を与える点は太陽円の外側には存在しないので,太陽円の外側では式(2.34)を用いた回転速度の決定は不可能である.これらの状況を示すために視線速度 V_r を視線方向の距離 D の関数として図示したものが図 2.12 である.太陽円の内側(-90 度 $\leqq l \leqq +90$ 度)では視線速度の極大値 V_term が存在するが,太陽円の外側では視線速度は視線方向の距離 D に対して単調に変化し,極大値は存在しない.

2.2.7 銀河系の回転曲線

銀河回転の速度を銀河中心距離の関数として表示したものを回転曲線という.回転曲線は渦状銀河の動力学的性質を議論する上でもっとも基本的な情報の一つ

である.

　銀河系の回転曲線は,銀河系内の多数の星やガス雲について,距離と運動を観測することで決定できる.すでに導出したように,銀河回転にのって円運動する天体の視線速度は以下のように記述することができる.

$$V_r = \left(\frac{\Theta}{R} - \frac{\Theta_0}{R_0}\right) R_0 \sin l. \tag{2.35}$$

銀河定数 R_0, Θ_0 を既知とすれば,視線速度 V_r を持つ天体の銀河中心からの距離 R を決定できれば,その場所の $\Theta(R)$ を決定できる.これをさまざまな R を持つ多数の天体について得ることで,銀河系の円盤全域で回転曲線を得ることができる.ただし,天体の距離決定が難しいこと,および多数の観測を必要とすることがこの方法の難点であった.

　このような方法に代わって,太陽円の内側では,先に示したような終端速度 V_{term} が回転曲線の決定に用いられてきた.終端速度 V_{term} は,H I や一酸化炭素 (CO) の位置–速度図から得ることが可能であり,また,距離の不定性がないのが特徴である.一方,太陽円の外側では終端速度が存在せず,さらに別の工夫が必要になる.

　太陽円の外側での回転曲線の決定法としては,H I ガス円盤の幾何学的厚みを用いる方法が精度が良い.この方法では,銀河系の H I ガス円盤を同心円状に輪切りにして考え,それぞれのリング(同心円)ではガスの厚さ(銀河面に垂直方向)が一定だとする.式 (2.35) より,

$$V_r = W(R) \sin l, \quad W(R) \equiv \left(\frac{\Theta}{R} - \frac{\Theta_0}{R_0}\right) R_0, \tag{2.36}$$

であり,W が一定となる視線速度を各 l 方向で取ってくることで,銀河円盤の H I ガスをリング状に切り出すことになる.このときガス円盤の見かけの厚さ b_a は,

$$b_a = \arctan\left(\frac{z_0}{D}\right) = \arctan\left(\frac{z_0}{R_0 \cos l + \sqrt{R^2 - R_0^2 \sin^2 l}}\right) \tag{2.37}$$

となる.ここで,z_0 は実際のガス円盤の厚みであり,また,D と R の関係式については式 (2.10) を用いた(符号は太陽円の外側に対応するものを採用した).

　式 (2.37) をいくつかのリングについて図示した例が図 2.13 である.図 2.13

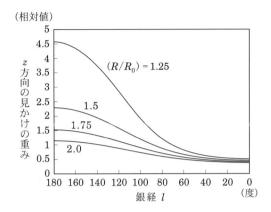

図 2.13 銀河系の H I 円盤を同心円状に切り出し，太陽系から観測したときの z 方向の見かけの厚みを図示したもの（式 (2.37)）．観測データを図のような曲線で合わせることにより R/R_0 を決定することができる．リング半径が決定できれば，回転曲線 $\Theta(R)$ も決定できる．

から，リングの半径 R/R_0 が異なると，式 (2.37) の l に対する振る舞いも大きく変わることが分かる．実際に切り出したリングの見かけの厚みを式 (2.37) と比較すると，最終的にリングの半径 R/R_0 と厚さ z_0/R_0 を同時に決定することができる（R_0 で規格化した値が求まることに注意）．この R/R_0 の値を式 (2.36) の $W(R)$ に代入すると，リング上での回転速度 $\Theta(R)$ を決定することができる．

これらの方法を組み合わせて求めた銀河系の回転曲線を図 2.14 に示す．太陽系近傍では $10\,\mathrm{km\cdot s^{-1}}$ 程度，またもっとも外側の領域でも $30\,\mathrm{km\cdot s^{-1}}$ 程度の誤差で回転速度が決定されている．その形状はおおむね平坦な回転速度則を示しており，これは銀河系と同規模の系外円盤銀河で観測された回転曲線のふるまいと一致している．ただし，図 2.14 には，銀河定数 Θ_0 が 220, 200, 180 $\mathrm{km\cdot s^{-1}}$ の三つの場合を示してあり，Θ_0 を変えると太陽円の外側 ($R/R_0 > 1$) で回転速度が少なからず変化することがわかる．また，銀河中心距離 R は銀河定数 R_0 で規格化されているので，回転曲線は R_0, Θ_0 の二つの銀河定数に依存していることがわかる．これは，すべての観測が太陽系からなされるために，銀河回転を求める際に太陽系の銀河回転を補正する必要があることによる．したがって，上記の方法で得られた銀河系の回転曲線を絶対的な値として確立するためには，銀河

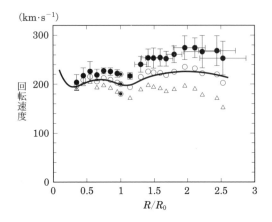

図 2.14 銀河系回転の回転曲線. $\Theta_0 = 180\,\mathrm{km \cdot s^{-1}}$ (△), $200\,\mathrm{km \cdot s^{-1}}$ (○), $220\,\mathrm{km \cdot s^{-1}}$ (●) の場合について示してあり, 回転曲線が Θ_0 に強く依存することがわかる. 実線は $\Theta_0 = 200\,\mathrm{km \cdot s^{-1}}$ の場合をなめらかにつないだもの (Honma & Sofue 1997, *PASJ*, 49, 453 のデータより作成).

定数 R_0 および Θ_0 の精密な決定も併せて必要である.

2.2.8 将来の銀河系回転計測

　これまでの議論はいずれも, 速度情報としては視線速度のみを用い, 銀河中心距離を求めるのにさまざまな工夫を凝らすというものであった. 一方, 天体の運動速度は 3 次元であり, 3 次元位置とあわせて 6 次元の位相空間情報すべてを計測することができれば, 円運動の仮定さえなしに, 銀河系の動力学的構造を調べることができる. これを行うには, 天体の位置を高精度で計測し, 固有運動計測と併せて年周視差による距離決定も行うことができればよい. このような銀河系の精密測量を目指して現在, 複数の計画が進められており, 日本では VLBI の手法を用いた VERA（VLBI Exploration of Radio Astrometry）が電波での銀河系位置天文計測を進めている.

　VERA は銀河系内の星形成領域や晩期型星が出すメーザー放射[*8]を観測し,

[*8] 星の周囲をとり囲む水などの分子が星の赤外線放射によって励起されて, 電波帯でメーザー現象が生ずるときに放射される電波.

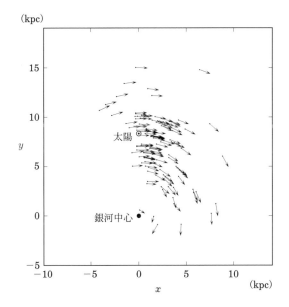

図 2.15 VERA や VLBA による銀河系内のメーザー源の観測結果．距離と 3 次元的な運動が 100 を超える天体で計測されており，銀河系の回転運動が明確に捉えられている（Reid & Honma 2014, $ARA\&A$, 52, 339 等の結果を元に改訂）

位相補償 VLBI という特殊な手法を用いて大気ゆらぎによる天体位置の不定性を打ち消すことで，10 マイクロ秒角という前人未到の高い位置計測精度を達成する．VERA は 2003 年末より定常観測を開始し，2007 年には 5 kpc を超える天体の年周視差計測に世界で初めて成功している．現在 VERA に加えて米国の VLBA などの観測も併せて 100 天体を超えるメーザー源の距離と運動測定が進んでおり，図 2.15 のように銀河系内の回転運動が詳細に捉えられている．また，恒星のアストロメトリ[*9]を行う GAIA[*10] の観測も現在進められており，2020 年頃にはこれらの観測データをもとにした銀河系研究の新時代が到来することは間違いない．

[*9] 高精度で天体位置を測定して固有運動や年周視差などの情報を得る，位置天文観測のこと．
[*10] ヨーロッパ宇宙機関の衛星 Global Astrometric Interferometer for Astrophysics の略．

2.3 銀河系の3次元構造

中性水素ガスの電波データは銀河系全体の構造を探るのに適している．第1の理由として，可視光では星間塵による減光が著しく遠方まで見通せないが，電波では星間塵による影響が小さく遠くまで見通すことができる．第2に水素ガスは銀河の主要成分の一つであり，一般に渦状銀河に広く分布している．第3に，星間ガスは輝線スペクトルとして観測されるので，ドップラー効果により視線速度が測定可能である．

この節では銀河系におけるガスの3次元分布の構築方法について紹介し，銀河系の3次元構造の諸性質について述べていく．

2.3.1 銀河系の速度場と運動学的距離

銀経 l と銀河中心距離 R, 回転速度 Θ, 銀河定数 R_0, Θ_0 が決まると，式 (2.35) を用いて観測されるべき視線速度 V_r が計算できる．すでに述べたように銀河定

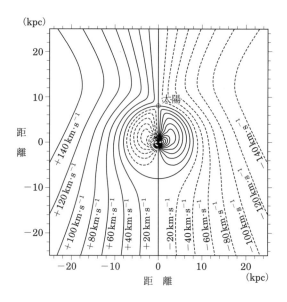

図 **2.16** 銀河系の速度場．局所静止基準（LSR）に対する視線速度の等速度線として表されている．線の間隔は $20\,\mathrm{km\cdot s^{-1}}$ であり，正の速度は実線，負の速度は破線で表されている．

数はオールト定数から求まり，回転速度は終端速度から計算できるので，これらは既知量とみなすことができる．銀経 l と銀河中心距離 R は銀河系内の位置を示すので，式（2.35）を用いると銀河系内の位置と視線速度の関係がわかる．この関係を使って銀河系内の速度場を描くと図 2.16 のようになる．この図では銀河系内の各点の局所静止基準（LSR）に対する視線速度[*11]が等速度線として表されている．線の間隔は $20\,\mathrm{km\cdot s^{-1}}$ であり，正の速度は実線，負の速度は破線で表されている．視線速度が測定されていれば，この図を用いることにより，銀河系内での位置がすぐにわかるので便利である．運動学的距離とはこのようにして決めた太陽からの距離のことである．ただし，太陽円内では同じ速度を示す点が 2 点存在することに注意する必要がある．

2.3.2 3 次元分布

銀河系は我々が住んでいるもっとも近い銀河であるが，自分たち自身がその中に位置しているために，その外見がどのような形をしているのか探るのが難しい．しかし，運動学的距離を用いることによって，銀河系の構造を探ることが可能となる．

中西裕之と祖父江義明は最新の銀河系 H I, CO 掃天観測データと回転曲線データを用いて，ガスの運動学的距離を計算することによって，ガスの 3 次元分布を作成した．図 2.17 は北銀極方向から見た H I ガス（左）と H_2 ガス（右）の分布である．この図から分かるように銀河系の中心部では H_2 ガスが豊富であり，外縁部では H I ガスの方が豊富である．全ガス量（H I と H_2 ガスの総和）に対する H_2 ガス量の比 f_mol を考えると，銀河中心部では f_mol が 1 に近く，外縁部では 0 に近くなる．f_mol は半径 6–8 kpc 付近で急激に変わる．これは分子前線と呼ばれ，祖父江，本間希樹らによってモデルと観測との比較が精力的に行われてきた．ここで，f_mol はガス密度，金属量および紫外線強度によって決定されていると考えられている．ガス密度・金属量が大きいほど，または紫外線強度が弱いほど f_mol は大きくなる．とりわけ金属量による影響が大きい．

3 次元分布図を銀河面に垂直に切断したものを図 2.18 に示す．この切断面は図 2.17 の太陽と銀河中心を結ぶ直線を銀河中心周りに 80 度だけ反時計周りに

[*11] 太陽から見た視線速度（太陽に対する相対速度の視線成分）の分布．

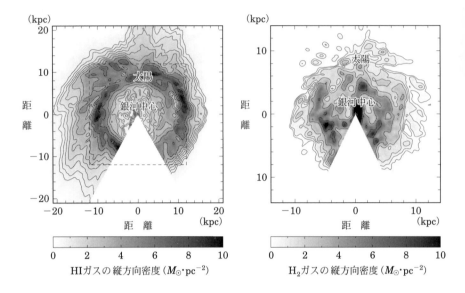

図 2.17 北銀極方向から見た銀河系全体の H I（左），H₂（右）ガス分布図（口絵 3 参照）．左図中の破線は右図の領域を示している．H I ガス分布図では等密度線は 0.5, 0.7, 1.0, 1.4, 2.0, 2.8, 4., 6.4, 8.0, 9.6$M_\odot \cdot \mathrm{pc}^{-2}$ を示している．H₂ ガス分布図では 0.2, 0.4, 0.8, 1.6, 3.2, 6.4, 12.8$M_\odot \cdot \mathrm{pc}^{-2}$ を示している．

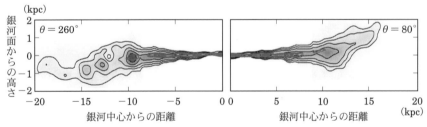

図 2.18 銀河面に対し垂直方向に銀河系を切断した断面図（口絵 3 参照）．グレースケールは H₂ ガスの密度分布を表している．等高線は H I ガス密度が外側から 0.01, 0.02, 0.04, 0.08, 0.16, 0.32 cm^{-3} の分布を表している．縦軸のスケールが伸びていることに注意（Nakanishi & Sofue, 2016, *PASJ*, 68, 5）．

回転した方向での切断面である．等密度線と灰色の濃さはそれぞれ H$_\text{I}$, H$_2$ ガスの分布を示している．H$_\text{I}$ ガスに比べ H$_2$ ガスの円盤は厚みが薄くサイズも小さいので，H$_2$ ガスは H$_\text{I}$ ガスに囲まれたような形になっており，あたかも H$_2$ がアンパンのあんのような形をしている．

また H$_\text{I}$ ガスの円盤の厚みは銀河中心で 100 pc 程度であるが，外側に行くほど厚くなる傾向があり，半径 20 kpc よりも外側では約 1 kpc に達する．H$_\text{I}$ ガス分布のもっとも淡い成分を見ると銀河系は第 4 象限（左下）の方向に伸びており，このような現象は「偏った H$_\text{I}$ 円盤」と呼ばれる（図 2.17（左））．

2.3.3 渦状腕

ガス分布を調べることによって，銀河系は渦状腕を持った渦状銀河であることがわかる．銀河系の渦状腕を模式的に示すと図 2.19 のような形をしており，それぞれの渦状腕は，

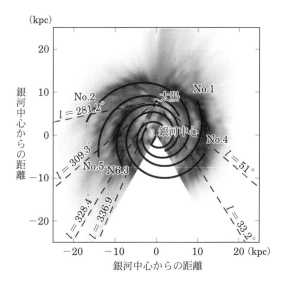

図 **2.19** 渦巻き腕構造．1. じょうぎ座腕，2. たて–みなみじゅうじ座腕，3. いて–りゅうこつ座腕，4. オリオン座腕，5. ペルセウス座腕，6. 外縁部腕．中心の線分は銀河系の棒状構造を示す（Nakanishi & Sofue, 2016, *PASJ*, 68, 5）．

1. じょうぎ座腕,
2. たて-みなみじゅうじ座腕,
3. いて-りゅうこつ座腕,
4. オリオン座腕,
5. ペルセウス座腕,
6. はくちょう座腕(外縁部腕),

と呼ばれている.太陽系はオリオン座腕の中にいるといわれているが,この渦状腕は他の渦状腕に比べると目立たない腕である.これらの渦状腕は同心円の接線に対する角度(ピッチ角)が常に等しい.これは数学的には半径の対数と中心角が比例関係にあることを意味しており対数腕と呼ばれる.銀河系の場合ピッチ角は 12 度前後である.

2.3.4 たわみ

図 2.18 を見ると H_I ガス円盤は半径 12 kpc よりも外側で銀河面から大きく歪んでいることがわかる.図 2.18 の右側では北銀極方向に,反対側では南銀極方向に約 1 kpc 程度外れていることが分かる.これを H_I ガス円盤の「たわみ」と呼ぶ.図 2.18 の切断面はたわみの振幅がもっとも大きくなる角度で切ったものである.渦状銀河の約半数がたわみ構造を持っており,たわみ構造は渦状銀河に一般的な構造といえる.系外銀河の観測から,たわみ構造には

(i) 星の円盤の端付近から始まる,
(ii) 星の円盤の内側ではたわみのピークをつなぐと直線的である,
(iii) 星の円盤の外側ではたわみのピークをつなぐと緩い巻き込むような渦状腕となる,

といった特徴があることが知られている.たわみ構造の起源としては

(i) ハローとの相互作用によって生じているという説,
(ii) 衛星銀河[*12]などから降り積もってきたとする説,
(iii) 衛星銀河による潮汐力によって生じたとする説,

などが考えられている.

銀河系外縁部における H_I ガスのたわみ以外にも,銀河の内側領域でもわずか

[*12] 銀河に付随した小さい銀河.マゼラン雲は銀河系の衛星銀河.伴銀河ともいう.

にガス円盤が銀河面から上下に変動していることが見つかっている．これは「しわ」などと呼ばれている．その振幅の大きさは数 10 pc であり，銀河の大きさに比べるとかなり小さいスケールである．

2.4 銀河系の質量分布とダークマター

この節では，銀河系の質量分布とダークマター（暗黒物質）について解説する．まず，星や H I ガスの運動速度から，太陽系近傍の質量分布および銀河系全域での質量分布を求める方法を説明し，また，質量・光度比についても紹介する．そして，銀河系内にも大量のダークマターの存在が示唆されることを示し，最後に，ダークマターの正体を探る方法の一つとして重力マイクロレンズ現象についても紹介する．

2.4.1 太陽近傍の質量分布

まず最初に，太陽系近傍の質量分布を求める方法について述べよう．銀河系のポテンシャルを軸対称として $\Phi(R, z)$ で表し，また，円盤に対して鉛直方向の重力加速度 $K_z = \partial \Phi / \partial z$ を導入すると，ポテンシャルと密度分布を関係づけるポアソン方程式より，以下の関係が得られる．

$$4\pi G \rho(z) \approx \frac{\partial^2 \Phi}{\partial z^2} = \frac{\partial K_z}{\partial z}. \tag{2.38}$$

また，z 方向の速度分散 σ_z^2 とポテンシャルとの間には

$$\frac{1}{n}\frac{\partial(n\sigma_z^2)}{\partial z} = \frac{\partial \Phi}{\partial z} = K_z \tag{2.39}$$

の関係がある．ここで n は星の数密度を表す．これらの関係式と，z 方向の星の速度分散 σ_z^2 の観測を組み合わせることで，太陽近傍での鉛直方向の密度分布 $\rho(z)$ を得ることができる．

このような方法で太陽系近傍の密度構造を最初に議論したのはオールトであり，彼にちなんで太陽近傍の質量密度 $\rho_0 = \rho(z=0)$ はオールトリミットと呼ばれる．これまでに $\rho_0 = 0.1$–$0.2 M_\odot \, \mathrm{pc}^{-3}$ 程度の値が得られている．値によっては，太陽近傍の星およびガスをあわせた密度 $\rho_\mathrm{obs} \approx 0.1 M_\odot \, \mathrm{pc}^{-3}$ を超過しているため，太陽近傍の銀河円盤内にダークマターが存在しているという説も提唱されている．しかし，最近では，そうした説を否定する研究も複数ある．

2.4.2 回転速度と質量分布

次に，前節で得られた回転曲線を用いて銀河系スケールでの質量分布を導出する方法を述べる．簡単のため球対称な質量分布を仮定し，ある半径 r 以内に含まれる質量を M_r とする．このような質量分布中を円運動する天体を考えると，遠心力と重力のつりあいにより

$$\frac{v_c^2}{r} = \frac{GM_r}{r^2} \tag{2.40}$$

という関係式が成り立つ．ここで v_c は円運動の速度である．この式を M_r について解くと以下の関係式を得る．

$$M_r = \frac{rv_c^2}{G}. \tag{2.41}$$

一方 M_r は，密度分布 $\rho(r)$ と次のような関係式で結ばれている．

$$M_r = \int 4\pi r^2 \rho(r)\,dr. \tag{2.42}$$

この関係式を用いれば，円運動の速度からある半径以内の質量 M_r や密度分布 $\rho(r)$ を得ることができる．特に，べき乗則の密度分布 $\rho \propto r^\alpha$ を考えると，$\alpha = -2$ のとき $M_r \propto r$ となり，式（2.41）より v_c が一定となる．すなわち，球対称分布を仮定すれば，銀河系や系外銀河で観測される平坦な回転曲線からは，$\rho \propto r^{-2}$ が求まる．

2.4.3 銀河系の質量分布

上記の関係式を用いて，銀河系の回転曲線から銀河系の質量分布を求めることができる．実際の銀河は球対称分布ではないが，近似的に式（2.41）の関係を利用する．銀河系や一般の銀河を考える際の単位系として，銀河中心距離 R を kpc，回転速度 V を $\mathrm{km \cdot s^{-1}}$，M_r を太陽質量 $M_\odot$ で表すことが多い．この単位系では

$$M_r = 2.32 \times 10^5 \left(\frac{R}{\mathrm{kpc}}\right) \left(\frac{V}{\mathrm{km \cdot s^{-1}}}\right)^2 M_\odot \tag{2.43}$$

となる．太陽円内の銀河系の質量は，銀河定数 R_0, Θ_0 の値を代入すると，$M_r \sim 10^{11} M_\odot$ となる．

図 2.14 の回転曲線にこの方法を適応して得られた M_r を図 2.20 に示す．この

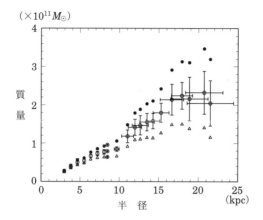

図 2.20 図 2.14 の銀河系回転から求めた，ある半径以内の銀河系の質量 M_r. $\Theta_0 = 180\,\mathrm{km\cdot s^{-1}}$ (△), $200\,\mathrm{km\cdot s^{-1}}$ (○), $220\,\mathrm{km\cdot s^{-1}}$ (●) の場合について示した．R_0 は 8.5 kpc とした．

図からわかるように，ある半径以内の質量 M_r は銀河中心距離とともに単調に増加する．回転曲線が観測されたもっとも外側の場所における銀河系の質量 M_r は，銀河定数 Θ_0 の値にもよるが，$1\text{--}3 \times 10^{11} M_\odot$ 程度となっている．銀河系の質量を精度よく評価するためには銀河定数と回転曲線の精密な決定が必要である．

銀河系円盤の光度分布は系外の円盤銀河と同じく指数関数的に減少する輝度分布 $I = I_0 \exp(-R/h)$ で表され，$h = 3\,\mathrm{kpc}$ 程度である．もし円盤の質量面密度分布も輝度と同様に指数関数的に減少するならば，10 kpc 以内に円盤の総質量の 85% が存在するという中心集中度の高い分布になっていることになる．したがって，円盤の質量だけでは図 2.20 において，10 kpc より外側でも大幅に質量増加していることは説明できない．すなわち図 2.20 の質量分布は，銀河系の外側に光や電波では観測できないダークマターが大量に存在することを示唆している．

2.4.4 ダークハロー

H I ガスで決めることのできる回転曲線は H I ガス円盤が広がっている範囲（銀河中心距離 $\sim 20\,\mathrm{kpc}$ 以内）のみであり，その外側の情報は得ることができない．このハロー領域での質量分布を求めるには，銀河中心から 数 10–数 100 kpc 程

度の距離に存在する球状星団や伴銀河の運動が使われる．

ハロー領域にあるこれらの天体が銀河系に重力的に束縛されているとすると，式 (2.43) から銀河系の質量を見積もることができる．これによって銀河系全体の質量分布を求めると，200 kpc 以内に $\sim 10^{12} M_\odot$ 程度が分布していることがわかる．これは，図 2.20 のもっとも外側での値よりもさらに大きく，H_I ガス分布の外側にもダークマターが存在していることを示唆する．このようにダークマターは銀河系円盤よりも外側の領域に，銀河系を取り囲むように分布しており，ダークハローと呼ばれる．ダークマターの正体としては，褐色矮星，白色矮星，ブラックホールなどの光を出さない天体や，相互作用をほとんどしない素粒子などが候補として挙げられている．ダークハローの広がりや総質量，そしてダークマターの正体解明は，現代の銀河系天文学においても未解決な重要課題として残されている．

2.4.5 質量・光度比

銀河系の質量がどのような物質からできているかを見る指標として，質量・光度比という指標がよく利用される．これは，質量 M，光度 L の比という意味で M/L と表され，通常は太陽の質量 $M_\odot$ および光度 $L_\odot$ で規格化された値で記述される．すなわち

$$M/L = \frac{(M/M_\odot)}{(L/L_\odot)} \quad (2.44)$$

であり，定義により太陽の場合 $M/L = 1$ である．また，光度については，どの観測帯域かを明示するために，たとえば可視光の V バンドの場合，M/L_V という書き方も用いられる．太陽より重い星では質量あたりの明るさが大きいので M/L 比は 1 より小さく，反対に太陽よりも暗い星では，1 より大きくなる．もし，銀河系の大部分の質量が太陽のような星からなっている場合，M/L 比はおよそ 1 になることが期待される．銀河系の円盤の明るさは $L_V \approx 1.4 \times 10^{10} L_\odot$ であると見積もられており，2.4.4 節の銀河系回転曲線から得られる質量 $M \approx (1\text{--}3) \times 10^{11} M_\odot$ を用いて銀河系の M/L 比を求めると，

$$M/L \approx 7\text{--}21 \quad (R < 2R_0)$$

程度となる．これは太陽の M/L 比に比べるとかなり大きい．さらに，球状星団や衛星銀河の運動から求めた銀河系の質量 $M \approx 1 \times 10^{12} M_\odot$ から銀河系全体の M/L 比を求めると，

$$M/L \approx 70 \quad (R < 200\,\mathrm{kpc})$$

となり，銀河を構成する物質の大半は通常の星ではなく，光を発しないダークマターであると考えられる．

2.4.6 重力マイクロレンズによるダークマター探査

ハローのダークマターを直接検出する方法として近年盛んに研究されてきたのが，重力マイクロレンズ現象を用いた暗黒天体の検出である．もしダークマターが太陽程度の質量を持つ天体の場合，その重力場がレンズとして働き，たまたまダークマターの背後にあった光源の観測に影響をおよぼす[*13]．このような重力レンズを起こす可能性のあるハローの暗黒天体を総称して，マッチョ（MACHO; MAssive Compact Halo Object）と呼ぶ[*14]．

光源天体，レンズ天体（像），観測者がそれぞれ図 2.21 のようにほぼ一直線上に並び，光源が重力レンズを受けている状況を考える．このときの光源の本来の位置角 β とレンズを受けた像の位置角 θ には，以下のような関係がある．

$$\theta - \beta = \alpha \frac{D_\mathrm{LS}}{D_\mathrm{S}}. \tag{2.45}$$

一方，重力場による光の屈折角 α は，一般相対性理論によれば以下のように書ける．

$$\alpha = \frac{4GM}{c^2 b}. \tag{2.46}$$

ここで，M はレンズ天体の質量であり，b は光線がレンズに最接近したときの距離，$b = D_\mathrm{L} \theta$ である．もし観測者とレンズ，および光源が完全に一直線上に並

[*13] 典型的には，地球質量程度以上であればこのような効果が観測可能である．実際，最近では太陽系外の惑星を探す手法の一つとして重力マイクロレンズが利用されている．

[*14] MACHO に属さないダークマター候補としては，相互作用をしない素粒子（WIMPs; Weakly Interacting Massive Particles）がある．余談ながら，macho は男らしい男，wimp は弱虫をそれぞれ意味する．

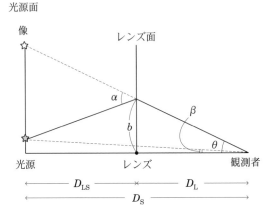

図 2.21 重力レンズにおいて，観測者，レンズ，光源の位置関係を表す．

んだ場合には像はリング状になり，その半径 R_E は式 (2.45) で $\beta=0$ とすることで以下のように求まる．

$$R_\mathrm{E} \equiv \left(\frac{4GM}{c^2}\frac{D_\mathrm{L}D_\mathrm{LS}}{D_\mathrm{S}}\right)^{1/2} \tag{2.47}$$

このリングはアインシュタインリングと呼ばれる．アインシュタインリング半径 R_E で規格化したレンズ面上での位置，

$$r \equiv \frac{D_\mathrm{L}}{R_\mathrm{E}}\theta, \quad u \equiv \frac{D_\mathrm{L}}{R_\mathrm{E}}\beta, \tag{2.48}$$

を導入して式 (2.45) を整理すると，以下のような関係が得られる．

$$r^2 - ur - 1 = 0. \tag{2.49}$$

この式の解は，2 次方程式の解として次のようになる．

$$r_{1,2} = \frac{u \pm \sqrt{u^2+4}}{2}. \tag{2.50}$$

すなわち，質点レンズの場合，像は二つ生成される．

$u \ll 1$ のとき，$r_{1,2} \approx \pm 1$ となるから，式 (2.47) で定義されるアインシュタインリング半径 R_E はレンズのおよその大きさを与える．たとえば，マゼラン雲

（$D_S = 50\,\mathrm{kpc}$）方向のハロー中の天体を考え，レンズの距離 $D_L = 10\,\mathrm{kpc}$，レンズ質量 $M = 1M_\odot$ を仮定すると $R_E \approx 8\,\mathrm{au}$（天文単位）となり，アインシュタインリングの見かけの大きさは $\theta_E \equiv R_E/D_L = 0.8$ ミリ秒角となる．通常の光学望遠鏡の分解能では，この角度を分解することは難しい．

一方，マイクロレンズの二つの像が分解できなくても，二つの像の明るさの和からマイクロレンズ現象を検出することができる．重力レンズは空間の歪みの効果であるため天体の輝度は不変であり，像の増光は，像が引き伸ばされて見かけの大きさが変化するために発生する．像の拡大はレンズと観測者を結ぶ視線に対して回転対称であり，動径方向への拡大によって明るさが変化するので，増光率を A とすると（$A=1$ がレンズなしの状態），

$$A_{1,2} = \left| \frac{r_{1,2}\,dr_{1,2}}{u\,du} \right| = \left| \frac{r_{1,2}^4}{r_{1,2}^4 - 1} \right| \tag{2.51}$$

と書ける．添え字の 1, 2 は式（2.50）の解に対応する．二つの像が分解できないとき，実際に観測されるのは以下の式で表される二つの像の明るさの和になる．

$$A = |A_1| + |A_2| = \frac{u^2 + 2}{u\sqrt{u^2 + 4}}. \tag{2.52}$$

$u = 0$（光源，レンズ，観測者が一直線上にきたとき）に近づくと，$A \approx u^{-1}$ で無限大に発散する．実際には，光源が有限の大きさを持つので無限大の光度にはならないが，$u = 0$ に近く，A が 100 を超えるようなマイクロレンズ現象も実際に観測されている．

$u = \infty$ は，レンズがない場合に相当し，もちろん $A = 1$ となる．また，$u = 1$ の場合（アインシュタインリングの半径上に光源がある場合），$A = 3/\sqrt{5} = 1.34$ となり，3 割強の増光率となることが分かる．

2.4.7　マイクロレンズの光度曲線

マイクロレンズ現象を観測すると，光源の見かけの明るさは，光源とレンズの位置に依存して，式（2.52）に従って変化する．光源とレンズが大きさ μ の相対固有運動を持つとき，光源とレンズの角距離 β は

$$\beta = \sqrt{\beta_0^2 + (\mu t)^2} \tag{2.53}$$

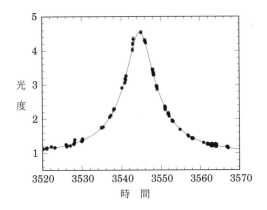

図 2.22　マイクロレンズの光度曲線の例．MOA[*14]による観測点と，理論曲線の両方を表した．

と書ける．ここで，β_0 は光源とレンズがもっとも接近したときの離角で，t は最接近の時刻を 0 とした時刻である．上の式を式 (2.48) と同様に規格化すると

$$u = \sqrt{u_0^2 + (t/t_{\rm E})^2} \tag{2.54}$$

と表すこともできる．$t_{\rm E}$ はアインシュタインリング半径を横切る時間で，

$$t_{\rm E} \equiv \frac{R_E}{\mu D_{\rm L}} \tag{2.55}$$

である．式 (2.54) から分かるように，マイクロレンズ現象における光度の時間変化（光度曲線）は $u_0(\equiv D_{\rm L}\beta_0/R_{\rm E})$ と $t_{\rm E}$ で特徴付けられる．式 (2.52) と式 (2.54) より計算されるマイクロレンズの光度曲線と実際の観測例を図 2.22 に示す．図にあるように，観測されたマイクロレンズ現象は上述の理論式できれいに再現される．

アインシュタイン半径を通過する時間 $t_{\rm E}$ は，式 (2.47) および式 (2.55) よりレンズ天体の質量に依存する．このため，レンズ現象の持続時間の観測からレンズ天体の質量について制限をつけることができる．例として，質量 $M = 1M_\odot$，距離 $D_{\rm L} = 10\,{\rm kpc}$，速度 $v_\perp \equiv \mu D_{\rm L} = 200\,{\rm km\cdot s^{-1}}$ のレンズ天体を考え

[*14] MOA; Microlensing Observations in Astrophysics. 名古屋大学をはじめとする日本とニュージーランドによる研究プロジェクト．

ると，$t_E \approx 70$ 日となり，数か月間にわたって観測することで光度曲線を追うことができる．

2.4.8 マイクロレンズの発生確率

次にマイクロレンズ現象が発生する確率を計算しよう．任意の星を観測したときに，その星がレンズを受けている確率を表す量 τ を光学的厚みと呼ぶ．重力レンズの断面積がアインシュタインリングの面積 πR_E^2 で与えられることから，これは

$$\tau = \int \pi R_E^2 \frac{\rho}{M} \, dD \tag{2.56}$$

と書くことができる．ここで，D は視線に沿って計った観測者からの距離を表し，M はレンズ天体の質量，ρ はレンズ天体の質量密度分布を表す．アインシュタインリングの半径 R_E の式（2.47）を式（2.56）に代入すると，質量 M が消えて

$$\tau = \frac{4\pi G}{c^2} \int \rho(D) \frac{D_L D_{LS}}{D_S} \, dD \tag{2.57}$$

という形に書ける．すなわち，マイクロレンズの光学的厚みは天体質量によらず，密度分布 ρ によって決まることが分かる．例として，秒速 200 km の平坦な回転曲線を持ち，密度分布 $\rho \propto r^{-2}$ のハローを考えると，マゼラン雲の方向での発生確率は，$\tau_{\rm exp} \approx 5 \times 10^{-7}$ 程度となる．すなわちマゼラン雲方向では 200 万個に 1 個の星がハロー天体によるマイクロレンズ現象を受けていると期待される．

このような手法で銀河系内のダークマターを探査する可能性を最初に提唱したのはパチンスキー（B. Paczynski）である．彼の提案を受けて大規模な重力レンズ現象の探査が，最初に MACHO（米豪）と EROS（仏）という二つのチームによって実行され，1993 年に初めてマイクロレンズの検出が報告された．ついで，OGLE（ポーランドと米），MOA（日本とニュージーランド）などのグループも同様の観測を行ない，これまでに多数のマイクロレンズ現象が観測されている．

特に，MACHO グループは 1992 年から 1999 年にかけての観測の結果として，大マゼラン雲の方向で 17 個のマイクロレンズ現象を観測し，この方向のマイクロレンズの光学的厚みを $\tau = 1.2 \times 10^{-7}$ と得た．これは，平坦な回転曲線から期待される $\tau_{\rm exp}$ の 25% 程度しかなく，MACHO 天体だけでは銀河系の

ダークマターを説明することは難しいことが分かる．また，マイクロレンズの継続時間 t_E の解析から典型的な質量として $0.5M_\odot$ 程度の値が得られているが，その正体についてはまだ明確な答えは得られていない．

ハローの中で MACHO 天体が占める質量の割合や，個々の MACHO 天体の質量をより強く制限づけるためには，たくさんのマイクロレンズ現象を発見し，統計的精度を上げることが重要である．現在も MOA や OGLE といった国際共同観測チームがマイクロレンズ探査を続けており，今後さらに精度のよい結果が得られることが期待されている．

2.5 銀河系の磁場構造

渦状銀河には大規模な磁力線が走っている（第4巻3章）．私たちの銀河系にも渦巻き状の磁力線が走っている．その強さは，磁場の圧力（エネルギー密度）が星間ガスの圧力とつりあっている，すなわちエネルギー等分配の法則がなりたっているとすると，太陽近傍でおよそ3マイクロガウス（μG）である．また磁場のエネルギー密度と，宇宙線のエネルギー密度が等分配になっていると仮定し，天の川の電波強度の測定値から計算しても，やはり数 μG の磁場強度であることが知られている．本節では，銀河系の磁力線がどのような形状をしているかを考察しよう[*16]．

2.5.1 クェーサーおよびパルサーのファラデー回転

銀河系の磁場構造を調べるためには，銀河円盤を通してやってくるクェーサーやパルサーからの直線偏光を使い，そのファラデー回転量[*17]から，途中にある磁力線の強度と向きを推定する方法を用いる[*18]．

ファラデー回転量（RM）は，

[*16] 太陽近傍の星間雲や星形成領域の局所的な星間磁場は，星の光の偏光，星間塵の赤外線偏光，あるいは中性水素 21 cm 線のゼーマン効果を使って調べる．

[*17] 直線偏光した電波が，方向性のある媒質（今の場合は磁場）を通過するときに，偏光面が回転する現象．

[*18] 系外銀河では，銀河円盤自身が放つシンクロトロン放射の直線偏光を観測して，より精確に磁場構造を知ることができる（第4巻参照）．高エネルギー電子（宇宙線）が磁力線と相互作用して放射される電磁波をシンクロトロン放射という．

$$\mathrm{RM} = 0.81 \int_0^x n_e B_{//} \, dx \sim 0.81 n_e B_{//} L \quad [\mathrm{rad \cdot m^{-2}}] \quad (2.58)$$

と表される．$B_{//}$ は磁場の視線方向の成分の強さ，n_e は星間ガスに含まれる熱電子の密度，x は視線上の距離，L は奥行きである．磁場は μG，電子密度は cm^{-3}，距離は pc，角度はラジアン（rad），波長は m で測る．なお RM は磁場が観測者から遠ざかるように走っている場合に正，逆の場合に負と定義する．磁力線の強さは RM を，視線上の電子密度と距離の積 $n_e L$ で割って求める．ただし，n_e と L は別途観測によって求めておく必要がある．

図 2.23（94 ページ）は全天の銀河系外電波源（クェーサー等）の RM からファラデー深度（RM とほぼ同等）の値をカラーで示したものである．さらにこれらの RM の値を 15 度に広がったビームで平均して，スムーズな分布にして示したのが，同下段の図である．これらの図において銀経 90 度方向では RM が負，その逆の 270 度の方向では正であることが分かる．このことから，太陽軌道の少し内側では，磁場が太陽の方に向かってきていることが分かる．さらに，銀河中心方向の両側，銀経 300 度から 60 度あたりでは，RM の正負が 20–30 度のスケールで振動するように変化しているのが分かる．

2.5.2 銀河系の大局磁場

こうして求められたクェーサーの RM 分布から，磁力線は大局的に渦状腕に沿っていること，一つの腕から次の腕で反転する，いわゆる双対称の渦状の磁場構造を示していることが分かる．実際，円盤状の星間電子密度分布と，図 2.24 のような渦状磁力線構造を仮定して計算してみると，観測される RM 分布をうまく再現することができる．

このような渦状磁力線構造は，M51 など通常の渦状銀河によく見られる構造で，銀河系もその一つであることが分かる．銀河系の磁力線は，太陽の少し内のいて座腕では，銀経 90 度の方向から太陽に近づく向きに走り，外側のペルセウス腕では反転していることが分かる．大局的に見ると，磁力線は銀河の外から入り込んで腕に沿って巻き込み，反対側の腕から外へ出ていくような構造をしている．

次に，クェーサーとパルサーによるファラデー回転量を比較してみると，

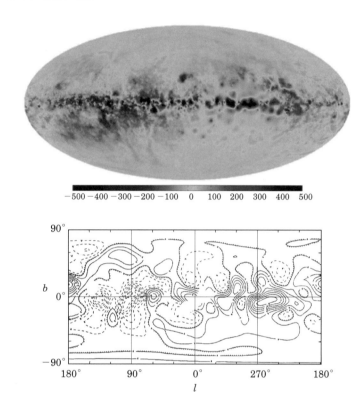

図 2.23 （上）電波源のファラデー回転量 RM から求めたファラデー深度の天球分布（口絵 4, Oppermann *et al.* 2012, *Astron. Astrophys*, 542, 93 より転載）.（下）クェーサーの RM の値を平均して等高線（等 RM 線）にして示した図 (Sofue & Fujimoto 1983, *ApJ*, 265, 722).

クェーサーの RM の方が，パルサーのそれよりも大きいことが分かる．このことは，磁場を含む円盤（銀河系の磁気円盤）の厚さが，パルサーが分布する円盤の厚さ，およそ 300 pc に比べて，ずっと分厚いことを示している．つまり，通常の円盤よりも上空，すなわち銀河ハローにも磁場が存在することを示している．クェーサーの RM 分析の解析から，ハロー磁場の強さは 1 μG 程度と推定される．ハロー磁場の起源は，円盤磁場が差動回転によって増幅され，その一部がハローへ逃げ出しているためと考えられる．またこのように磁場が逃げ出してい

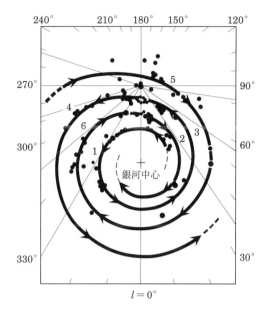

図 **2.24** 銀河系の大局的な磁力線構造．渦状腕ごとに磁場の向きが反転する BSS 渦巻き磁場モデルによって，観測されるクェーサーのファラデー回転量の分布がよく再現される．黒丸は渦状腕に対応する電離ガス（H$_{II}$）領域の分布を示す．1. じょうぎ座腕，2. たて座腕，3. いて座腕，4. りゅうこつ座腕，5. ペルセウス座腕，6. ケンタウルス座腕．

くおかげで，円盤部の磁場は定常に保たれるのである．

第3章 銀河系の中心

銀河系の中心領域は，もっとも近距離（8 kpc）にある渦状銀河の中心である．その近さのために，遠距離にある他の銀河の中心領域でも起こっているであろうさまざまな活動現象を詳細に観測することができる．銀河中心にも他の銀河と同様，巨大なブラックホールが内包されている．可視光では，視線上にある銀河系円盤の多量の星間塵によって約30等もの減光を受けるために，銀河中心を観測することはできない．そこで星間吸収の少ない電波，赤外線，X線などが主な観測手段となる．本章ではこれらの観測手段によって明らかにされた銀河中心領域の姿を見ていくことにする．

3.1 電波で見た銀河中心

3.1.1 電波放射のメカニズム

電波観測では，連続スペクトル（連続波）を観測するか，線スペクトルを観測するかによって見える対象が異なる．連続波には高エネルギー電子と磁場の分布の様子が見える非熱的放射（シンクロトロン放射）と，電離ガスの分布が見える熱的放射がある．線スペクトルでは中性ガスの出す分子の回転遷移輝線と電離ガスの再結合線などが見える．

シンクロトロン放射

電波(電磁波)は電子などの荷電粒子が加速度運動するときに放射される.星間空間の高エネルギー電子($1\,\mathrm{GeV}$程度以上の宇宙線電子)は,その運動によって発生した電流が磁場に垂直な力(ローレンツ力)を受けるため,磁力線に巻きつくように軌道を曲げられる.この電子の加速度運動によって放射される電磁波をシンクロトロン放射と呼ぶ.電波強度のスペクトルは連続的で,高周波数になると急激に弱くなる.したがって主にセンチ波よりも長い波長(低い周波数)で観測される.磁力線に直角方向に直線偏波をしているので,強度とともに偏波を調べることで磁力線の強さや構造を調べることができる.

熱的放射

電離水素($\mathrm{H_{II}}$)領域など電離した星間ガス($10^4\,\mathrm{K}$程度のプラズマ)中では,イオンと熱電子の衝突が頻繁に起こり,電子の軌道が曲げられて加速度運動をするために電磁波が放射される.これを熱的電波(熱制動放射)と呼び,低周波数から高周波数までほぼ同じ強度の平らな連続スペクトルをもつ.センチ波よりも短い波長では主として熱的電波が観測される.強度は電子密度の2乗に比例し,プラズマの密度を測定するのに使われる.$\mathrm{H_{II}}$領域では電離した水素イオンが電子と再結合して中性となり,さらに低い励起状態に落ち着くときに放射する再結合線も観測される.熱的な連続波電波と再結合線の観測をあわせることによって$\mathrm{H_{II}}$領域の温度を測定する.

分子線

銀河中心では,低温の星間ガスは主として分子雲の状態にあり,一酸化炭素(CO)輝線などの分子線を強く放射する.分子線は,分子の回転による角運動量量子数が高い励起順位から低い順位に落ちるときに放射されるもので,回転遷移分子線とよばれる.輝線の強度から分子ガスの密度を,そして励起状態の異なるスペクトル線の強度比からガスの温度を推定することができる.

3.1.2 いて座Aおよび電波源

連続波で銀河中心を見ると,強度の大きな電波源は銀河面に集中し,それらを包み込む成分が広がっている(図3.1,図3.2および口絵5の10GHzマップ参

3.1 電波で見た銀河中心 | 99

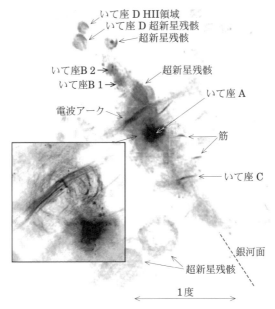

図 3.1 VLA による波長 90 cm で見た銀河中心領域（LaRosa et al. 2004, *ApJ* 607, 302 より転載）. 挿入は VLA 波長 20 cm いて座 A と電波アークの拡大図（Yusef-Zadeh & Morris 1987, *ApJ*, 322, 721）.

図 3.2 野辺山 45 m 電波望遠鏡による 10 GHz 連続波電波強度の分布（口絵 5 参照）. 銀経（横）±3 度, 銀緯（縦）±1.5 度の領域. 中心の強い電波源がいて座 A （Handa et al. 1987, *PASJ*, 39, 709）.

照).これらは銀経 ±1.5 度(約 200 pc)の範囲に特に集中しており,銀河系の中心円盤を横から眺めた姿である.また中心円盤から垂直方向にたくさんの電波の峰が伸びて,盛んなガスや宇宙線の噴出現象を物語っている.電波源はメートル波で見た強度の順に,いて座 A, B, C, D などという名前がつけられている.銀河中心(距離 8 kpc)において見かけの 1 度角は 140 pc に相当する.

いて座 A(SgrA)は銀河系の力学的な中心,すなわち銀河回転の中心にほぼ一致しており,非常に強力な電波源である.10 GHz の電波フラックス強度はおよそ 100 Jy[*1] で,図に示した銀河中心領域全体の電波強度,約 1000 Jy のおよそ 10%を占めている.いて座 A は高分解能電波観測によっていて座 A West (西)といて座 A East (東)という 2 つの天体に分けられる.

いて座 A West は銀河系の中心核をなし,非常にコンパクトな電波源である.いて座 A*(A スター,0.001 秒角以下)と,それを包む HII 領域に分けられる.後述するようにいて座 A* は巨大なブラックホールに付随する電波源で,10 GHz における電波強度は 1 Jy ほどである.HII 領域は,長さ数 pc の 3 本の渦状の腕(ミニスパイラル,後述)からなり,その外側を分子雲リングに囲まれている.いて座 A East は,非熱的(シンクロトロン)放射をする球殻状の構造をしており,中心核付近にある超新星残骸と考えられている.

いて座 B といて座 C は,ともに銀河中心領域の HII 領域である.いて座 B も非常に強い電波源であり,いて座 B1 と B2 の二つの電波源に分解される.いて座 B2 の 10 GHz における連続波電波強度はおよそ 50 Jy で,中心円盤の電波放射の約 5%を占めている.いて座 B2 は,いて座 A から 100 pc 以上離れており,巨大な分子雲にかこまれている.銀河中心領域では最も激しい星形成活動をしている領域である.またここには活発な星形成の証拠となる強い水メーザー源があることが知られている.最後にいて座 D は超新星残骸と見かけ上隣接する近距離の HII 領域からなる.

3.1.3 垂直磁場とジェット

正の銀経側には,いて座 A から 40 pc 程度離れたところに,銀河面を垂直に横切るフィラメント状の電波の峰が走っていて,電波アークと呼ばれている.い

[*1] ジャンスキーと読む.$1\,\mathrm{Jy} = 1 \times 10^{-26}\,\mathrm{W m^{-2} \cdot Hz^{-1}}$.

て座Aからこのアークに向けて橋がかかる形をした電離ガスのアーチフィラメントが伸びている．電波アークは銀河面に垂直な多数のフィラメントの束でできており，直線偏波率が非常に高く，磁場と高エネルギー電子によるシンクロトロン放射をしている．電波の強度から推定される磁場の強さはおよそ1mGで，太陽近傍の銀河磁場（数μG）に比べて10^3倍という強さの強力な磁力線が走っていることが分かる．磁力線の両端は銀河面の上下およそ150 pcまで伸び，偏波プルームと呼ばれる構造を作っている．またファラデー回転（2.5節参照）観測によって磁力線の向きを測ることができ，磁力線は中心円盤の回転によって引きずられるようにたわんでいると考えられている．

電波アークはさらに上空に伸びて，いて座Cから正銀緯の上空に伸びるもう一つの電波の峰と対をなしている．これらを合わせた構造を，電波ローブと呼んでいる．銀河面の上空に描かれたΩの形をしていることからΩローブとも呼ばれる．電波ローブを同じ銀緯で輪切りにしてみると円筒状の放射源に特有の強度分布を示している．このことからローブは，高速で回転する中心円盤によって垂直な磁力線が捻られ，銀河面の外に向かって急激に圧力が下がる磁場の圧力勾配が発生するため，それに巻き込まれたガスが上空に吹き上げられる円筒形の宇宙ジェットであると考えられている．

3.1.4 銀河中心分子雲の大局分布

銀河中心の分子雲は主として一酸化炭素（CO）分子の輝線スペクトルで観測される．大局的に見ると，分子ガスは銀河面にはりついて分布し，半径約200 pc，厚さ数10 pcの薄い中心円盤を作っている．この円盤は図3.3においては銀河面にそってのびる分子雲の峰構造として観測される．みかけ上の分布は銀河中心分子雲帯とも呼ばれる．その分布は均一ではなく，ところどころに塊となって分布している．

中心円盤の分子ガスについて，銀河回転のモデルを使い，視線速度の分布（後述の位置–速度図）を解析することによって，奥行き方向の分布を推定することができる．それによると円盤ガスは，半径120 pc，厚さ10–20 pcの領域に集中し，回転する細いリングを作っていることがわかる．この分子リングの両端からは，1.4節で述べた（図1.28）一対の分子ガスの腕が棒状に伸びて，銀河系が棒渦状銀河であることを示唆している．

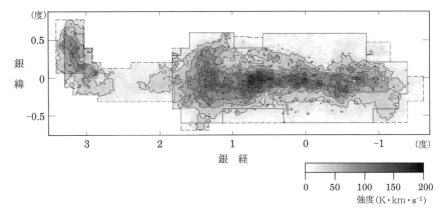

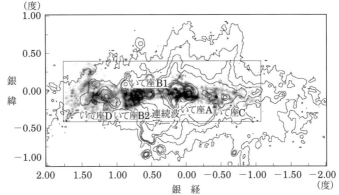

図 3.3 （上）野辺山 45 m 電波望遠鏡による視線速度 -200 から $200\,\mathrm{km\cdot s^{-1}}$ にある銀河中心分子雲の分布．（下）分子雲（グレー表示）を 10 GHz の連続波電波分布のコントア図（Handa et al. 1987, PASJ, 39, 709）に重ねたもの．

3.1.5 中心分子円盤の質量と星形成

　銀河中心の分子雲は銀河系円盤部の分子雲に比べ平均密度が高い．また速度幅も秒速 10–50 km と円盤部の分子雲の数倍におよぶ．図 3.3 は野辺山宇宙電波観測所 45 m 電波望遠鏡によって観測された視線速度 -200 から $200\,\mathrm{km\cdot s^{-1}}$ にある銀河中心分子雲の分布である．中心から 300 pc の領域に含まれる分子（H_2）ガスの質量はおよそ $1\times 10^8 M_\odot$ である．このほかに分子ガスの数%の質量をも

つ水素原子（H I）ガスが存在する．一方，銀河回転から計算されるこの領域の総質量は $2\times 10^9 M_\odot$ なので，ガスの星に対する質量比は5%程度である．この比は円盤部と同程度である．分子ガスの平均密度は 10^2 $H_2\,cm^{-3}$ 程度以上である[*2]．また平均した星形成効率は円盤部と同程度である．

この領域で最も星形成が盛んなのはいて座 B2 領域である．そこには巨大な分子雲が存在し，非常に広い速度幅の分子ガス成分も観測されている．また球殻のような形の分子雲が見つかっており，星形成領域からの高温ガス（H II 領域）の膨張あるいは超新星爆発によって引き起こされた現象であろうと考えられる．

3.1.6　分子ガスの回転と運動

電波スペクトル計を使って輝線のドップラー効果による波長（周波数）のずれを測定すると，分子ガスの視線速度について詳細な情報が得られる．天球上のある線に沿って測った位置に対して，その位置にあるガスの視線速度の分布を示したものを位置–速度図という．位置–速度図はガスの分布と運動を調べるための重要な情報を与える．銀河中心円盤の回転や運動を調べるには，視線速度分布を銀経に対して表した位置（銀経）–速度図が有効である．

図 3.4 は CS 輝線の観測から得られた位置–速度図である．この図から，銀河中心領域数 100 pc 以内のガスは，視線速度が $\pm 100\,km\cdot s^{-1}$ の範囲に集中しており，銀経が負から正に移るに従って，負の速度から正の速度に変化していることが分かる．これは大局的にはガスが銀河系とともに高速で回転していることを示している．しかしくわしくみると，位置–速度図における分子ガスの分布は，中心に対してきわめて非対称であり，この領域の分子雲が銀河系の力学的中心のまわりを単純に円運動しているのではなく，またその周囲の可能な軌道のすべてを満たしているわけでもないことを意味している．運動のみでなく，分子雲の分布も非対称であり，正銀経かつ正速度の領域に偏っている．一方，銀緯方向では銀河面に対してほぼ対称に分布している．また銀経 ± 0.5 度における円盤（リング）の銀緯方向の厚さは非常に薄く，その半値幅は 10–20pc 程度である．

図 3.4 を注意深く見ると，ガスの大部分を占める速度 $\pm 100\,km\cdot s^{-1}$ にある構造の他に，上下両側に平衡して走る 2 本の峰があることが分かる．銀経 0 度付

[*2] $H_2\,cm^{-3}$ は $1\,cm^3$ あたりの水素分子 H_2 の個数密度を表す．

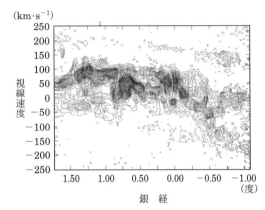

図 **3.4** 銀河中心領域の分子雲の位置 (銀経)–速度図 (野辺山 45 m 電波望遠鏡による CS 輝線観測データから作成).

近で速度はそれぞれ $180\,\mathrm{km\cdot s^{-1}}$ と $-130\,\mathrm{km\cdot s^{-1}}$ である．これらは対になって位置–速度図上で左上から右下に傾いた長半径 1.2 度の楕円の一部を形づくっているように見えるので，全体として "170 pc 膨張リング" と呼ばれる．回転するリングは位置–速度図上では中心を通る直線状の構造になるが，それに膨張または収縮運動が加わると楕円状の構造になる．発見されたときに，リングが秒速 100 km 以上の速度で膨張する運動のためと解釈されてこの名前が付けられた．

銀河中心の大爆発でこのような膨張運動をする構造できるためには超新星 1000 個が短期間で連続して爆発しなければならない．くわしく観測すると位置–速度図上では "楕円" というよりはむしろ "平行四辺形" になっていることが分かり，現在では銀河中心領域に存在する星などが作る棒状ポテンシャルの長軸にそった軌道 (X1 軌道) にある分子雲ではないかと言われている．

3.1.7 さまざまな分子線

上述のように，銀河中心領域の中性ガスの観測は，主として CO 輝線によって行われてきた．ところが CO 輝線は，視線上にある銀河系円盤部の分子雲 (視線速度がおよそ $\pm 20\,\mathrm{km\cdot s^{-1}}$ 以内) の吸収を強く受け，また特に ^{12}CO 輝線は光学的に厚いため分子雲の内部が観測しにくいことなどの観測的困難があった．このため光学的により薄い ^{13}CO 輝線を用いたり，あるいはさらに高密度のガスを

トレースするシアン化水素（HCN）や硫化水素（CS）などの分子輝線スペクトルも観測に使われている．太陽近傍の分子雲に比べ，銀河中心の分子雲は密度が高く，これらの輝線が特に強く放射されるため観測も比較的容易なので，多くの研究者によってくわしい観測が行われている．

3.1.8 いて座 A 周辺の分子雲

中心分子雲帯（中心円盤）の中央付近の星間ガスと，いて座 A の関係をもう少しくわしく見てみよう．いて座 A から角度で 2–3 分のところに，広がりが数分角で視線速度が秒速 50 km と 20 km の 2 つの分子雲が存在する．視線上の位置関係は分からないが，仮に中心核からの距離が見かけの距離（5–10 pc）と同じで，雲の半径も同じ程度だと仮定してみよう．すると中心近くの星やブラックホール（後述）の質量による強い重力に負けずに，雲がその形を保つには，ガス密度は 10^5–$10^6 H_2 cm^{-3}$ よりも高密度で，雲の質量も $10^7 M_\odot$ を超える巨大なものでないといけない．これらの値は分子雲の常識を越えるものなので，雲は中心核に付随しておらず，ずっと手前あるいは奥の中心円盤あるいはリングの一部をなしていると考えることも可能である．

高分解能の分子輝線観測で中心核であるいて座 A*の周辺を調べてみると，そのまわりを半径 1.5 pc ほどの分子リングが取り囲んでいて，秒速 150 km で回転運動している．リングの内側にもガスが存在するが，銀河中心とその周囲に存在する中心星団の若い明るい星からの紫外線を受けているため電離が進んでいる．この電離ガスは 3 本の渦巻き状の腕の形をして，ミニスパイラルと呼ばれている．視線速度の観測から，ミニスパイラルのガスは高速で中心へと落下していることが分かる．

3.1.9 分子雲の力学的な性質

銀河中心領域の星間ガスはほとんどが分子雲として存在し，中心域に特有な物理的な性質を持っている．ここではオリオン分子雲など太陽近傍（銀河系円盤部）の通常の星間ガスと比べて，中心域の分子雲がどのような特質を持っているかについて，とくに力学的な状態について述べることにする．

分子雲などガス塊の質量は，ガス塊の半径（サイズ）と速度分散（スペクトル

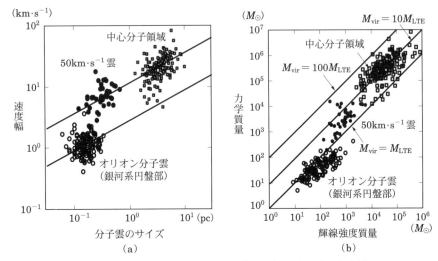

図 3.5 (a) 銀河中心および銀河系円盤部の分子雲の速度幅–サイズの相関．(b) 力学質量–輝線強度質量の相関（$M_{\rm vir}$ は力学質量，$M_{\rm LTE}$ は輝線強度質量）．

線の幅）を使い，塊の自己重力と圧力がつりあっていると仮定して求めることができる．これを力学質量[*3]と呼ぶ．これに対して輝線の強度を分子の柱密度に換算して，雲のサイズを使って質量を推定することもできる．この質量を輝線強度質量と呼ぼう．ここで換算の係数は，オリオン分子雲など近傍の銀河系円盤部で詳細に観測されているものについて，分子ガスの状態と輝線の放射の関係を使って求める．通常の星間分子雲では，力学質量と輝線強度質量はほぼ等しく（力学質量/輝線強度質量 = 1），ガス雲が力学的な平衡状態にあることが分かっている．そこで，銀河中心領域の分子雲について，力学質量と輝線強度質量の比が，円盤部での値すなわち1に比べて異なるかどうか，すなわち力学的な平衡にあるかどうかについて考えることにする．

まず力学質量を求めるためには，ガス塊のサイズと速度幅の観測が必要である．図 3.5 (a) は銀河中心および銀河系円盤部の分子雲で観測された多数のガス塊について，速度幅とサイズを示したものである．この図によると，銀河中心

[*3] 力学質量 $\sim$ サイズ $\times$ 速度幅$^2/G$．ビリアル平衡質量ともいう．8 章参照．

のガス雲は円盤部にくらべて速度幅がずっと大きいことが分かる．次に，こうして求められたサイズと速度幅を使って力学質量を計算し，同じガス塊について輝線の強度とサイズから求めた輝線強度質量と比較する．図 3.5 (b) は銀河中心および銀河系円盤部の分子雲の力学質量-輝線強度質量の相関図である．

この図を見ると，銀河系円盤部では力学質量と輝線強度質量がほぼ等しく，分子雲が力学平衡にある．ところが銀河中心の分子雲では，力学質量が輝線強度質量の 10 倍程の大きさである．輝線の放射機構は場所によって異なることはないので，輝線強度から推定した質量が実際の質量を表していると考えよう．すると，力学質量が大きく計算されるということは，速度分散が大きすぎることを意味し，そのままでは分子雲は自分の重力で引き止められずに四散してしまう．すなわち，銀河中心領域の分子雲は，自己重力による力学平衡にはなく，強い外圧による圧縮で形を支えられていると考えなくてはならない．中心領域で外圧が高い原因としては，前述の強い磁場による圧力や，後述する高温のガスの圧力が挙げられる．

3.1.10 分子雲の質量スペクトル

多数の分子雲について質量（輝線強度質量）が求められると，それらの個数の分布を示す質量スペクトル関数を知ることができる．質量スペクトル関数とは，質量ごとに，その質量をもつ分子雲の個数（頻度）を表したもので，星間ガス雲の構造と星形成の鍵をにぎるガス塊の性質を知る上において重要な概念である．

図 3.6 は銀河中心の分子雲の質量スペクトルを示したものである．中心分子雲帯については 45 m 望遠鏡による CS 輝線の観測をもとに得られたものである．太陽近傍の分子雲にくらべ距離が遠いので分解能の関係から銀河中心の分子雲は質量の大きなものに偏って観測されている．この観測から，質量スペクトル関数を式 (2.2) で表した場合，$\alpha - 1 = -2 \sim (\alpha = -1)$ という -2 乗のべき乗則で表される．これは銀河系円盤部の巨大分子雲の質量スペクトルとして観測される値にほぼ等しい．図の中央と左のスペクトルは野辺山ミリ波干渉計を使った高分解能観測で捉えた，さらに細かい分子ガス塊の質量スペクトルである．質量が 1000 倍以上異なるがやはり -2 乗のべき乗則で表すことができる．銀河中心領域には若く光度の大きい星の星団（アーチ星団，五つ子星団，そして銀河中心星団）などがあるが，銀河中心領域にこのような明るい星団が形成されるメカニズムの解明について，ここで述べたような詳細な質量スペクトルの情報が有効な手段となる．

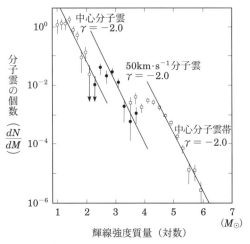

図 3.6 銀河中心の分子雲の質量スペクトル．中心分子雲帯の観測は，45 m 電波望遠鏡を使い CS 輝線で行ったもの．

3.1.11 分子ガスの励起状態

銀河中心領域のガス励起温度とダスト温度の関係は大きな問題である．銀河中心領域に広がるダストの物理温度は 20–40 K であると赤外線観測から推定されているが，一般に銀河中心領域の分子ガスの励起温度は 50–70 K 程度以上で円盤部に比べ暖かいし，銀河中心領域のダストよりも暖かい．銀河中心領域の分子ガスの励起温度は観測手段によって大きくことなる．これは観測できる物理状態がそれぞれ違うためと考えられるが，アンモニア（NH_3）分子線の観測から，分子雲の温度は 15–150 K と測定されている．このほか ISO 衛星（赤外線天文衛星）による遠赤外線観測から 150 K 程度の温度を持つ分子ガスが広がり 2–3 割の質量を占めていることも分かった．さらに高温の分子ガス成分があることも H_3^+ の観測から分かっている．このように異なるガス励起温度とダスト温度が存在するにはそれぞれが別々の加熱機構により制御されていることが必要である．

沸騰する銀河中心

　銀河中心は至近距離の活発に活動している領域である．あらゆる波長にわたって非常に強力な放射をしている．そのために多様で詳細な観測が進んでいる．低温から高温の，そしてダイナミックに運動する星間物質，低エネルギーから高エネルギーの現象など，多岐にわたる観測データがそろっている．スケールも数1000万 km のブラックホールから数 100 pc の中心核円盤や宇宙ジェットまで何桁にもわたる．本文に詳述された解説から銀河中心についてイメージを描くのは難しいかもしれない．その一助として銀河中心のガス，星形成領域，磁力線などの3次元構造を模式的な俯瞰図にして図に示す．もちろんほんの限られた側面し

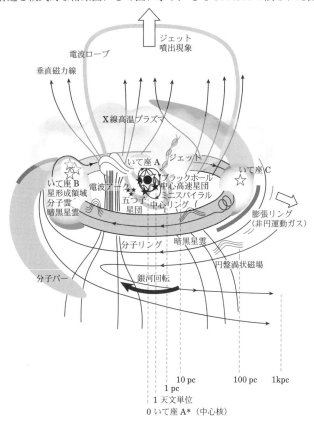

図 **3.7**　銀河中心の模式的な俯瞰図．スケールは中心核いて座 A*（ブラックホール）からのおよその距離の対数で表してあるが，あくまでも相対的な位置関係を示す目安．

か表していないが，中心核の活動や中心円盤の沸騰，ハローに向けてジェットを噴き出すさまなどを想像できるだろう．また図を拡大コピーして，本文で学んだ様々な現象や構造を描き足してみるとおもしろいだろう．さらに各自で独自の銀河中心図を描いてみるのもよいだろう．

3.2 赤外線で見る銀河中心

3.2.1 赤外線とは

1966年8月，カリフォルニア工科大のグループは口径61 cm望遠鏡をいて座に向け初めて銀河系の中心部から波長 $2.2\,\mu$m の信号を捉えた．当時世界最大のパロマー5m望遠鏡を使っても，それより短い波長の可視光ではまったく検出できなかった銀河中心部の恒星からのエネルギー放射を，ようやく検出できたのだった．

赤外線は電磁波の一種で，その波長は可視光よりも長く電波よりも短い．波長 $1\,\mu$m から $3\,\mu$m を近赤外線，$30\,\mu$m までを中間赤外線，それ以上の波長を遠赤外線と分類することが多い．ごく普通の恒星はその放射ピークを近紫外線・可視光線から近赤外線の波長領域に持つ．ところが，銀河中心領域にある恒星からの可視光線は，星間物質によって減光を受けて，約1兆分の1（10^{-12}）に弱められてしまう．我々が銀河系の円盤部にいるために，可視光が銀河中心から星間物質の中をずっと通過してくる際に，星間物質の中の星間塵（固体微粒子）によって散乱・吸収されるのである．

等級の定義から，$-2.5\log 10^{-12} = 30$ となり，30 等の減光ということになる．減光は可視光線の付近では，波長が短いほど大きい．電磁波の散乱・吸収は星間塵の大きさと同程度の波長で最大となるため，星間空間には可視光の波長よりもやや小さい塵が多く分布しているとされる．赤外線になると減光をあまり受けなくなり，ある距離進んだときに受ける減光は波長 $2.2\,\mu$m では波長 $0.55\,\mu$m の約1/10にすぎない．したがって，星間塵によって等比級数的に減光が起こること，また等級の定義では対数をとることを考慮すると，波長 $2.2\,\mu$m での減光は3等級程度となり，十分に観測できる．

図 3.8　銀河中心の 2 度（銀緯）× 5 度（銀経）の近赤外画像．波長 1.25, 1.6, 2.2 μm の赤外線で撮像され，これだけ高解像かつ広範囲なデータとしては初めてのもの（Nishiyama 2004,『天文月報』, 98, 240 に擬似カラー像あり）．

こうして，可視光線では検出できない銀河系の中心部が，近赤外線では恒星の大集団としてくわしく観測できる（図 3.8）．特に 1990 年ごろからの赤外線検出器の進歩のおかげで，明るい恒星は一つひとつ観測できるようになった．

以下では，まず星と星間物質とをおおまかに分けて，銀河中心付近で赤外線によって観測されるそれぞれの様子を見ていこう．

3.2.2　銀河中心の星々

近赤外線で観測したときに多数を占めるのは，赤色巨星である．巨大な半径を持ち表面温度が 3000 K 程度で，ピークが近赤外線となるエネルギー放射を出している．赤色巨星にもさまざまな年齢のものが混じっているようであり，また，その他にも少数ではあるが若い高温の星も検出されている．恒星のスペクトル型は，通常なら可視光域で分類されるが，前述のように可視光ではまったく観測ができないため，波長 1–2.5 μm での分光観測が重要になる．波長 2.17 μm の水素のブラケット γ（Brγ）線[*4]や，2.29 μm にある CO 分子の振動による吸収線，Na I や Ca I[*5] の吸収線等が星のスペクトル型決定によく使われる．

[*4] 水素原子の主量子数 n が変化して電磁波放射を出すが，$n = 4$ に落ちてくるものをブラケット系列と呼んでいる．ブラケット γ は $n = 7$ から 4 に変化するもの．

[*5] ナトリウムやカルシウムの中性原子という意味で，天文学ではローマ数字の I をつける．

銀河中心から銀河面に沿って半径 200–300 pc 以内は，外側のバルジとは違って中心核バルジとか中心分子雲帯（CMZ[*6]）と呼ばれ，星の種族が異なっていると考える天文学者が多い．星の分布が，より銀河面方向に広がり，速度成分も異なっているからだ．ここでは，星の数分布が中心からの距離 R に対してほぼ $R^{-1.8}$ で減少する．外側の半径 1 kpc（私たちから見て角度の数度）以上ではもっと急速におよそ $R^{-3.7}$ に比例して減少するとともに，非軸対称な成分（棒状構造）があるらしい．なお，銀経 1 度・銀緯 −4 度の方向には，バーデの窓と呼ばれる星間減光の小さい領域があり，その領域に対して可視光でもさまざまな研究が行なわれてきた．しかし，バーデの窓は銀河面から外れ，天球に投影した距離でも約 4 度（8 kpc の距離で 600 pc に相当）ほど離れているため，そこに見える星が銀河中心近くの星を代表しているものと見なしてはいけないだろう．

半径 300 pc 以内には $4 \times 10^9 M_\odot$ の質量があり，大光度の若い大質量星の割合が増加する．赤色巨星の中には，ミラ型変光星や OH/IR 星[*7] と呼ばれ，数百日の周期で脈動を起こしているものも混じっている．これらの長周期変光星は脈動にともなって星間空間へガスを放出しており，その放出質量の割合が毎年 $10^{-4} M_\odot$ におよぶことさえある．そして固体微粒子が星のまわりにただよい（星周塵），強い中間赤外線源となっているとともに，OH メーザーや SiO メーザー[*8] を出していることもある．これらの巨星に対しては，周期-光度関係を使って光度，そして年齢が推定できる．中心部に近づくにつれ，1 億年以下の年齢の若い巨星の割合が増加すると考えられている．

さらに中心部に近づくと，若い星を含む大きな星団が，銀河中心から天球に投影した距離で約 30 pc のところに二つ発見されている．数 100 度の黒体放射に相当する，中間赤外線のきわめて強いスペクトルエネルギー分布を持つ星がその中心部に仲良く五つ並んで発見されたことから五つ子星団（Quintuplet）と呼ばれる星団と，電波のアーチフィラメント[*9]の付近にあるアーチ星団[*10]である．ハッ

[*6] CMZ は Central Molecular Zone の略号．

[*7] 赤色巨星のまわりでは，波長がきわめてよくそろったマイクロ波の放射が観測されることがある．これは，OH や SiO の分子のエネルギー準位にポンピングによる逆転が起こり，メーザー放射を起こしているものである．

[*8] 脚注 7 参照．

[*9] 3.1.3 節参照．

[*10] 五つ子星団とともに，日本の研究者を中心とした赤外線観測で見つかった．

図 3.9 五つ子星団（左）とアーチ星団（右）（口絵 6 参照）．ハッブル宇宙望遠鏡の近赤外線カメラによる．北が上で西が右，星の写っている範囲はそれぞれ約 70 秒角平方と 40 秒角平方 (Don Figer (STScI) *et al.*, NASA).

ブル宇宙望遠鏡 HST からの赤外線観測も含め，若い大質量星がまだ多数存在することから，これらの星団の年齢は数百万年以内と推定されている（図3.9）．

そして，図3.8でも明らかなように，銀河中心部の数 pc の空間には星の大集団（いて座 A* 星団）が存在し，その中心である電波源のいて座 A* から半径 0.5 pc 以内には，矮星から超巨星までの O, B 型星や主系列から離れた後の段階であるウォルフ–ライエ星[*11]など，さまざまな進化段階にある大質量星が数10個，近赤外線のスペクトルから同定されている．かつての空間分解能の低い赤外線観測では，中心部の赤外線源は IRS 16 と名付けられていたが，それが今や多数の星たちに分解されているのである．同定には，水素のブラケット γ，He I の波長 2.06 μm や 2.11 μm の輝線・吸収線がもっぱら使われている．星団は大きく広がっているものの，半径 0.5 pc 以遠では早期型の大質量星が見つかっていないことが注目される．また，いて座 A* から 0.2 pc のところには IRS 13E という赤外線源があり，これはきわめて密度の高い星の集まりで，中心部には中間

[*11] すでに水素の外層を失い，末期にある大質量星．

質量ブラックホール*12があると考える研究者もいる．さらに中心近くでは，15個ほどのおそらく B 型星と思われる星の固有運動が測定され，その軌道から後述のようにいて座 A* のブラックホールの質量などが計算されている．これらの星の年齢は相当若いはずで，銀河中心に近い環境で生まれたのか，それとも少し離れたところで生まれてから落ち込んできたのか，現在も論争が続いている．

3.2.3 銀河中心の星間物質

銀河中心の高温から低温のガスおよび星間塵や磁場に関する情報が，赤外線の観測から得られてきた．

近赤外線から中間赤外線は，H_{II} 領域のガスの観測に適している．銀河中心の半径 1 pc 程度の領域に電波で観測されるミニスパイラル（3.1.8 節参照）は，水素のブラケット γ，波長 4.05 μm の水素ブラケット α 輝線や波長 12.8 μm の [Ne$_{II}$]*13等でも撮像され，その速度構造が明らかになった．ミニスパイラルは，北へ伸びる腕・東へ伸びる腕・東西方向の棒状成分・西の弧（アーク）からなっていて，西のアークが中心周りの回転運動，北の腕が潮汐力で引き伸ばされたガスの雲だと考えられている．

遠赤外線では，炭素イオンからの輝線 [C$_{II}$] 158 μm が観測される．この輝線は，H_{II} 領域の周囲等の光解離領域*14から放出されるもので，中性ガスの冷却に重要な役割をはたす放射である．銀河中心からもこの輝線が強く放射されてはいるが，星間塵からの遠赤外線連続スペクトル放射の強度 I_{FIR} との比をとると，銀河中心からの半径数度（1 kpc 弱）にわたって $I_{C_{II}}/I_{FIR}$ が小さいことが明らかになった．このおもな原因は，炭素イオンが少ないことであり，銀河中心での星間放射場では炭素原子をイオン化する 11 eV 以上のエネルギーの光子が相対的に少ないからではないかと考えられている．銀河中心に近づくにしたがって若い星が増えていくが，全般的にはやはり赤色巨星からの放射が強く，それらは星間塵を温めるのに大きく寄与するものの，紫外線を含まず炭素をイオン化しない．赤色巨星からの放射が強いのは，遠赤外線放射の量と，電波の連続波成分か

---

*12 3.5.3 節参照．

*13 1 階電離のネオンの禁制線をこのように表記する．ローマ数字の II は脚注 5 と同様に 1 階電離した原子を表し，四角のかぎかっこは禁制遷移を表している．

*14 水素は電離されておらず，紫外線によって分子だけが解離されている領域．

ら推定されるイオン化光子（13.6 eV 以上のエネルギーを持つ光子）の量との比からも示唆されている．

　もっと低温のガスでも，銀河中心領域は独特の性質を示している．水素分子の数多くの回転遷移[*15]による輝線の強度比からは，150–600 K という温度が求められている．これは中心分子雲帯の分子ガスが，銀河系の他の部分に比べてずいぶん高い温度を持つことを示している．また，水素分子に陽子が結合した H_3^+ イオンの振動回転遷移が波長 $3\,\mu m$ 帯にあり，銀河中心の明るい赤外線源（前述の五つ子星団など）を背景光源として分光観測された結果，予想以上に強い吸収線が検出された．銀河系の他の場所での測定よりも 1 桁高い柱密度[*16]が測定されており，この吸収線を生じている柱密度のうちおそらく大部分の H_3^+ イオンが中心分子雲帯内の希薄な雲に存在すると考えられている．H_3^+ イオンは星間空間での化学反応で複雑な分子が生成される際に基本的な役割をはたす最重要のイオンと言ってよく，これまでよく分かっていなかったその分布や反応が，銀河中心の赤外線観測から解き明かされようとしている．

　星間塵は，遠赤外線を放射したり，H II 領域の中で温められ中間赤外線を放射するとともに，背景天体からの紫外線・可視光や赤外線を減光する．最初の本格的な赤外線天文衛星 IRAS による観測で，銀河中心から半径 300 pc 以内からは太陽光度のおよそ 10^9 倍の放射光度[*17]の遠赤外線が出ていることが分かった．塵の放射率が波長の 2 乗で変化すると仮定し，$60\,\mu m$ と $100\,\mu m$ の放射強度比から求められた色温度は，中心から 10 pc 離れたところでの温度約 35 K から外に向かってゆるやかに減少し，200 pc のところでは温度 23 K と，ほぼ銀河系円盤での値になっている．

　銀河中心からほぼ銀河面に沿って行ったところの少し下側，半径 10–20 pc のあたりには，遠赤外線からミリメートル波で観測される低温の塵があり，分子雲

[*15] 水素分子の回転状態だけが変化することによって放射される輝線．分子のエネルギーが大きく変化すると，振動状態も回転状態も変化して，振動回転輝線が放射される（水素分子では近赤外域）が，エネルギー変化が小さいと振動状態は変化せずに回転状態だけが変化するために，水素分子では中間赤外線が放射される．

[*16] 私たちから見通したときに，単位面積あたりにどれだけの個数の原子あるいは分子が存在するかを表した量．

[*17] 電磁波のスペクトル全体でどれだけのエネルギーを出しているかを示す量．

と一致する（3.1 節参照）．この領域は近赤外線で見ると星がやや少ない領域となっていて，星間塵が近赤外線を吸収していることが分かる（図 3.8）．

中間赤外線では，温度のもっと高い星間塵が観測できる．銀河中心近くのミニスパイラルから放射される波長 12 μm 付近の中間赤外線の偏光測定からは，その付近での磁場の様子が描き出されている．偏平な星間塵が磁場によって整列させられ，それらからの熱放射が偏光しているのである．北へ伸びる腕の部分では腕に沿った磁場の最小値として 2 mG が得られており，おおむね一様な塵の整列が観測されている．特に，前述のウォルフ–ライエ星のように激しく質量放出をしている大質量星の近くで偏光パターンが乱れていないことから，ミニスパイラルとこれらの星との間には，視線方向に少し距離があるのではないかとの説が出ている．

3.3 X線，ガンマ線で見る銀河中心

3.3.1 鉄イオン 6.7 keV X 線で見た銀河中心

宇宙の高エネルギー現象，超高温現象をさぐるのが X 線やガンマ線である．これらの光子は星間空間にあるガスや塵などを透過しやすいが，その透過力もエネルギーの低い X 線ほど弱い．実際，我々の銀河中心では 1–2keV 以下の X 線はほとんど吸収されてしまう．逆に吸収されたスペクトルを解析すれば，その天体が銀河中心付近にあるか否かも判定できる．エネルギーが低く物質に吸収されやすい X 線を「軟 X 線」，エネルギーが高く物質に吸収されにくい X 線を「硬 X 線」と呼ぶ．銀河系円盤部を透かして銀河中心が観測できるのは硬 X 線とガンマ線である．

連続スペクトルの X 線でみた銀河中心は特別に際立った存在ではない．しかし特別な線スペクトルでみると，他の領域にはない際立った特徴が見られる．ヘリウム状の鉄イオンは約 6.7 keV の，水素状の鉄イオンは約 6.9 keV の Kα-X 線[18]を放射する．図 3.10 は 2–10keV の連続 X 線と 6.7 keV の Kα-X 線の強度分布

---

[18] 中性の原子は原子核の周りに Z 個の電子を持っている．ここで Z を原子番号という．電子は離散的なエネルギーの軌道のみが許される．もっとも低いエネルギーの軌道を K 殻，その上を順に L，M，N 殻と呼ぶ．これら電子が電離して K 殻に 2 個のみ残った状態をヘリウム状，1 個のみ残った状態を水素状の鉄という．L 殻から K 殻に電子が落ちるときに放出される X 線を Kα-X 線という．

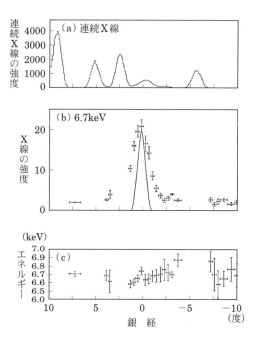

図 **3.10** 「ぎんが」による銀河面からの X 線の観測結果. (a) と (b) は連続 X 線と 6.7 keV X 線の強度 (単位はカウントの相対数), (c) は 6.7 keV X 線のエネルギー. 横軸はいずれも銀経. (b) の実線はビームサイズを示す (Koyama *et al.* 1989, *Nature*, 339, 603).

を天の川に沿って計測したものである. 横軸の原点が銀河中心にあたるが, 連続 X 線では特に強い強度のピークがないにも関わらず 6.7 keV X 線では大変強いピークが見える.

図 3.10 からは銀河中心方向にほぼ対称に約 1 度に広がって 6.7 keV X 線を放射するヘリウム状の鉄イオンが大量に存在することが分かる. このヘリウム状鉄イオン生成の起源は何であろうか. 銀河系内には最高 10^{15} eV にもなる荷電粒子が銀河磁場に束縛されて飛びかっている. これを宇宙線という. その荷電粒子のうち約 0.01% は完全電離された鉄イオンである. これが銀河系の中性ガス (おもに分子雲) を電離しながらエネルギーを失って低速の鉄イオンになる. 低速の鉄イオンは中性ガス (主に水素) と衝突するとある確率でその電子を奪いとる.

この過程を荷電交換という．裸の鉄イオンは最初の荷電交換で水素状イオンになり 6.9 keV の Kα-X 線を放出する．次の荷電交換でヘリウム状イオンになり 6.7 keV X 線を放射する．このとき 6.7 keV と 6.9 keV Kα-X 線の強度はほぼ同程度と予想できる．ところが実際の銀河中心付近の観測では 6.7 keV の強度は 6.9 keV の 3–5 倍もある．したがって荷電交換によって X 線が発生しているとは考えにくい．

1000 万–1 億 K の超高温プラズマ中では鉄はヘリウム状または水素状イオンになってしまう．その存在比はプラズマの温度に依存し，温度が高いほど水素状イオンの割合が多い．観測された強度比からプラズマ温度は約 7×10^7 K と求まる．連続 X 線のスペクトルからも温度が求まり，それは約 10^8 K である．これは特性 X 線[19]の強度比から求めた値とほぼ一致している．すなわち銀河中心方向の 6.7 keV X 線の起源は宇宙線の荷電交換ではなく超高温プラズマとするのが自然である．

X 線の分布は約 1 度に広がっている．このプラズマからの連続 X 線スペクトルのうち軟 X 線では強度が急激に減少している．これは星間ガスの吸収による．その吸収量からこのプラズマまでの距離が推定でき，ほぼ銀河中心までの距離 8 kpc になる．この距離での 1 度の広がりは，140 pc に相当する．そこでプラズマを球状とすればその体積 V は $V = 4\pi(140\,\mathrm{pc})^3/3$，すなわち，$V = 3 \times 10^{62}\,\mathrm{cm}^3$ である．X 線の強度から，電子密度 $n = 0.03$–$0.06\,\mathrm{cm}^{-3}$ が求まる．銀河中心を包んで 140 pc にも広がった低密度の超高温プラズマがあると考えられる．

温度 T のプラズマは一粒子あたり平均 $3kT/2$ のエネルギーを担う[20]から，電子 nV 個とほぼ同数のイオンからなるプラズマの全エネルギーは 4–8×10^{53} erg になる．これは超新星爆発数 100 個分のエネルギーにあたる．この超高温プラズマは銀河系重力では束縛できないのでハローに散逸する．その時間は数 100 pc/音速（秒速数 1000 km），つまり約 10 万年である．この短期間に超新星数 100 個分のエネルギーが銀河中心に注入されたことになる．これは，ここ 10 万年以

---

[19] 鉄の Kα-X 線などのように，ある元素に固有の波長を持つ X 線．特定 X 線から元素を同定することができる．

[20] ここで k はボルツマン定数で，$k = 1.38 \times 10^{-23}\,\mathrm{J\cdot K^{-1}}$.

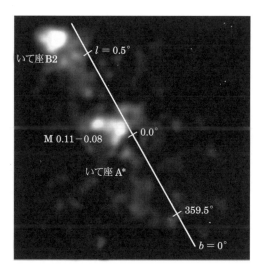

図 3.11 「あすか」による銀河中心の中性鉄 Kα-X 線の強度分布を表す．巨大分子雲の分布と良い相関がある．

内に連鎖的な超新星爆発があったか，あるいは銀河中心にある巨大ブラックホールが巨大爆発を誘発したかいずれかであろう．

3.3.2　6.4 keV X 線でみた銀河中心

中性の鉄は 6.4 keV の Kα-X 線を放出する．図 3.11 は 6.4 keV X 線の銀河中心付近の強度分布である．銀経で正の方向に明るい領域があるのに対し，銀経で負の方向は全般に暗い．

6.4 keV X 線の強いところは巨大分子雲に対応している．巨大分子雲は低温の雲だから鉄も中性なのである．もっとも明るいところは銀河中心（いて座 A*）から約 100 pc 離れた巨大分子雲いて座 B2 である（図 3.12 (左)）．他の分子雲，いて座 C，そして電波アークの方向にも 6.4 keV X 線の放射源がある．いて座 B2 のスペクトルを示したのが図 3.12 (右) である．6.4 keV X 線の連続 X 線に対する相対強度（等価幅 EW という単位を用いる）は 2 keV である．低温の鉄と超高温物質から出る X 線とは共存しにくい．可能性として考えられるのは低温の鉄に外部からの高エネルギーの粒子，または光子（X 線）が衝突し，最

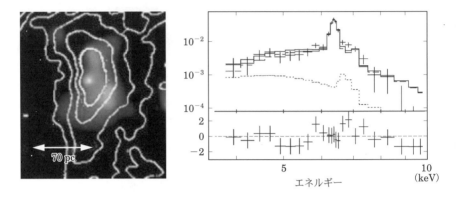

図 3.12 (左) チャンドラ衛星によるいて座 B2 の 6.4 keV X 線の強度分布. (右) いて座 B2 のスペクトル (Murakami *et al.* 2001, *ApJ*, 558, 687).

内殻 (K 殻) の電子を空席にする内殻電離である.

高エネルギー電子が通常の宇宙組成をもった分子雲に衝突したときに予想される鉄の Kα-X 線の等価幅は約 600 eV なので,観測値の約 2 keV を説明するには 4 倍の鉄がなければならない.銀河中心方向では鉄元素組成比は太陽の化学組成より大きいとはいえ,4 倍もあると考えるにはかなり無理がある.一方 X 線が衝突した場合の等価幅は 1 keV であり,観測値を説明するには 2 倍の鉄組成比があればいい.これは妥当な値といえるだろう.中性原子の K 殻電子電離の確率は,X 線による電離では $Z^{-2.3}$,電子による電離では $Z^{-4.3}$ に比例する.ここで Z は原子番号を表す.K 殻の電離後,Kα-X 線放射へいく割合を蛍光収率といい,Z が大きいほど高い.実際の各元素からの中性 Kα-X 線の強度はこれらの兼ね合いと元素組成比できまる.

X 線による電離の場合,K 殻電離の断面積の Z 依存性は電子による電離のそれに比べて Z^{-2} だけ強い.したがって Z が大きい鉄の Kα-X 線のみが突出する.さらにいて座 B2 のスペクトルに鉄以外の中性 Kα-X 線の放射は見られないことも X 線による電離を支持する.またいて座 B2 のスペクトルは視線方向の水素の柱密度にして $N_H = 10^{24}\,\mathrm{cm}^{-2}$ もの強い吸収構造と 7.1 keV の中性鉄吸収端をもつ特異な構造がある.このようなスペクトルはいて座 B2 分子雲が外

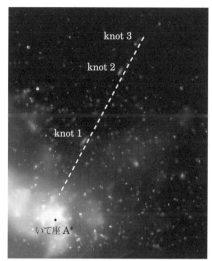

図 3.13　（左）銀河中心の X 線図面．（右）銀河中心から一直線状に並ぶ，楕円形のジェット．

部からの強い X 線を散乱し，一部を吸収して再び放射する蛍光放射（中性鉄 Kα線）をしていることを示す．一方，いて座 B2 分子雲の X 線分布は三日月状で銀河中心側に偏っている．これは銀河中心方向からの X 線が分子雲にあたったときに出る X 線の形状と一致している．こうして X 線による電離起源はその形態とスペクトルとともに観測結果を矛盾なく説明する．

3.3.3　連続 X 線でみる銀河中心

超新星残骸から非熱的 X 線が発見されている．これは約 10^{15} eV までの宇宙線の発生源が銀河系内の超新星残骸であることを強く支持する．銀河中心からも非熱的 X 線を放射する超新星残骸や非熱的 X 線構造が発見された．図 3.13（左）のフィラメント状の部分は非熱的 X 線と思われる放射である．銀河中心（白い明るい場所）から数光年離れたところに円弧状の構造が見られる．そのスペクトルも非熱的 X 線である．1 万年以上も前の超新星爆発か，銀河中心の爆発でできた衝撃波がここまで到達し，ここで粒子を加速していると考えられる．

図 3.13（右）のもっとも明るい領域の中心あたりに巨大ブラックホールがあ

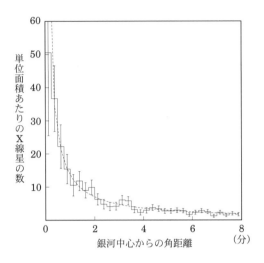

図 3.14　チャンドラ衛星による銀河中心付近の X 線星の分布関数（Muno *et al.* 2003, *ApJ*, 589, 225）．

る．巨大ブラックホールにガスが落ちると往々にしてジェットという高速噴出流が生じる．図の右斜め上にむかって三つの小さい天体が一直線上に並んでいる．その延長上には銀河中心が来る．この三つの天体を拡大すると細長い楕円状で，その長軸はすべて同じ方向の銀河中心方向に向いている．この X 線のスペクトルは非熱的であり，その形状から判断して，銀河中心からのジェットかもしれない．

3.3.4　白色矮星・中性子星・ブラックホールの巣

銀河中心付近の 100 光年立方をチャンドラ衛星で長時間観測した結果，約 2000 個もの X 線天体が見つかった．その空間分布は図 3.14 に示すように，銀河中心からの距離の 2 乗に逆比例（R^{-2}）している．これは赤外線で観測される恒星と同じ分布である．恒星と同じ起源を持ちながら，X 線で明るい天体が多数存在しているのだ．その正体を探るために平均的な X 線スペクトルをみると，硬 X 線が強く 6.7 keV 付近に鉄の特性 X 線を持っている．

このようなスペクトルと明るさは，磁場の強い白色矮星の連星系に特有である．つまり銀河中心付近の X 線天体の大部分は白色矮星の連星である．白色矮星は比較的軽い星のなれの果てである．銀河中心に集中している恒星の一部が進

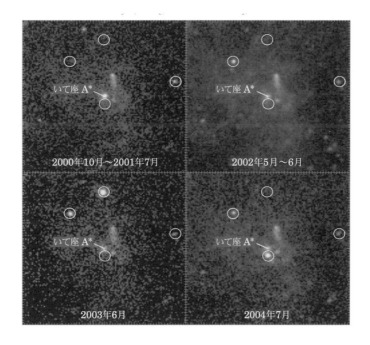

図 3.15 チャンドラ衛星による銀河中心付近の突発 X 線星の分布図（Muno 2005, *ApJ*, 622, L113）.

化を終え白色矮星になったのだろう．強磁場白色矮星の連星系はその自転に対応する周期的な X 線の強度変動を示す．事実，銀河中心から見つかった X 線天体から周期変動をするものがいくつも見つかった．周期は数 1000 秒以上であり，これは近接連星系の白色矮星の典型的な自転周期である．銀河中心には太陽系の近傍に比べ，桁違いに高い密度で白色矮星が密集している．

白色矮星の連星系の X 線強度には上限がある．特に明るいものは中性子星連星系かブラックホール連星系に違いない．また，X 線星には突然明るく輝きだすものがあり，これを突発天体という．銀河中心付近でもこのような突発天体が多く観測されている．その最大光度は白色矮星の連星系の限界をはるかに超えている．つまりこれら突発天体は中性子星かブラックホールの連星系である．

図 3.15 はいて座 A* に近い 4 個の突発天体（白丸で示す）を 半年～1 年 の間隔で 4 回観測した結果である．同じ空でも時期によって違った様子を示してい

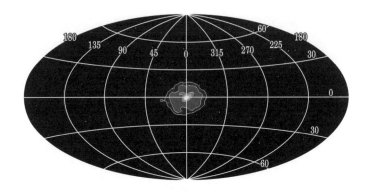

図 **3.16** 対消滅線の空間強度分布．銀河中心方向に集中している（Knödlseder *et al.* 2005, *A&A*, 441, 513）．

る．突発天体がこんなに集中している場所は銀河中心以外にはない．中性子星やブラックホール連星系は銀河中心付近で特に大量にあるようである．もともと銀河中心は星の密度が高いので，超新星爆発も頻繁に起こり，その結果大量の中性子星やブラックホールが残される．それらは，付近に大量にある普通の星を捉えて，連星系をつくり，いま X 線で輝いているのである．

3.3.5 対消滅線と核ガンマ線

陽電子は電荷が逆（＋）であること以外は電子とまったく同じ性質の粒子（反電子）である．通常はほとんど存在しないが，超新星爆発やブラックホールの近傍など，超高温，高エネルギー現象に付随して大量につくられる．陽電子は電子と遭遇するとポジトロニウムという "原子" をつくる．これは水素原子の原子核である陽子が陽電子に置き換わったものだ．ただし，電子と陽電子は互いに反粒子だから，短時間で対消滅し，二つのガンマ線にかわる．電子，陽電子ともに静止エネルギー（質量）が 0.51 MeV だから対消滅のガンマ線も 0.51 MeV になる．

0.51 MeV ガンマ線は図 3.16 のような分布をしている．銀河中心が一番強い．いて座 A* や 0.5 度離れたところにあるブラックホール天体 1E1740.7-2942 の深い重力場が陽電子をつくり，それが対消滅線を放射しているのだろう．対消滅線はまた銀河面に沿ってかなり広がっている．超新星は陽電子を放出する同位元素

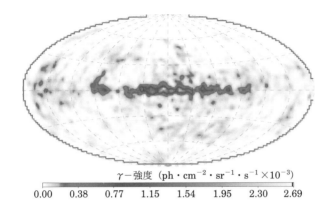

図 3.17 1.8 MeV ガンマ線の空間分布（Plüschke *et al.* 2001, in *Exploring the gamma-ray universe*, eds. B. Battrick, ESA Publications Division, 55）．

(^{44}Ti, ^{56}Ni など）をつくる．これら陽電子が電子と遭遇し，対消滅線を放射しているのだろう．すると 100 年に 1–3 個の超新星爆発があったことになる．これはまた X 線を放射する超高温ガスの起源かもしれない．大質量星が進化の末期になると核融合層が表面に現れる．星は不安定になり小規模な爆発を繰り返し核融合している表面を外部に吹き飛ばす．銀河中心付近には大質量星はたくさんあるため，なかには核融合がさらに進んで放射線同位元素 ^{26}Al を大量につくり，宇宙空間に放出しているものもある．^{26}Al は半減期約 100 万年で 1.8 MeV のガンマ線を放出する．この 100 万年は大質量星の寿命と同程度だから 1.8 MeV ガンマ線は最近の星形成と爆発の歴史の総体を見ていることになる．図 3.17 は CGRO というガンマ線衛星の 1.8 MeV ガンマ線の観測結果である．銀河中心方向が一番強く，銀河面に沿って広がっていることが分かる．

3.3.6　GeV と TeV 領域の連続ガンマ線

ガンマ線衛星 CGRO はまた GeV 領域の連続ガンマ線を銀河中心を含む方向から検出した．さらに高いガンマ線（TeV 領域）は地球大気に突入すると多く

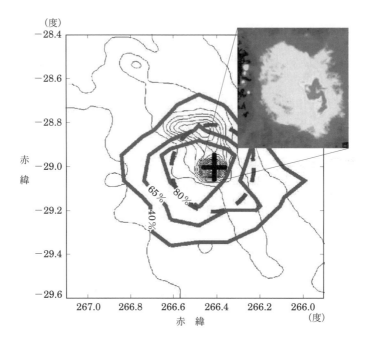

図 3.18　銀河中心付近の TeV ガンマ線の強度分布（太い等高線）．非熱的電波の分布図（細い等高線と挿入図）も示す（Tsuchiya et al. 2004, *ApJ*, 606, L115）．

の高速荷電粒子をつくり，チェレンコフ光[*21]を前方に放出する．これを地上の望遠鏡で測ることにより TeV ガンマ線が検出できる．図 3.18 は TeV ガンマ線の強度分布を電波強度と GeV ガンマ線にあわせて示したものである．この TeV ガンマ線の存在は，銀河中心付近には少なくとも TeV 以上のエネルギーの粒子が存在していることを示している．これが銀河中心付近のガス雲にぶつかってGeV ガンマ線も放出している．その起源として有力な候補は銀河中心そのもの（巨大ブラックホール）か，若い超新星残骸のいて座 A East（図 3.19）か，または非熱的 X 線フィラメントやジェットであろう．

[*21] 荷電粒子が媒質（たとえば大気）内での光速度を超える速さで突き進むと，荷電粒子は前方に光を放出する．これをチェレンコフ光という．

図 **3.19** 超新星残骸いて座 A East の X 線写真と中性子星候補，The Cannonball （Park *et al.* 2005, *ApJ*, 631, 964）．

3.3.7 銀河中心は超新星残骸の巣？

　銀河中心付近では大質量星がいまも誕生している．これらは 100 万年も経つと超新星爆発を起こす．したがって約 100 万年以上前に生まれた大質量星はほとんどすでに超新星爆発を起こしてしまったに違いない．図 3.19 は銀河中心付近のチャンドラ衛星による観測の詳細像である．巨大ブラックホールいて座 A* のやや左を中心に楕円形の明るい領域がある．いて座 A East と呼ばれるリング状の電波源の内部にあたる．ここの X 線スペクトルには高電離の鉄，アルゴン，硫黄，シリコンの特性 X 線が見られる．これは若い超新星残骸に特有なものである．すなわち，約 1000 年前に起こった超新星の残骸であろう．この超新星残骸の上部（北）側がとがっていて，その先端に X 線天体が存在する（Cannonball とよばれている）．そのスペクトルはシンクロトロン X 線放射に酷似している．超新星爆発時に同時につくられ，強い磁場をもつ高速回転中性子星が飛び出てきたものかもしれない．

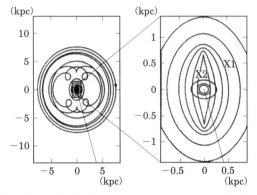

図 3.20 棒状構造が作り出す軌道群（Blitz *et al.* 1993, *Nature*, 361, 417）．

3.4 銀河中心の動力学

渦状銀河のうち半数には棒状構造，つまり円盤内でラグビーボールのように伸びた星の分布が見られる（図3.20）．1964年にドゥ・ボークルールは我々の銀河中心で H I ガスが円運動とは異なる運動成分を持つことから，棒状構造があるのではないかと考えた．その後，赤外線衛星 IRAS の観測をはじめ，多くの観測はこの説を支持し，現在では我々の銀河系は棒渦状銀河であると考えられている．棒状構造の長軸は太陽と銀河中心を結ぶ線に対して数度から 20 度の角度であると推定されている．この棒状構造の存在がもたらす力学的影響によってガスは銀河中心へと降着，すなわち落ちてゆく．一方，銀河中心の X 線で見える高温ガスは降着してくるガスを外へと吹き飛ばそうとする．それでも残った一部のガスは銀河中心の深部まで落下し，最終的には巨大ブラックホールいて座 A* へと降着すると考えられる．

3.4.1 電波による星間ガスの運動測定

原子・分子ガスの運動の観測から，銀河中心部のガスは棒状構造の影響で非円運動をしていることが分かっている．

銀河中心の星間物質の質量のうちその 90%以上がガス，つまり原子ガスもしくは分子ガスとして存在している．それらが出す輝線のドップラー効果による周

波数のずれから視線速度を測ることで，ガスの運動の様子が分かる．

H$_1$ ガスの運動は水素原子の出す波長 21 cm の超微細構造線[*22]によって観測できる．一方，H$_2$ ガスはそれ自体は電波を出さないので直接電波で運動を調べることはできない．代わりに H$_2$ ガスとともに存在する一酸化炭素（CO）分子ガスの出す波長 2.6 ミリの回転遷移線などの観測によって（それらと水素分子の存在量が比例関係にあるとして）水素分子の存在量を推定し，また H$_2$ ガスの運動を求めることができる（3.1 節参照）．CO 輝線は 1 cm^3 あたり 10^{2-3} 個の水素分子密度のガスから主に放射される．一方，一硫化炭素（CS 輝線）で観測すると 10^4 個以上の濃い分子ガスの分布を調べることができる．また CO と CS 輝線の観測から，銀河中心部のガスは銀河系円盤のガスに比べて高圧であることが分かる．

これらの観測から，大局的にはガスの大部分は銀河中心に対して円運動をしていることが分かる．しかし中性水素，水素分子ガスともに単純な円運動では説明のできない視線速度成分が存在する．すなわち正銀経の領域でマイナスの視線速度，負銀経の領域でプラスの視線速度をガスは示すが，これは楕円運動するガス流があると考えると説明がつく．

3.4.2　棒状構造のもたらす力学的影響

銀河系の中での恒星やガスの運動は，基本となるある閉じた軌道（母軌道）上にあって，その軌道に対して小円を描いてややずれた運動をしている（= 周転円運動）と考えると分かりやすい（2.2.4 節参照）．ガス雲をある重力場においたとしよう．ガス雲はちぎれながらやがて閉じた軌道上に落ち着く．これは雲の小片同士が衝突しあうことによって軌道の周辺で振動するエネルギーを失っていくからである．一度ある軌道上に落ち着いたあと，さらに低エネルギーの軌道へと移ってゆく．

もしも銀河の重力場が回転楕円体の形状をしていれば，これらの軌道はその赤道面上の円軌道となり，ガスは銀河面上の円軌道に落ち着いていく．いわゆる銀河系円盤の構造そのものである．ところが，もしも回転する棒状構造がある場合，その重力場によって次のような二つの特徴が現れる．

[*22] 水素原子内のスピンの上下の変化によって放出されるスペクトル線．

第1に，安定軌道はそのエネルギーによっては自己交差軌道すなわち自分自身の軌道をよぎるようになる．第2には，あるエネルギーに対して複数の軌道が存在するようになる．

図3.20はある棒状構造の重力場モデルの中での基本的な母軌道を示したものである．縦軸は棒状構造の軸と平行にとってある．右斜め下への実線は銀河中心と我々の太陽を結ぶ線である．図3.20の左の図で外側にあるほぼ円を描く軌道群は外側リンドブラッド共鳴点[*23]よりも外側にある．外側リンドブラッド共鳴点より内側では軌道に顕著なループを発生させ，自分自身の軌道をよぎる．

右側の中心を拡大した図の中の垂直方向に伸びた楕円軌道がX1族と呼ばれる軌道群であり，水平方向にのびた楕円軌道がX2族の軌道群である．

すべての軌道運動は棒状構造が作る重力場パターンの回転方向と同じ方向である．最外縁の軌道群では回転する棒状構造が作る重力場の回転速度よりも星やガスはゆっくり回転する．内側の軌道群では回転速度の関係が逆になる．自己交差軌道群に内接する半径を内側リンドブラッド共鳴点という．

外側の軌道にガス雲をおいたとしよう．するとガス雲は徐々に内側にむかって漂い，外側リンドブラッド共鳴点へと近づく．

そこでは，軌道の構造が複雑になることによって，ガス同士の衝突とショックの起きる率が際だって上昇する．そのためガスの運動（回転）エネルギーは熱に変わり，放射によって散逸する．このエネルギー損失よりも，棒状構造による重力場がガスに与える運動エネルギーと角運動量の方が大きい．それはここでは棒状構造はガスよりも速く運動し，ガスの速度を増大させるからである．そのため内側へと落ち込むスピードは遅くなる．

ガス雲が自己交差軌道群の外縁にまで落ちてきたとき，ガス雲の放射によるエネルギー損失が棒状構造によって与えられるエネルギーより大きいかどうかでさらに落下が進むかどうかが決まる．

失われるエネルギーの方が大きいならガスは急速に内側にむかって沈みこみ，閉じた楕円軌道群の中心にある軌道群にまで落ちてゆく．

そのようなガスはやがて内側リンドブラッド共鳴点に到達するであろう．そこではエネルギーの放射損失が再び増大し，さらに内側の軌道であるX1群，最内

[*23] 軌道運動と周転運動の周期が整数倍になるところ．

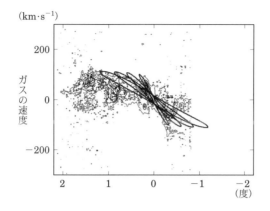

図 3.21 棒状構造が作り出す軌道群と実際のガス速度分布の比較（Binney & Merrifield, *Galactic Astoronomy*, Princeton Univ. Press, 1998）.

縁部の X2 の軌道群へと移る.

もしも失われるエネルギーの方が小さい場合，外側の軌道からのガス雲はここでとどまることになる．万一このような理由で円盤内のガスが降着しないとしても，バルジの進化した星から放出されたガス（毎年 $0.2 M_\odot$ の程度と推定される）は角運動量（回転）がないので，自己交差軌道群上からさらに内側へむかっていくため，ガスは中心部へ供給されるはずである.

そのようにして CO ガスの速度分布を X1 軌道群の重ね合わせと比べてみると，両者は一致して見える（図 3.21）．銀河中心の巨大分子雲，いて座 B2 は X2 軌道にちょうど乗っている．さらに内側リンドブラッド共鳴点と外側リンドブラッド共鳴点の間の領域はガスの薄い領域に重なる．外側リンドブラッド共鳴点の外側で，ガスが蓄積されると予想されるところにはちょうど銀河系円盤上の分子リングがある．このように棒状構造の存在とその重力ポテンシャルは観測結果をよく再現している．棒状構造は星が放出したガスを銀河中心へと送り込む役割を果たしているといえよう.

図 3.22 天文衛星 Chandra によるいて座 A の X 線写真
(http://chandra.harvard.edu/photo/2001/sgr_a/index.html)

3.5 中心核

3.5.1 銀河中心から 10 パーセク以内，いて座 A

　銀河中心から 10 pc 以内の領域は連続波電波源いて座 A が占めている．また赤外線観測から高密度星団の存在が知られている．いて座 A は二つの成分からなっている．いて座 A East といて座 A West（図 3.22）である．

　いて座 A East は広がり 3 分角（8 pc）で，非熱的スペクトル[*24]を示すことから，超新星爆発からエネルギーを得ていると思われる．いて座 A West の方は大きさが 2 pc と小さく，熱的なスペクトルを示す．そして中心核から 7 pc にまで広がっていて，強い乱流状態にある分子ガス円盤の中にある．その円盤の内縁はシアン化水素（HCN）分子輝線が強く，リング状に見える．その分子ガス円盤の中には半径 2 pc の空洞があって，ガス密度は周辺よりも 1 桁低い．いて座 West はこの空洞の真ん中にある．いて座 A West は 3 本腕の渦状の構造（ミニスパイラル）と中心にいて座 A* と呼ばれる点状天体があることが際だった特徴である．いて座 A* は巨大ブラックホールであり，我々の銀河系の本当の中心核

[*24] 熱平衡状態にあるガスから放射される電磁波スペクトルとは異なるスペクトル．相対論的速度にある電子と磁場の相互作用でおこるシンクロトロン放射などのつくるスペクトルなどがある．

である．そしていて座 A* の周り 1 秒角には，銀河系内のどの星団よりも密度の高い星団がある．

いて座 A West は $60M_\odot$ 相当の電離ガスを含んでいる．また原子ガスはこの 5 倍以上の質量を持っていよう．電離した渦状腕の運動は電波と赤外線によって研究され，非常に系統的な運動をしていることが分かっている．フィラメント内の速度場が非常になめらかであること，近接する分子雲の速度にきれいにつながることから，腕は銀河系重力場の底へ落ちるにつれて潮汐力で引き延ばされたガスの流れであると推定される．この流れに対する偏波観測から mG（ミリガウス）程度の強い磁場があることが分かっている．この強い磁場がここでの力学に一役かっていると思われる．電離ガス，分子ガスともによく似た速度構造を示しており，いて座 A West から中心核に向かって毎年 $0.03M_\odot$ の質量降着がなされていると思われる．

いて座 A East は星風と超新星によって駆動され，より低温のガスを外へむけて圧縮している．銀河中心における超新星爆発は分子ガスを激しく乱し，角運動量を外へむかって散逸させ，ガスを内側の重力ポテンシャルの深いところへ落とす役割も果たしている．

3.5.2　銀河中心 1 パーセクの星団

中心 1 パーセクにおいてはその環境自体が物質の降着を進める．非常に高密度なので星同士が衝突し，互いの潮汐力で星からガスが引きちぎられることも考えられる．

IRS16 は巨大（大質量）ブラックホールいて座 A* の 1 秒角東（0.04 pc）にある．この星団を構成する星は青く若い．He I 線が検出されたことで青色超巨星かウォルフ–ライエ星であると思われる．これらの星は秒速 1000 km もの高速で質量放出を行い，その量は年に $10^{-5}M_\odot$–$10^{-4}M_\odot$ にもなる．こうして星から放出されたガスはやがて巨大ブラックホールいて座 A* へと降着してゆく．

銀河中心にもっとも近い星団は赤外線源 IRS13 で，明るい X 線天体が含まれている（図 3.23）．X 線強度は大質量星の中でも最大クラスである．銀河中心という特異な環境がこのような明るい X 線放出機構をつくっているのかもしれない．IRS13 の北には IRS13 から飛び出したジェットのような X 線源も見える．

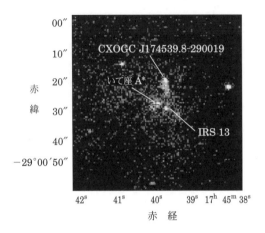

図 3.23 銀河中心近傍の X 線写真 (Baganoff et al. 2003, ApJ, 591, 891).

IRS13 はあまりにも銀河中心の巨大ブラックホールに近いのでそこから強力な潮汐力をうける．それに耐えて星の集団を維持するためには，IRS13 自身が強い重力を持たねばならない．ゲンツェル (R. Genzel) たちのグループは，10 年間にわたる銀河中心の赤外線観測 10 年分のデータを用いて，IRS13 での固有運動の解析を行った．それによると星団を重力的につなぎとめるために IRS13 の中に中間質量ブラックホールがあり，それは最低 $10^4 M_\odot$ の質量を持たねばならない．水素の再結合線電波の ALMA 観測から，速度幅 $650\,\mathrm{km\,s^{-1}}$ をもち，半径 400 天文単位の小さな電離ガス雲が IRS13E の中に発見された．10^4 太陽質量が内包されており，中間質量ブラックホールの存在を強く示してる．

3.2 節で述べたが，銀河中心から少し離れたところに赤外線できわめて明るい大質量星集団，アーチ星団と五つ子星団がある．図 3.24 の右はアーチ星団の X 線写真である．三つの特別明るい大質量星が見える．その明るさは大質量星としては，銀河系内最大である．この集団の特徴は左下（南東）に伸びる広がった X 線構造である（図では等高線で示してある）．その X 線スペクトルの中に強い中性鉄の特性 X 線が見つかった．このような特性 X 線を発生させるには強力な X 線，あるいは粒子線でガス雲を照射しなければならないが，アーチ星団がその放射源である可能性もある．

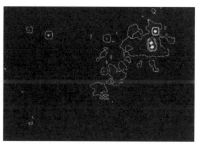

図 3.24　(左) 五つ子星団の X 線写真．(右) アーチ星団の X 線写真．明るい三つの星から左下に伸びるジェット構造がみられる．この"ジェット"は中性鉄の特性 X 線が強い．図 3.9 の近赤外線の図も参照．

五つ子星団は，アーチ星団と同程度に銀河中心に近い大質量星の集団であり赤外線でも同程度に明るい．X 線では 3 個の大質量星が明るい．しかし X 線強度は前述の IRS13 に比べ 1/10 にすぎず，典型的な若い大質量星の明るさである．

3.5.3　銀河中心の巨大ブラックホール

いて座 A^* の周りを公転運動する恒星群

　銀河系の中心にブラックホールと考えられる天体が見つかったのは 1974 年のことである．電波干渉計による観測で，きわめて小さな電波源，いて座 A^* が発見された．大きさは 0.1 秒角 (= 実サイズ 800 天文単位) よりも小さく，電波での輝度温度は 10^7 K を超えていた．ブラックホールではないかと示唆されたが，その決定的な証拠が見つかるまでには四半世紀を要した．

　ドイツのゲンツェル，アメリカのゲッツ (A.M. Ghez) らは地上の 8–10 m クラスの光学赤外線望遠鏡を用いて，近赤外線 (波長 $2.2\,\mu$m) の観測から銀河中心の百を超える数の恒星の固有運動測定を行った．図 3.25 はいて座 A^* の周りを軌道運動する恒星の様子を示している．

　現在見つかっている一番内側の S2 星の軌道は銀河中心からわずか $0.005\,\mathrm{pc}$ のところにある．これだけの距離になると恒星がいて座 A^* からうける加速度は

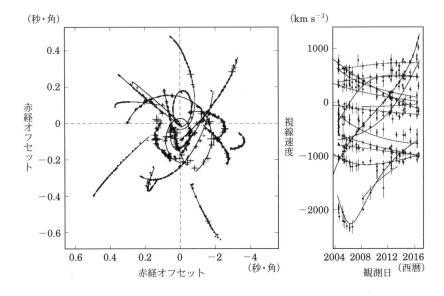

図 **3.25** 近赤外線で測定された銀河中心での恒星の軌道運動．左の図は星の位置変化，右の図は星の視線速度の測定結果．左図の縦横の座標の数字はいて座 A* に対する相対的な位置を示す（Gillessen *et al.* 2016 arXiv:1611.09144v1）．

ちょうど地球が太陽からうけるのと同じくらいの大きさである．複数の星の軌道運動が示す加速度ベクトルは，誤差の範囲で 1 点に交差していた．つまりこれらの星は一つの重力源に引かれているのである．S2 星の公転周期は 15.2 年，最近点（いて座 A* にもっとも接近する点）はわずかに 1 光時（光速で 1 時間の距離），最遠点で 5.5 光日の距離の楕円運動をしている．最近点における S2 の公転速度は秒速 5000 km にもなる．つまりこのとき，光速の 1.6% で恒星が運動するのである．ちなみに地球の太陽に対する公転速度は秒速 30 km である．

これらの星の軌道運動から計算されたいて座 A* の質量は $(3.7 \pm 1.5) \times 10^6 M_\odot$ である．S2 星の最近点（いて座 A* から 124 天文単位）を半径とする球の体積の中にこれだけの質量があるとすると，密度は $1\,\mathrm{pc}^3$ あたり $4.1 \times 10^{15} M_\odot$ にもなる．いて座 A* の示す密度は，他の巨大ブラックホール候補天体の密度測定のうちで，一番密度の高いものである．いて座 A* は観測的にもっとも確実なブ

ラックホールなのである[*25].

いて座 A* の活動性

　しかしながら通常の活動銀河核（後述）と比較するといて座 A* の活動性は桁違いに弱い．これはブラックホール周辺のガス密度が低いため，ガスの降着率も低いためであろう．電波から X 線にいたる観測スペクトルは極端に低い質量降着率での理論的計算結果（第 17 巻参照）とほぼ一致する．いて座 B2 分子雲による反射 X 線の研究によると，300 年前のいて座 A* ははるかに活動的であったと考えられる．

　いて座 B2 の X 線は銀河中心方向からの X 線を反射して出てきたものである．反射 X 線に強度変化は見られないので，近くの突発天体が照射源ではない．照射源が銀河中心にあるとすると毎秒 10^{39} erg の強度が必要であり，これはブラックホールでないと説明できない．いて座 B2 を照らしている X 線源としてもっとも可能性が高いと考えられたのは銀河中心の巨大ブラックホールいて座 A* である．

　銀河中心は現在はきわめて静穏であるが，小規模な爆発は頻繁に観測される．したがって，過去にもっと大規模な爆発があったことは十分に予想できる．いて座 B2 から中心にある巨大ブラックホールまでの距離は約 100 pc である．つまりブラックホールから X 線が放射されてから低温ガス雲に届くまでには 300 年もの時間がかかる．約 300 年前にブラックホールから放射された X 線が反射 X 線としていま見えているらしい．すなわち，300 年前に中心にある巨大ブラックホールに大量のガスが落ち込み，その膨大な重力エネルギーが X 線に転換されて放射されたのだろう．先にのべた銀河中心から北西にのびるジェット構造もこのときに飛び出したものかもしれない（図 3.13（右））．

　反射 X 線はほかにも銀河中心から約 20 pc 離れた電波アーク付近にある分子雲や 80 pc の距離にあるいて座 C という分子雲からも観測されている．それぞれの距離と反射 X 線強度からブラックホールの過去の明るさを見積もると，300 年前は現在の 100 万倍も明るかったのが次第に暗くなり現在に至る様子が分かる．今は鳴りを潜めているものの，私たちの銀河中心にはたしかにブラックホー

　[*25] 2016 年 2 月にアメリカの重力波干渉計 LIGO によって重力波が検出されたことが発表された．この重力波はブラックホール同士の合体によって生じたものであり，物理学的にブラックホールの存在を明確に示したものである．しかしその位置はたいへん曖昧である．

ルがあって，かつては激しく輝いていたようだ．

　なぜ何百年か前に大量のガスが銀河中心に落ち込んだのだろうか．銀河中心のごく近傍にいて座 A East という超新星残骸があることはすでにふれた．この X 線データを解析すると約 1000 年前に超新星が起こっている．1000 年前の超新星爆発でできた密度の濃いリング状衝撃波が今から 300 年ほど前に銀河中心を通過したはずだ．衝撃波そのものあるいはその外乱で周辺のガスが大量にブラックホールに落ち込み，X 線で明るくなり同時にジェットを出したと考えられる．衝撃波の通過後は密度が薄い空洞になるので，ブラックホールに落ちるガスも減少し，その活動は弱まる．それが銀河中心の今の姿である．銀河中心そのものは静かになったとはいえ，その周辺は若い大質量星や数々の超新星残骸の巣である．超新星が銀河中心のブラックホールにガスを落としたことで起きた大爆発のなごりの反射 X 線やジェット，さらには，これらによって形成された巨大高温プラズマ球などの複合体が銀河中心である．

　宇宙にはより大規模な若い大質量星の形成と超新星爆発を中心付近で起こす銀河（スターバースト銀河[26]）や中心のブラックホールがきわめて活動的な銀河もある．それらを総称して活動銀河核という．活動銀河核は一般にドーナツ状の濃いガスリングを持っている．我々がドーナツを横から見る位置にいると，中心核からの強い X 線はドーナツで遮蔽され，ドーナツの垂直方向に出た X 線がそこにある別のガス雲に反射された成分のみ観測される．これを 2 型活動銀河核と呼ぶ[27]．銀河中心が現在も X 線で明るいということは別にして，反射成分のみが観測されるという意味では 2 型活動銀河核は我々の銀河中心によく似ている．

　スターバースト銀河と 2 型活動銀河核の複合体のもっとも典型的な例は NGC1068 である．遠方にあるため，その中心核の空間構造は分離できない．そのためスターバースト活動（若い大質量星と超新星，その残骸の集合）と 2 型銀河核活動（反射 X 線）を全部ひっくるめたスペクトルを我々は NGC1068 で観測している（図 3.26（下））．一方，銀河中心はそれらを分離できるが，あえて全部をひっくるめたスペクトルを図 3.26（上）に示す．NGC1068 の X 線絶対

---

　[26] 活発に星形成が行われている銀河をスターバースト銀河と呼び，多くの大質量星や超新星残骸が存在する．

　[27] ドーナツを正面から見ている場合を 1 型活動銀河核という．

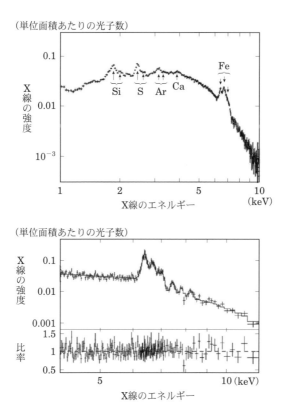

図 3.26 銀河中心(上)と NGC1068 中心のスペクトル(下)の比較(Koyama et al. 1996, PASJ, 48, 249; Matt 2004, A&A, 414, 155). 横軸の範囲が異なることに注意.

光度は銀河中心のそれに比べ,1億倍も明るいが,5–10keV の範囲でみると相対的なスペクトルの形状はよく似ている.すなわち,銀河系は,スターバースト銀河と2型活動銀河の複合体のミニアチュア版といえる.

3.5.4 いて座 A* の事象の地平線を見る

ブラックホールいて座 A* の質量は約 $4 \times 10^6 M_\odot$ であり,銀河中心に位置している.そのシュバルツシルト半径は見かけの角度でおよそ10マイクロ秒角となる.これは観測されている他のブラックホールに比べて圧倒的な大きさであ

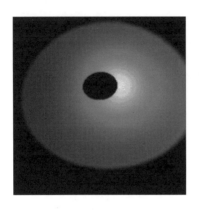 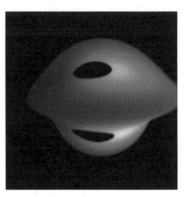

図 **3.27** 計算によるいて座 A* の事象の地平線想像図．回転するブラックホールの場合について，右 45 度の角度から見た場合（左）と 80 度（ほぼ真横）から見た場合（右）．図の一辺は 12 シュバルツシルト半径である（高橋労太による計算）．

る．たとえば $1M_\odot$ のブラックホールが 1 pc 先にあったとしても 1 シュバルツシルト半径は見かけ 3 ナノ秒角にしかならない．センチ波帯の VLBI 観測では，いて座 A* の周囲，つまり銀河中心から 100 pc 内でのプラズマによって電波が散乱され，いて座 A* 本来の電波像は広がってぼやけてしまい，くわしい構造を知ることはできなかった．散乱の影響は観測波長の 2 乗で大きくなる．そこで，波長の短い 1 mm 以下のサブミリ波帯でいて座 A* を VLBI 観測すれば，散乱の影響はなくなり，ブラックホールの降着円盤や事象の地平線がはっきり捉えられるであろう．

　事象の地平線はシュバルツシルト・ブラックホールの場合，みずからの重力レンズ効果で差し渡し 5 シュバルツシルト半径（45 マイクロ秒角）になる．回転するブラックホールの場合は，この事象の地平線の半径は小さくなる．事象の地平線は，図 3.27 のシミュレーション結果が示すように，輝く降着円盤を背景にしてシルエットとなって中央に見えることだろう．

3.5.5 銀河中心の大爆発

　銀河中心では強い重力場の谷底に星が密集し，高密度の中心ガス円盤では星形成が活発に行われている．中心核には巨大ブラックホールが座っている．しかし

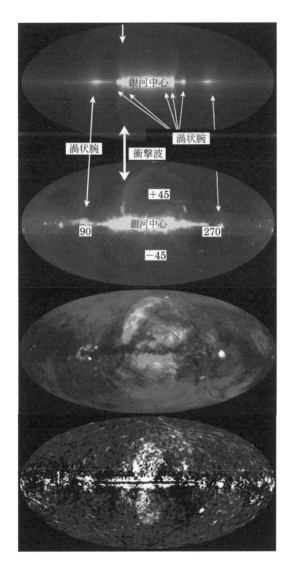

図 3.28 銀河中心の爆発による衝撃波を全天図で眺めたもの．上段：電波放射シミュレーション；2段目：408 MHz 電波図（数字は銀経と銀緯）；3段目：ROSAT 衛星X線全天図；下段：FERMI 衛星ガンマ線ハード成分（口絵 2 も参照．電波 = C. Haslam et al., MPIfR, SkyView, https://apod.nasa.gov/apod/ap050205.html；X 線 = S. Digel and S. Snowden（USRA/ LHEA/ GSFC），ROSAT Project, MPE, NASA, https://apod.nasa.gov/apod/ap000819.html；ガンマ線 = NASA, DOE, Fermi Gamma-Ray Space Telescope, LAT detector, D. Finkbeiner et al., https://apod.nasa.gov/apod/ap101110.html）．

活動的な系外銀河の中心核やスターバースト銀河に比べると，特別激しい噴出現象やジェットは見えていない．中心核としては比較的穏やかな時期にあるといえよう．

ところが過去には，今よりもはるかに激しい活動をしていた時期があったことが分かっている．ここで銀河中心から少し目を転じて，銀河系全体を眺め直してみよう．141 ページの図 3.28 は 2 段目から順に 408 MHz 電波，軟 X 線，ガンマ線のハード成分で銀河系を眺めた全天図である．

電波では銀河中心と銀河面が明るく輝き，上空に向けて無数の峰状の噴き上がり（スパー，突起）が見える．目を引くのが銀経 30 度（太い矢印）から北（上側）に伸びるノースポーラースパーと呼ばれる突起で，上空で巨大な円弧を描いている．X 線では，南側の円弧と対になって銀河面上下に双極の巨大球殻を作っている．またガンマ線衛星による観測では，その内側にやはり対になった泡が観測され，フェルミバブルと呼ばれている．

電波や X 線放射の性質と形状から，円弧は銀河中心からの巨大な衝撃波によって高温に熱せられ圧縮された半径数 kpc の二対の球殻であることが分かる．X 線スペクトルからガスの温度は 1 千万度であることが分かり，ここまで加熱するには衝撃波の速度は毎秒 300 km と求められる．中心からこの速度でここに到達するには 1 千万年かかる．さらに X 線強度から求めたガス密度と球殻の大きさから総質量が求められる．質量と速度から，総エネルギーは 10^{55} エルグ，超新星 1 万個相当の巨大爆発であったことが分かる．図の最上段は爆発モデル計算の結果である．また内側のフェルミバブルはこの巨大爆発に引き続いて起きた急激な宇宙線加速によって作られたと考えられている．

私たちの銀河系の中心も，およそ 1 千万年前には巨大な爆発を伴う活動的な中心核であったことがうかがえる．活動の原因としては，星形成が爆発的に起きたスターバーストであったとする説，あるいは中心核のブラックホールに一時的に急激な質量降着が起きて莫大なエネルギーを放出したとする説，などがある．わが天の川銀河も，過去，そして未来にも，間欠的に活動する銀河核をもった銀河であると考えて良いであろう．

第4章

銀河系の形成と進化

　私たちが住んでいる銀河系では，豊富な星間ガスから新しい恒星が生まれ，また一生を終えた星は大爆発の果てに消失したり暗くなって見えなくなることがくりかえされている．銀河系の姿は常に変化し，いつも同じ様相をしているわけではない．では，銀河系は最初どのような姿だったのだろうか．どのようにして現在見られる姿になったのだろうか．この章では，銀河系の形成と進化を考える．

4.1　銀河形成の描像

4.1.1　銀河系の構造

　典型的な円盤銀河である銀河系は，これまでみてきたようにさまざまな恒星系成分から形作られている．最も明るい成分は薄い円盤であり，質量はおおよそ10^{11}太陽質量で光って見える部分のほぼ総質量に匹敵する．つづいて，バルジ，厚い円盤，そして恒星系のハロー成分といった順に質量が小さくなり，逆に空間的により大きく広がっているのが特徴である．特にハローには銀河中心から$100\,{\rm kpc}$を越す領域まで古い恒星や星団が分布しており，すなわち原始銀河系はかつてこの大きさに広がっていたことが示唆される．さらに，これらすべてを包むようにダークマター（暗黒物質）でできたダークハローが大きく広がっており，光って見える部分のダイナミクスを支配している．

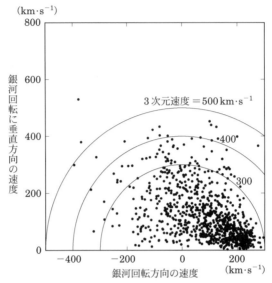

図 4.1　太陽から 2 kpc 以内にある近傍の恒星の 3 次元速度分布．各円は静止系からみた速度の大きさ一定の位置を表している．

　銀河系のような銀河は，宇宙で電磁波を通して観測される系としては最小ユニットであり，それからさらに大きい系では銀河群，銀河団といったように銀河の集合体となる．すなわち，銀河の質量と大きさが一定の尺度となり得る．では，銀河系の実際の質量や大きさはどのくらいであろうか？　光って見える部分の総質量や大きさはほぼ薄い円盤の量で決まり，おおよそ 10^{11} 太陽質量で 10–20 kpc 程度となる．一方，ダークハローに関する量は，トレーサーとなる恒星系や星間ガスの運動を利用するのがよい．その一例として，図 4.1 に太陽近傍（太陽から 2 kpc 以内）にある恒星の 3 次元速度分布を示す．各円は静止系からみた速度の大きさを表しており，最大のもので 500 km s^{-1} に達する速度を持つものがある．このような星は広大なハロー空間を軌道運動しており銀河系の重力場に束縛されている．したがって，銀河系空間の太陽位置における脱出速度は 500 km s^{-1} 以上となろう．一方，光って見える部分だけでは，脱出速度はおおよそ 300 km s^{-1} 程度にとどまる．したがって，銀河系空間のできるだけ外側の天体（ハロー星，球状星団，衛星銀河）の速度を計ると，銀河系の真の質量や大

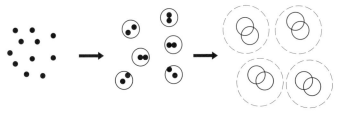

図 4.2 ダークマターの階層的合体過程の模式図.小さなものが重力で集まってより大きなものが作られていく.

きさがわかる.最新の解析では,総質量がおおよそ 2×10^{12} 太陽質量で半径が 200 kpc 程度にまで広がっていることがわかってきた.

4.1.2 階層的合体過程と銀河形成

このような質量や大きさの銀河系はどのようにしてできたのだろうか? 現在の銀河形成理論によれば,ニュートラリーノなどの素粒子に代表される冷たいダークマター(CDM)[*1]が,宇宙初期に微小な密度ゆらぎから出発して,その自己重力により階層的に収縮・合体を繰り返しながら,現在の銀河に至ったと考える.図 4.2 にその様子が模式図で示されている.ここで,密度ゆらぎがもしバリオン[*2]とよばれるガスだけから作られているとすれば,放射場との結合から宇宙背景黒体放射も観測値以上に揺らいでしまう.したがって,密度ゆらぎの本体はダークマターから作られている必要がある.また,ダークマターの塊が収縮・合体する過程で,その中に含まれるガスも同時に激しく摂動を受けるので,星形成活動が左右されて最終的にできあがる銀河の構造も変わってしまう.したがって,ダークマターは銀河の形態決定において重要となるであろう.さらに,ダークマターは銀河の動力学を大きく左右している.つまり,ダークマターが銀河の形成から現在の構造に至るまで本質的な役割を演じているといえよう.

ダークマターの階層的合体過程は,その自己重力によって限りなく続くので,どこまでも質量の大きな系(ハロー)が出来続けるであろう.ところが,実際に宇宙に観測されている恒星系で最小のユニットは銀河であり,その光って見える

[*1] CDM は Cold Dark Matter の略号.
[*2] 陽子と中性子に代表される重い粒子.通常の物質を作っている粒子.

部分の典型的な質量はおおよそ 10^{11} 個の太陽質量にとどまる．これよりも重い銀河の数は急激に（指数関数的に）減少しているのである．銀河の光って見える部分の大きさも半径がおおよそ数 10 kpc と有限値にとどまる．このようになる理由は何であろうか？

銀河の光って見える部分は主に恒星からなり，すなわち星形成が行われている場所である．星形成が行われるためには，ガスの密度が十分に高くなる領域が作られる必要があり，そのためにはガスの温度が十分低くないといけない．ガスの温度が高いと圧力で反発を受けて，星の種となる密度ゆらぎが成長できないからである．ところが，銀河系程度の質量のダークマターが集まって力学平衡（ビリアル平衡）になったときは，ガスの温度（ビリアル温度）は 100 万度の高温になっており，これからガスの放射過程で冷却されなければ星ができない．ここで，このガス冷却が効く最大のガスの質量は，おおよそ 10^{11} 個の太陽質量で最大半径は数 10 kpc となることが知られている．すなわち，銀河の恒星系の質量と大きさを決めているのは，ダークマターハローの中にあるガスの冷却過程である．これよりもガスの質量が重いと，十分に冷却する時間がないので星形成が起こる条件が整わず，したがって，10^{11} 太陽質量よりも重い恒星系から成る銀河はほとんどない（銀河形成過程の詳細は本シリーズ第 3 巻に記述されている）．

このように銀河の形成過程は，冷たいダークマターの自己重力による階層的合体過程とガスの冷却過程の二つが組み合わされたものである．以下では，銀河系の形成と進化を考察する上で重要となる恒星の性質と，銀河系の古成分であるハローから厚い円盤にかけた化学動力学構造と階層的合体過程との関係，さらに，恒星系の形成と進化に伴う化学進化について解説する．

4.2 恒星の種族と年齢，金属量

4.2.1 恒星の種族

銀河系のような銀河がどのような星でつくられているかを知るためには，ひとつひとつの星の特徴をつぶさに調べなければならない．さらに，それぞれの特徴をもった星がどのような空間分布をしているかも知りたい．ところが，私たちは銀河系の中にいるので，このようなことを調べるには「木を見て森を見ず」とい

うことわざが示すように，一般には難しい．そこで，銀河系の傍にある銀河の様子が参考になる．

戦争のさなかで夜空が暗かった1944年に，バーデ（W. Baade）はウィルソン山天文台にあった100インチ望遠鏡を用いて，銀河系の傍にあるアンドロメダ銀河M31の中心部とその衛星銀河であるM32とNGC205の周辺部を星に分離することに成功した．このようないわば楕円状の形をした部分で見つかった最も明るい星をよく調べると，渦状腕の中に見られるような青いO, B型星ではなく，球状星団の中に見られるような赤色巨星であった．そこでバーデは，銀河の構造部分に依存して，大きく分けて2つの異なった星の種族が銀河の主たる成分であると考えた（表4.1）．

表 4.1 恒星の種族

	種族 I	種族 II
銀河系内	O, B 型星	こと座 RR 型星
	散開星団	球状星団
	低速度星	高速度星
	銀河円盤	銀河ハローとバルジ
銀河系外	渦状銀河の円盤と渦状腕	楕円銀河，渦状銀河のバルジ

「種族I」に分類される星は，渦状腕に存在するものであり，たとえばO, B型の星のような若くて明るい星や，セファイド星，散開星団に見られる星などである．他のスペクトル型のより暗い星ももちろん存在している．たとえば太陽だが，それらは銀河系の他では暗すぎて観測的に捉えられない．「種族II」に分類される星は，銀河の楕円状部分，すなわち銀河バルジ，ハロー，球状星団に存在するものである．最も明るい星は，橙色か赤色の巨星で，O, B型の星は存在しない．これらの種族の色–等級図[*3]上の位置は，それぞれ散開星団と球状星団にみられるものに対応する．

種族IとIIという星の大別方法は，星の空間分布，金属量や年齢分布などを反映した定性的な分類であることが知られている．すなわち，種族Iに分類される星は，銀河円盤の内部に分布し，太陽のように金属量が多くまた年齢が若い．その銀河系空間内の軌道は，太陽と同様に銀河中心のまわりをほぼ円運動をして

[*3] 色–等級図は，縦軸に天体の等級，横軸に2波長でとった等級の差（色指数）を示した図を指す．

いる．種族 II に分類される星は，銀河円盤を取り囲むような楕円上の空間分布をし，太陽よりも金属量が少なく年齢が古い[*4]．したがって，銀河系がまだ初期の時代に種族 II の星が生まれ，その後銀河系円盤が現在のような姿になってから種族 I の星が生まれたと考えられている．また，種族 II の星は，種族 I と違って円運動から大きくそれた軌道運動をしており，銀河円盤の回転とは逆向きの運動をしているものも多くある．このような星は，太陽に対して大きな相対速度で運動しているようにみえるので，高速度星として知られる．

これらの種族の他に，種族 III に分類される星，すなわち宇宙の中で最初に生まれ，水素やヘリウムだけでできていて金属を全く含まない星の存在も理論上考えられている．そのような星は，どの程度あるのか，銀河系のどこに存在するのか，また種族 II の星との区別はどこでつけられるのか，といったことはまだ不明瞭である．すばる望遠鏡などを用いた最近の研究で，太陽の10万分の1より少ない金属量（鉄の存在量）を持つ星が二つ発見され，種族 III の星かどうか活発に研究が進められている．今後さらに多くのことが明らかになるであろう．

4.2.2　恒星の年齢

銀河系には若い年齢の恒星や古いものなどが共存している．このことは，銀河系は楕円銀河のように昔に一度にすべての恒星が生まれたのではなく，最近できたものもありこれらが銀河系を形作っていることを示唆する．若い年齢の恒星系として代表的な散開星団，古いものの代表として球状星団の性質をみてみよう．

ヒアデス星団に代表される散開星団は，主に渦巻腕に沿った空間分布をしており，種族 I に分類される星を数 100 から数 1000 個含んでいる．大きさは 1 pc から 10 pc 程度である．図 4.3 にヒアデス星団の色–等級図を示す．多くの星は主系列と呼ばれる帯に分布しており，これらの星は生まれてまだ間もないことを示唆している．図 4.3 には，星の進化モデルから期待される等時曲線も記されており，詳しい比較から星団の年齢は 6 億 3 千万年くらいと推定されている．

ヒアデス星団は太陽に最も近い散開星団であり，運動星団の収束点法[*5]，ある

[*4] バルジには太陽のように金属量の多い星も多数あり，金属量の少ない星も多くあって複雑な銀河成分を成す．

[*5] 第 1 巻 2 章参照．

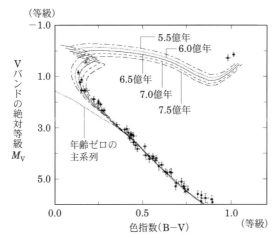

図 4.3 ヒアデス星団の色–等級図．縦軸は V バンド（波長 550 mm）での絶対等級，横軸は B バンド（波長 440 mm）と V バンドでの等級差（色指数）を表す．各曲線は年齢一定の等時曲線を示す（Perryman $et\ al.$ 1998, $A\&A$, 331, 81）．

いは年周視差を測ることによって直接距離を求めることができる．ヒッパルコス衛星による位置天文観測によれば，距離指数[*6]にして 3.33 ± 0.01 等級，距離にして $46.34 \pm 0.27\,\mathrm{pc}$ という結果が得られている．正確な年周視差が得られないような遠くにある散開星団に対しては，その主系列の部分とヒアデス星団のそれと比較して（主系列フィッティング），その等級差から距離を求めることができる．距離の決定から散開星団の絶対等級も求めれられ，明るいものほど少なく暗いものほど多いことが知られている．ここで，散開星団の年齢は若いので，このような頻度分布で星団が形成されたと考えられる．

球状星団は，ひとつの星団あたり 10 万から 100 万個の星が数 pc から数 10 pc という狭い領域に多く密集している，最も星の空間密度が高い恒星系である．銀河系では 160 個ほどの球状星団が知られており，ハローに存在する星の総量の約 1%を占めている．

図 4.4 に典型的な球状星団である M15 の色–等級図を示す．主系列の帯は転

[*6] 見かけの等級 m と絶対等級 M の差 $m-M$ を距離指数という．星の距離 $d\,\mathrm{pc}$ としたとき $m-M = 5\log(d/10\,\mathrm{pc})$．距離指数 $m-M=0$ のとき距離は 10 pc，5 のとき 100 pc．

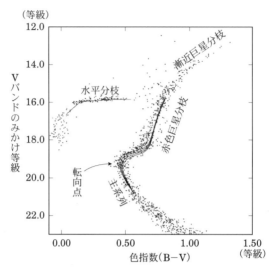

図 4.4 球状星団 M15 の色–等級図. 主系列から赤色巨星分枝にかけての各曲線は年齢一定の等時曲線を示し, 上から 120 億年, 130 億年, 140 億年, 150 億年に対応する (Salaris *et al.* 1997, *ApJ*, 479, 665).

向点を境に折れ曲がり, 赤色巨星分枝へとつながっている. また, 水平分枝と漸近巨星分枝も見られ, これらは散開星団でみられる色–等級図 (図 4.3) と様子が大きく異なり, 進化の進んだ星が卓越しているのがわかる. また, 転向点や赤色巨星分枝があまり広がっておらずシャープな帯を成していることから, 球状星団の中の星はある時期に同時に形成されどの星も年齢と金属量が同じであることがわかる. 球状星団は銀河系最古の天体であるので, これらの年齢から銀河系がいつ生まれたのかを知ることができる.

図 4.4 には, 比較のため星の進化モデルから期待される等時曲線も記されている. この年齢評価に敏感な量は, 主系列からの折れ曲がり点 (転向点) の絶対等級 $M_V(\mathrm{TO})$[7]であり, この量は星団の金属量やヘリウム量にも依存している. また, この転向点の絶対等級を求めるには, 主系列の位置を合わせる方法や水平分枝にあること座 RR 型変光星の等級を用いる方法などに基づいて, 星団までの

---

[7] TO は Turn Off (転向点) の略号.

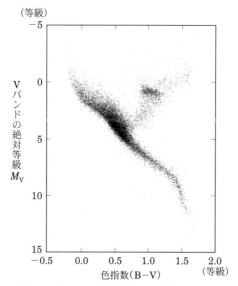

図 4.5 太陽の近傍における恒星の色–等級図（Perryman *et al.* 1997, *A&A*, L49 より転載）．ヒッパルコス衛星による年周視差決定の相対精度が，10%より良いもの2万個あまりの星を用いている．

距離を正確に決める必要があり，これが年齢決定の主な不定要因となる．図4.4に示された球状星団M15では，年齢がおおよそ120億年と推定される．

　それでは，太陽の近傍における恒星の年齢はどうであろうか．そのためには，恒星の絶対等級の情報から色–等級図を求める必要があり，すなわち恒星までの正確な距離決定が必要となる．図4.5に，ヒッパルコス衛星による年周視差の測定によって正確に距離が求められたものを示す．太陽近傍からおおよそ100pc以内の恒星に対応するが，図からわかるようにほとんど多くの恒星は主系列帯に分布しており，若い年齢のものが多いことを示唆している．すなわち，銀河系円盤部で太陽位置付近では，生まれたばかりの若い恒星が支配的である．

4.2.3 恒星の金属量

恒星の表面大気には，ヘリウムよりも重い元素である金属[*8]が分光観測にて確認できる．これらは，ビッグバン元素合成では作られず，恒星内部の核融合反応によって作られたものであり，恒星進化の賜物といってよい．金属量を表す方法として，金属元素全体の重さを使った方法（記号 Z），ならびに金属元素の代表である鉄の数密度を用いた方法（記号 [Fe/H]）がある．

金属量 Z は，対象となる領域の中にある金属量を重量割合で表したものである．たとえば，太陽内部で1グラムを取ると，平均して水素が 0.71 グラム，ヘリウムが 0.27 グラム，金属が 0.02 グラムとなり，これから太陽の金属量は $Z_\odot = 0.02$ となる．金属量 [Fe/H] は，対象となる領域の中にある鉄の数密度と水素の数密度の比 $n([\text{Fe/H}])/n(\text{H})$ を，太陽のそれで規格化したものである．

$$[\text{Fe/H}] = \log_{10}[n([\text{Fe/H}])/n(\text{H})]_* - \log_{10}[n([\text{Fe/H}])/n(\text{H})]_\odot \qquad (4.1)$$

例として，[Fe/H] が -2 と -1 のとき，それぞれ太陽の 10^{-2} と 10^{-1} の金属量に対応する．太陽と同じ金属量の場合は [Fe/H] は 0 となる．

図 4.6 に，散開星団と球状星団に対する金属量と年齢の関係を示す．散開星団はどれも年齢が80億年より若く金属量 [Fe/H] が -1 よりも大きい一方，球状星団は年齢が120億年程度まで古く [Fe/H] が -1 よりも小さいものが多い．このように，球状星団は年齢が古くかつ金属量が小さいので，銀河系の最古の天体としてその性質がよく調べられている．

球状星団の金属量分布は [Fe/H] $= -0.8$ を境に2つに分けられ，高金属量側の星団は銀河バルジや円盤に沿うような空間分布をする一方，低金属量側の星団は銀河ハローに広がる空間分布をすることが知られている．それぞれの星団はディスク星団（あるいはバルジ星団），ハロー星団と呼ばれている．ハロー星団は，その水平分枝における星の数分布から，さらに2つのサブグループに分けられる可能性が指摘されている．水平分枝において，こと座 RR 型変光星となる領域における星の数を V とし，それを境に青い側と赤い側に存在する星の数を

[*8] 天文学では一般に水素とヘリウムより重い元素を重元素という．また化学における定義とは異なるが，重元素を金属と呼ぶことがある．ただし，場合によっては，重元素や金属が，炭素以上の重い元素を指すこともある．金属量のかわりに重元素量と呼ばれる場合もある．

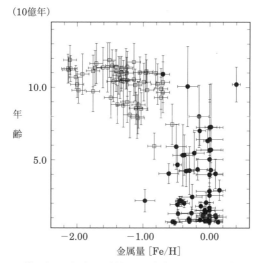

図 4.6 散開星団 (●) と球状星団 (□) の金属量と年齢の関係 (Salaris *et al.* 2004, *A&A*, 414, 163 より転載).

それぞれ B と R とする.この水平分枝における星の数分布(つまり色分布)が,星団の金属量や年齢に依存することが知られており,それを $(B-R)/(B+V+R)$ という指標と金属量の関係として示したのが図 4.7 である.図ではハロー星団に対して,赤い水平分枝星が多いほど金属量が多いという関係(図の実線)が示されているが,金属量だけでなく年齢にも依存しており,白丸で表された星団は黒丸のそれに比べて 10 億年から 20 億年程度若いと考えられている.

このように,ハロー星団には比較的古いものと若いものとに大別され,後者の星団は銀河系ハローの外側(銀河中心から 10 kpc 以上)に分布していることがわかっている.このような年齢の若いと思われる星団は,近傍の衛星銀河にある球状星団の水平分枝と同様な星の分布をしていることから,銀河系の外から衛星銀河とともに降着してきた可能性が指摘されている.

4.3 銀河系の構造形成

4.3.1 銀河系形成のシナリオ

現在みられる銀河系の構造はいったいどのような過程でつくられたのだろうか.

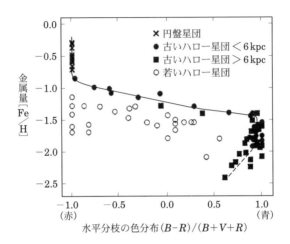

図 4.7 球状星団の水平分枝の形態と金属量との関係 (Zinn 1993, in *The Globular Cluster-Galaxy Connection*, eds. G.H.Smith & J.P.Brodie, ASP Conf. Ser., Vol. 48, 38 より転載).

　この問いにはじめて具体的に言及した研究は,1962 年に提出されたエゲン (O.J. Eggen),リンデンベル (D. Lynden-Bell),サンデージ (A.R. Sandage) によって書かれた論文にさかのぼる.彼らは,太陽近傍にある数 100 足らずの星の運動に基づいて,ハロー部から円盤部にわたる原始銀河系雲の収縮を考えた.まず,星の固有運動[*9]のカタログから固有運動の大きな星を選び出し,そのような星がハロー星であるとして個々の軌道運動を求めた.ハローにある星は太陽のような円盤を構成する星と違った運動をしていることから,太陽と相対的な運動に対応する固有運動が大きいと期待されるからである.さらに,これらのハロー星よりも金属量が多い星(円盤星)に対しても軌道運動を求めた結果,軌道離心率と金属量との間に強い相関,すなわち,金属量が少ない星ほど軌道離心率が大きいという関係を見出し,特に金属量が少ない星では円軌道に近い運動をするものが全く存在しない,とした(図 4.8).また,星の金属量が銀河面からの距離とともに大きく減少していることも見出した.このことから,(1) ハローにあ

[*9] 視線方向に垂直な天球上の運動.単位年あたりの角度で表される.

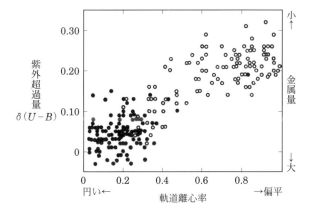

図 **4.8** エゲン，リンデンベル，サンデージらによる，太陽近傍の 221 個の星に対する軌道離心率と金属量との関係（Eggen *et al.* 1962, *ApJ*, 136, 748 より転載）．金属量は紫外超過量 $\delta(U-B)$ で表されており，[Fe/H] との対応は，$\delta(U-B)$ が 0.05 と 0.2 に対して [Fe/H] はおおよそ 0 と -1.2 となる．

る星は原始銀河系雲が動的に収縮している際に生まれたので，軌道離心率がどれも大きく，(2) 雲内部の収縮が進むのにつれて角運動量の保存より回転運動が卓越する一方，星形成も進んで金属量が増えるので，後世代に生まれた金属量の多いものほど軌道が円運動に近づく，と考えた．すなわち，ハロー部から円盤部にかけての収縮は，数億年という自由落下の短い時間で行われたと彼らは結論した．この説（提案者の頭文字をとって通称 ELS 説）は，その後の銀河形成や進化の研究に強い影響を与えてきた．

ところが，1978 年になってサーレ（L. Searle）とズィン（R. Zinn）は，ハローにある球状星団の性質を調べ，ELS 説ではどうしても説明できない振る舞いを見出した．彼らは，ハローの外側にある多くの球状星団を観測し，星団中の水平分枝星の色分布が星団ごとに大きく異なっていることから，各星団の年齢に数 10 億年のばらつきがあるとした．また，これら星団の金属量が銀河中心からの距離に依存せず分散していることも注目した．その結果，(1) ハロー部の形成は数 10 億年のゆっくりした時間で進むので星団の年齢に同様のばらつきが生じ，(2) 星団を含む小さな銀河（矮小銀河）が銀河系の外から頻繁に落ちてきて星団

系ができるとすれば,星団の金属量に空間勾配がないことも説明できると考えた.すなわち,ハロー部は多くの矮小銀河が無秩序に合体しながらゆっくりと形成されたとする,いわゆる SZ 説を提案した.

銀河系の形成は,ELS 説の急激収縮かあるいは SZ 説のゆっくりした収縮を経たものなのか.この 2 大仮説が提案されて以来,どちらが正しいのかといった議論が繰り返され今日に至ってきたが,以下に示すように ELS 説に矛盾する観測事実が近年提出されている.

4.3.2 ハロー天体の化学動力学構造

両方の仮説に共通しているのは,銀河系を構成している古い年齢の天体の化学動力学的な性質を調べることによって,銀河系がどのようにして作られたかの手がかりを得ている点である.つまり,銀河系のハローにある天体は,銀河系の初期の状態を知る上で貴重な化石となり得るもので,銀河系という単一銀河の形成過程を追跡することが可能となる.したがって,より確からしい銀河系形成のシナリオを描くためには,信頼性の高い化石情報(3 次元運動,金属量など)と多数のサンプルを用いることによって,系統誤差や統計誤差を最小限に抑えた解析が重要となる.

銀河系の重力場内における星の 3 次元運動を決めるためには,星までの精度の高い距離と固有運動の情報が必要とされる.また,できるだけ確からしい金属量の情報を得るためには,分光観測によってスペクトルが得られればよい.こういった情報に関しては,世界初の位置天文衛星ヒッパルコスが提供する三角視差や固有運動の情報,ならびに近年の望遠鏡や検出器の発展によって暗い星にいたるまで容易にスペクトルが得られるようになり,より信頼性の高い解析が可能となってきた.その結果,1 千個以上の金属欠乏星[*10]に対して良質の 3 次元運動と金属量情報がそろうようになってきた.

図 4.9 は,このような精度の高い多量の恒星データに基づく,星の軌道離心率と金属量との関係を示す.図 4.8 と比較して明らかなように,両者の間には有意な相関は見られず,金属量の非常に少ないハロー星([Fe/H]< -1.7)でも,軌道離心率が小さく円軌道に近い運動をするものが多く存在しているのがわかる.

[*10] その大気に含まれる金属量が少ない恒星.

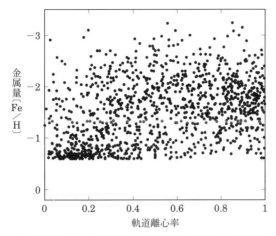

図 4.9　改訂された太陽近傍の星の軌道離心率と金属量との関係 (Chiba & Beers 2000, *AJ*, 565, 17 より転載).

このように，ELS が用いたデータと異なった傾向になった理由の一つとして，彼らは（太陽と相対的な運動である）固有運動が大きな星だけを取り出してそれをハロー星としたが，このサンプル抽出の段階で太陽と同じように円運動をするハロー星を除外してしまったからである．また，このような円運動に近い運動をするような金属欠乏星は，円盤部を構成していてかつ金属が少ない星ではなく，ハロー部に所属する星であることも詳細な統計解析から明らかになっている．

図 4.10 は，恒星系全体の角度方向の平均回転運動を金属量の関数として示したものである．金属量が [Fe/H]< -1.7 であるものは，ゼロか多少正の値を保ちながら金属量によらずほぼ一定の速度で回転運動をしているのがわかる．ところが，金属量が [Fe/H]> -1.7 では，金属量に比例して回転運動が単調増加し，円盤部でみられる秒速 220 km 程度の大きな回転運動へと滑らかにつながっており，金属量が [Fe/H]= -1.7 において鋭い不連続が存在している．すなわち，ハロー部の形成と円盤部の形成との間には明らかな不連続があり，連続的にエネルギー散逸をして系全体の収縮が進んだわけではないことを物語っている．特に，ハロー部の成分が卓越している金属量領域（[Fe/H]< -1.7）において，ほぼ一定値の回転運動を示すことは滑らかなエネルギー散逸だけでは説明できない．

このような現代の良質な恒星データに基づくと，ELS が主張するような銀河

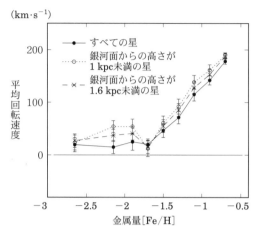

図 4.10 恒星系の平均回転速度と金属量との関係．実線はすべての星に対して，点線と破線は銀河面からの高さ Z がそれぞれ 1 kpc と 1.6 kpc 未満にある星に対して平均回転速度が求められている（Chiba & Beers 2000, AJ, 565, 17 より転載）．

系形成の仮説，つまりハロー部から円盤部にかけて連続的な自由落下の収縮を経て形成されたとする考え方は支持されない．

4.3.3 矮小銀河降着の痕跡

もう一方の仮説である SZ 説にしたがい，銀河系の形成が多数の矮小銀河の降着や合体をとおして行なわれたならば，現在でもその何らかの痕跡が残っているはずである．

矮小銀河降着の明確な証拠として，いて座の方向に今まさに銀河系に落ち込んでいるいて座矮小銀河（5.3.5 節参照）がある．この矮小銀河は，銀河系の潮汐力によって大きく引き伸ばされた構造をしていると考えられ，矮小銀河降着が今でも起こっている，すなわち銀河系の形成が今でも続いていることを示唆する．また，スローン・デジタル・スカイ・サーベイ（SDSS）[11]などによって，銀河系空間の広い範囲にわたる星の空間分布が観測されており，その中におそらく過去

---

[11] 近傍宇宙における小惑星や恒星の研究から大規模構造までを明らかにする目的で行われている撮像分光掃天探査計画．

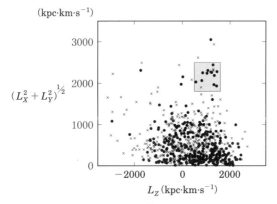

図 4.11 太陽近傍にあって重元素量が [Fe/H]< -1 である星の角運動量空間 $[L_Z, (L_X^2 + L_Y^2)^{1/2}]$ における分布．太陽からの距離が 1 kpc 以内の星を●で，1 kpc から 2.5 kpc の範囲にある星を×で表している（Chiba & Beers 2000, *AJ*, 565, 17 より転載）．

の矮小銀河降着の痕跡と思われる構造がいくつも見つかってきている．特にその一つの構造は，もしかしたらいて矮小銀河が現在の位置にまで落下していく過程で，この矮小銀河からはがれた星の塊ではないかと推測されている．

太陽の近傍でも矮小銀河降着の痕跡と思われる構造が見つかっている．図 4.11 に，太陽から 2.5 kpc 以内にあり金属量が [Fe/H]< -1 である星を，3 次元の角運動量ベクトルで定義された空間（L_X, L_Y, L_Z, Z は円盤に垂直方向）にプロットしたものである．動力学的によく緩和された恒星系では，この角運動量空間においてなめらかな分布をするはずであるが，四角で囲んだような領域に統計的に有為な塊が存在しており，そこから図の下に向けて細長い構造もみてとれる．これらの星の集団は，空間的にはばらばらに分布していて他の星とよく混ざっていることから，角運動量などの速度を使った座標空間では力学緩和がまだ終わっていないことを示唆している．すなわち，矮小銀河降着の履歴が，このような位相空間の中に痕跡としてまだ残っていると考えられる．

このような観測事実から，SZ 説が主張するように，銀河系は多数の矮小銀河が銀河系外から落ちてきては壊され混ぜ合わさってその全体構造ができたのだろうか．矮小銀河の降着は銀河系本体に対していろいろな角度で起こるので，なか

には接線方向に降着が起こり，その残骸の中から図4.9で示したような軌道離心率の小さなハロー星も存在し得るであろう．ところが，このような単純な仮説だけからは，以下のようなさまざまな点がよく説明できない．(1) 速く回転をする円盤部はこの降着仮説ではどのようにして形成されるのであろうか．(2) 図4.10にみられるように，金属量が [Fe/H] $= -1.7$ 付近で回転運動に不連続があるのはなぜであろうか．(3) 図4.10などから，ハロー部の回転速度が銀河面からの高さとともに系統的に減少している傾向があり，単なる降着や合体ではよく説明できない．(4) 円盤星団（またはバルジ星団），ハロー星団といった球状星団のサブグループ，さらにハロー星団にも年齢が異なっている2種類存在するが，それはなぜか．こういったことから，SZ説にも問題が残る．

4.3.4 銀河系形成の新しいシナリオ

銀河系形成の描像は，ELS説かSZ説かといった二者択一的ではなく，両説が主張する物理過程の本質を両方含む必要がでてきた．つまり，矮小銀河の降着合体の過程に加えて星間ガスのエネルギー散逸を伴った原始銀河系雲の収縮過程をも考慮に入れる必要がある．また，銀河系のような一般の銀河が膨張宇宙の中でどのようにして形成されたかという研究も進んできた．特に，冷たいダークマターのつくる密度ゆらぎに基づいて，小さなスケールから大きなスケールが重力によって階層的に成長する構造形成過程（CDM宇宙論）と，ダークハローの中におけるバリオンのエネルギー散逸を伴う星形成過程を組み合わせた銀河形成論が，観測される宇宙の構造を良く説明できることがわかってきた．すなわち，こういった現代の標準的な銀河形成論が，ELS説とSZ説両方の過程を含んでいる可能性がある．

このような観点から，冷たいダークマターに基づいた銀河系形成の数値実験が行なわれている．その例を図4.12に示す．これは，初期条件として膨張宇宙の中に銀河系サイズの球状の領域を考え，ダークマターとガスの粒子を全体の質量比がそれぞれ9：1となるように置き，冷たいダークマターに基づいた銀河形成論が予言する小スケールの密度ゆらぎを与える．ガスの密度が高い領域には一定の割合で恒星粒子を与え，化学進化も考慮して系全体の進化を追跡する．162ページの図4.13に同様な数値シミュレーションによって得られた，銀河の最終

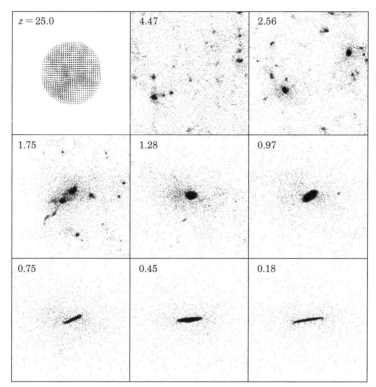

図 **4.12** 銀河系形成の数値実験の例（Bekki & Chiba 2001, *ApJ*, 558, 666 より転載）．ガスを表す粒子の時間発展を，赤方偏移 z ごとにプロットしてある．最終状態は右下図になり，銀河円盤が横向きの方向になっている．

状態を示す．発達した渦巻き構造が現れている．

このような数値計算から，次のような銀河系形成の過程が導かれる．（1）まず小さなスケールのゆらぎが最初に成長し，いくつもの小スケールの塊に分かれる．（2）塊同士は互いに衝突し合い，その際に圧縮されたガスから星が生まれ，さらなる衝突で星はハロー空間に散りばめられる．（3）生き残った塊同士は次第に質量を増しながら合体を繰り返し，赤方偏移が 1.5 あたりになると最も成長した 2 つの塊が衝突し，その後円盤部やバルジ部の形成が始まる．この際，個々の塊の中にできた星が，塊の持っていた軌道角運動量を獲得してハロー空間に散り

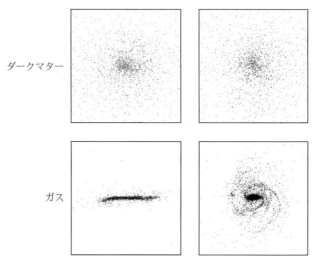

図 4.13　数値実験による銀河形成シミュレーションの最終状態の例（Katz & Gunn 1991, *ApJ*, 377, 365 より転載）．ダークマターとガスを表す粒子の分布をそれぞれ上図と下図に示す．左は側面図で右は平面図．

ばめられる．(4) ハロー部ができあがるには数10億年の時間がかかる一方，塊同士の衝突は常にガスのエネルギー散逸が伴っているので，全体的には動径方向に収縮が起こる．

　以上のように，銀河系のハロー部から円盤部に渡る形成には，ガスと星を含んだ塊同士の衝突に加えて，ガスのエネルギー散逸に伴う系全体の収縮が働き，ELS説とSZ説の両方の側面がある．また，このような数値計算から得られる金属欠乏星の化学動力学的振る舞いは，観測されているような特徴をよく再現している傾向がある．

　今後，より精度が高くより多くの恒星データの取得とともに，より高解像度の数値実験が行なわれることによって，銀河系形成の確かな描像が確立されるであろう．

4.4 銀河系の化学進化

　生あるものには必ず寿命がある．星も例外ではない．星は生きてきた証として何を宇宙に残すのか？　それは一生をかけて星内部で作り上げた重元素である（重元素とは水素，ヘリウムよりも重い元素を指す）．それら重元素を星の進化の最終段階に星間物質へ放出することでその生の証を刻む．その結果，星間物質中の重元素の量は時間とともに増加していくことになり，その変遷過程，つまり「化学進化」は各時代に生まれた星の表面の化学組成に刻まれていく．それら星の化学組成を解読することによって銀河の星形成史を導くことが可能であり，銀河の形成・進化に迫ることができる．

4.4.1 化学進化の基礎

　銀河の化学進化に関する研究は 1960 年頃からシュミット（M. Schmidt）により始められ，1970 年頃からはティンスレー（B.M. Tinsley）を始めとした多くの人々によって進められてきた．化学進化の大きな枠組みは 2 つの要因によって決定される．それは，生まれる星の質量スペクトル（初期質量関数）$\phi(m)$ と星の形成率 $\psi(t)$ である．質量が m と $m + dm$ の間にあって時間 t と $t + dt$ の間に形成された星の総質量は $\phi(m)\psi(t)dmdt$ と表される．$\psi(t)$ は単位時間に生まれる星の総質量であり，$\phi(m)$ は $\int_{m_l}^{m_u} \phi(m) = 1$ で規格化される．ここで，m_l ($\sim 0.05 M_\odot$)，m_u ($\sim$ 50–100$M_\odot$) はそれぞれ星の質量の下限，上限に対応する．

星の初期質量関数

　初期質量関数 $\phi(m)$ は太陽近傍において詳細に調べられており，一般にベキ関数が使用される．特にサルピーター（E.E. Salpeter）によって採用された指数 -1.35[*12] が使われることが多く，また第ゼロ近似として時間的にも空間的にも普遍的であると仮定することができる．実際には，星の質量範囲によってこのベキ指数は異なり，図 4.14 のように，

[*12] 星の初期質量関数 $\phi(m)$ は，質量が m と $m + dm$ の間にある星の質量として定義される場合と，星の数として定義される場合が混在するので注意を要する．星の質量として定義されている場合のべき指数を α とすると，星の数を表す関数のべき指数は $\alpha - 1$ となる．ここでは，$\alpha = -1.35$ である．

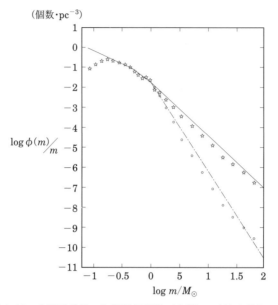

図 4.14 太陽近傍星の初期質量関数(実線). 破線は現在の星の質量分布を表す. 実線は式 (4.2) に対応する三つの線分から構成されている. 同時にスケイロ (J. Scalo) によって導出された初期質量関数は☆で, 現在の分布は◯で各々示されている (Kroupa *et al.* 1993, *MNRAS*, 262, 545). 質量の大きい星ほど現在の星の数が初期質量関数に比べ少ないのは短い寿命のためである. また, 太陽質量以下 ($\log m/M_\odot < 0$) では初期質量関数と現在の分布は一致している.

$$\phi(m) \propto \begin{cases} m^{-0.3} & (m/M_\odot < 0.5) \\ m^{-1.2} & (0.5 \leqq m/M_\odot < 1.0) \\ m^{-1.7} & (1.0 \leqq m/M_\odot) \end{cases} \quad (4.2)$$

の3つの式で表され, 質量が大きいほど, ベキ関数の傾きが大きくなる傾向が見られる.

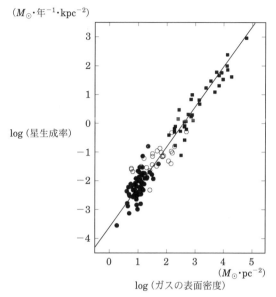

図 4.15 系外銀河（円盤銀河, スターバースト銀河）におけるガスの表面密度と星形成率の相関. 直線は最小二乗法[*13]で求められた $n = 1.4$ の場合を示す（Kennicutt 1998, *ApJ*, 498, 541 より転載）.

星の形成率

星の形成率 $\psi(t)$ はガスの表面密度 Σ_gas のベキ乗に比例するというシュミットの法則

$$\psi(t) \propto \Sigma_\text{gas}{}^n \tag{4.3}$$

が使われる. 図 4.15 では, 系外銀河の観測データから $n = 1.4$ を最良の値としているが, 一般には $n = 1$ つまり, $\psi(t)$ をガスの密度に比例させることが多い. その比例係数は星形成の効率（星形成のタイムスケールを与える）に対応し, 銀河の星形成史を特徴づけるものである.

これら $\phi(m)$, $\psi(t)$ を使って, 重元素量 Z（重元素の総質量がガス質量 M_g に

[*13] 観測（測定）データは誤差を含むが, あるモデル関数（この場合, 直線である 1 次関数）で近似する際に, 残差の二乗和が最小となるように関数の係数を決定する方法.

占める割合，金属量）の時間変化は近似的に次式のように表すことができる．

$$\frac{d(ZM_\mathrm{g})}{dt} = -\alpha Z(t)\psi(t) + \alpha y\psi(t) \tag{4.4}$$

ここで，α は星の各世代の総質量の中で白色矮星や中性子星や宇宙年齢を越えるような長い寿命を持つ星の質量が占める割合を示す．また y はイールドと呼ばれ，一世代の星々によって新たに星間空間に放出される元素 i の質量を α で割った各元素におけるイールド y_i，すなわち，

$$y_i = \frac{1}{\alpha}\int_{m_l}^{m_u} M_i(m)\phi(m)dm \tag{4.5}$$

の総和 $y = \sum_i y_i$ から評価できる．ここで，$M_i(m)$ は質量 m の星から新たに合成され放出される元素 i の質量を表す．式 (4.4) ではガスの流出入は考えない閉鎖系を仮定し，また星の寿命を無視して，星が生まれると同時に元素が放出され，かつ瞬時にガスと混ざり合う状況を仮定している．初期のガス質量を M_g0，重元素量をゼロとすると，(4.4) を積分することから，

$$Z = -y\ln\frac{M_\mathrm{g}}{M_\mathrm{g0}} \tag{4.6}$$

を導くことができる．重元素量の時間変化（化学進化）は，ガス質量の時間変化すなわち星形成の時間変化（星形成史）と一対一に対応していることが理解できよう．

1990 年代あたりから化学進化に関する理解は大型望遠鏡の稼働とともに大きな飛躍を遂げることになる．これは，極めて重元素量の少ない星から太陽組成にわたる個々の星の詳細な化学組成が観測で明らかにされてきたことによるもので，銀河形成初期から現在に至る化学組成パターンの変遷を知ることができるようになったことを意味する．言い換えれば各元素についてそれぞれがどのようにその元素量が変化してきたかを把握することができるようになった．一般に多くの元素は複数の供給源を持ち，各々の供給源はそれぞれ固有の元素合成パターンを固有のタイムスケールで放出する．そのため，元素間の組成比の時間変化は銀河の化学進化，星形成史を知るうえで極めて重要な情報を提供する．以下の節で，

元素供給源について言及し，そして各元素の進化を追うことから銀河系の過去を解読してみよう．

4.4.2　元素供給源

重元素は星の内部で合成され，星の死や終末の段階で星間物質に放出される．多くの元素はある種の星が進化の最後に起こす大爆発である超新星爆発の際に放出される．超新星はⅡ型とIa型の2つに大別することができる．また，漸近巨星分枝星は生命に不可欠な炭素や窒素といった元素の重要な供給源となっている．

Ⅱ型超新星

太陽質量のおよそ10倍以上の質量をもった星が進化の最終段階で，重力崩壊によって引き起こされる大爆発である．主にアルファ元素と言われる酸素，マグネシウム，シリコン，カルシウムなどが大量に放出される．同時に鉄をはじめとした鉄族元素も合成される．爆発までのタイムスケールは数100万年から数1000万年と短い．

Ia型超新星

太陽質量のおよそ3倍から8倍の質量をもった星が連星系にあり，白色矮星まで進化した後その伴星からの質量降着によってチャンドラセカール質量（太陽の1.4倍の質量）に到達した際，あるいは白色矮星同士の連星系での両者の合体の際に引き起こされる大爆発である．この質量範囲に該当する星のおよそ5%が

表 4.2　元素供給源の正体および特徴

元素供給源	正体	おもな供給元素	タイムスケール
Ⅱ型超新星	若い大質量星	アルファ元素[1]，鉄，r過程元素[2]	数100万–数1000万年
Ia型超新星	質量降着した白色矮星	鉄族元素	約1億年–数10億年
漸近巨星分枝星	中小質量星	炭素，窒素，s過程元素[3]	数千万–数億年

[1] 星の内部でのヘリウム燃焼段階で炭素が生成されたのちに，ヘリウム核（アルファ粒子）が他の原子核と反応してできる元素．酸素，マグネシウム，シリコン，硫黄，カルシウム，チタンの総称．
[2] 原子核がベータ崩壊するより早く次々と中性子を捕獲して形成される元素．ユーロピウムなど．
[3] 原子核がベータ崩壊しながらゆっくりと中性子を捕獲して形成される元素．バリウムなど．

このような進化をむかえると考えられる．この Ia 型超新星は鉄族元素を大量に放出する．それに対し，アルファ元素の合成量は II 型に比べて極めて少ない．たとえば，太陽組成の酸素やマグネシウムのほぼ 100%近くが II 型を供給源であると考えることができるが，鉄は約 60%が Ia 型に起因する．爆発までのタイムスケールは 1 億年から数 10 億年と広範囲にわたる．

漸近巨星分枝星

　上記の超新星以外に，炭素，窒素，s 過程元素の重要な供給源が漸近巨星分枝星である．これは，太陽の数倍の質量を持つ星が漸近巨星分枝段階でこれらの元素を合成し，質量放出という形で星間物質に供給する．そのタイムスケールは数千万年から数億年である．

　ここで，上記の各元素の供給源のタイムスケールを考慮に入れ，式 (4.4) を各元素の進化を追う式に対応させてみよう．酸素や鉄といった II 型と Ia 型超新星に起源を持つ元素 i を例にその時間変遷を記述すると，

$$\frac{d(Z_i M_g)}{dt} = -\alpha Z_i(t)\psi(t) + \alpha y_{\mathrm{II},i}\psi(t) + \alpha A y_{\mathrm{Ia},i}\psi(t - t_{\mathrm{Ia}}) \tag{4.7}$$

となる．ここで，$y_{\mathrm{II},i}$, $y_{\mathrm{Ia},i}$ は元素 i の II 型および Ia 型超新星におけるイールドを表し，A はさきにでてきた Ia 型超新星になる星の割合（~ 0.05）である．t_{Ia} は Ia 型超新星の爆発までのタイムスケールで，べき指数が -1 の時間のべき関数で与えることができる．一方，II 型超新星となる大質量星の寿命は短いため，爆発するまでの時間は近似的に無視することができる．

4.4.3　銀河系の化学進化

　もっとも詳細にかつ多数の星について化学組成の情報が得られているのが太陽近傍である．この太陽近傍から銀河系の化学進化の概要を知ることができる．図 4.16 は太陽近傍星のアルファ元素（ここでは，マグネシウム，カルシウム，チタンの平均値を取っている）と鉄の組成比を鉄の水素に対する組成比に対してプロットしたものである．ここで，

$$[X/Y] = \log\{N(X)/N(Y)\} - \log\{(N(X)/N(Y))_\odot\} \tag{4.8}$$

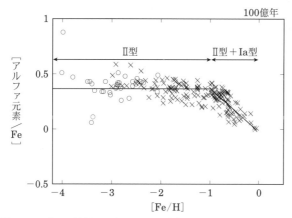

図 4.16 太陽近傍星の [アルファ元素/Fe] と [Fe/H] の相関. ここではアルファ元素として, マグネシウム, カルシウム, チタンの平均値を取っている. 大まかな傾向を 2 本の線分で示している. [Fe/H] 値は時間とともに増加する傾向があるため, 横軸は左から右へと時間の経過を示すと考えて良い. 星形成開始時から [Fe/H] = −1 はおよそ数億年程度, [Fe/H] = 0 はおよそ 100 億年に対応する.

と定義される. $N(X)$ と $N(Y)$ は重元素 X と Y の原子の個数であり, 右辺第二項は, 基準値として太陽における値をとることを示している. たとえば, [Mg/Fe] = 0 ということはマグネシウムと鉄の含有率が太陽と同じであることを示す.

[アルファ元素/Fe] の全体の傾向として, [Fe/H] = −1 より鉄の少ない星は [Fe/H] の値に関わらずほぼ一定の値 ([アルファ元素/Fe] ∼ +0.4) を取り, 一方 [Fe/H] > −1 の星は, 鉄の含有量が多い星ほど [アルファ元素/Fe] の組成比が小さくなる傾向が見られる. 重元素量は時間とともに増加していくことから, 横軸を左から右へ時間の経過を表していると考えて良い. これに, さきに述べた 2 つのタイプの超新星の特徴を合わせて考えると, 以下のような解釈が成り立つ.

(1) 銀河形成初期に II 型超新星によって, およそ数億年ほどの間に星間ガス中の鉄の含有量は太陽の 1/10 までに到達した.

(2) やがて Ia 型超新星が爆発を始め大量の鉄が供給されるようになり, 星間ガ

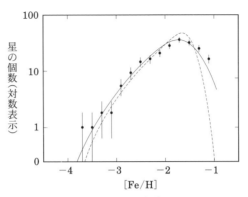

図 4.17 ハロー星の重元素量頻度分布 (Tsujimoto et al. 1999, ApJ, 519, L63 より転載). 実線, 破線は星形成が超新星爆発で誘発されたとする理論モデルで計算された結果を示す.

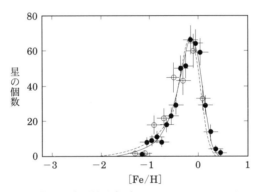

図 4.18 円盤星の金属量分布 (Yoshii et al. 1996, ApJ, 462, 266 より転載). 円盤へのガスの流入のタイムスケールを 50 億年と仮定したモデルで計算された理論曲線も示されている. 実線と破線は星生成率 (式 (4.3) の n) が異なる.

ス中のアルファ元素と鉄の組成比は徐々に値を下げ, 今からおよそ 50 億年ほど前に太陽組成比に至った.

また, 星の運動力学情報から, (1) に対応するつまり [Fe/H] < −1 の星はハローに属し, (2) に対応する [Fe/H] > −1 の星はディスク成分に属する星であることがわかっている.

ハロー, ディスク成分はまったく異なる形成過程を経ていることから, それぞ

れについてその化学進化および形成史を考慮しなくてはならない．その重要な手がかりとなるのがある金属量（一般には鉄）をもった星がそれぞれどのくらい存在しているかを表した星の重元素量頻度分布である．ハローとディスク各成分について観測で明らかにされた頻度分布（図 4.17 と図 4.18）を見てみると大きな違いがあることがわかる．これはまさに，両者での星形成史の違いを反映している．まず，ディスクではピークの位置がほぼ太陽組成（[Fe/H] ∼ −0.2）にあるのに対し，ハローでは太陽組成のおよそ 50 分の 1（[Fe/H] ∼ −1.6）と極めて低い値に位置する．これは，ハローでの星形成率の低さ，つまりガスがどの割合だけ星に変換されたか，その率の低さを物語っている．実際，ディスクでは現在のガス／星比で示唆されるおよそ 80%というガスから星への変換率でピークを説明できる一方，ハローでは 10 数%という低い変換率がモデルに要求される．

G 型矮星問題

さらに，両者の特徴的な違いとして挙げることができるのは，重元素量がそのピーク値より低い領域での星の分布傾向である．ディスクではハローの場合に比べて，重元素量の低い星が全体に対し相対的に少なく，[Fe/H] = −1 あたりからピークに向かって急激に星の数が増加している傾向が見られる．もっとも単純な化学進化のモデルは，閉じたガス系を初期条件として与える．ところが，そのような仮定に基づくと，図 4.18 で与えられる観測より重元素量の少ない星を作り過ぎるという問題が生じてしまう．これは G 型矮星問題と呼ばれ 70 年代から 80 年代にかけていくつかの解決案が提示されてきたが，現在では答えは一つに絞られたと考えて良いだろう．それは，初期条件として閉じた系という仮定をはずし，ディスクがハローからの数 10 億年にわたるガスの流入過程の中で形成されていったと考えることで解決される．よって，ディスクの化学進化を考える際には，式（4.7）にはガスの流入に対応する新たな項が加わり，

$$\frac{d(Z_i M_{\mathrm{g}})}{dt} = -\alpha Z_i(t)\psi(t) + Z_{f,i}f(t) + \alpha y_{\mathrm{II},i}\psi(t) + \alpha A y_{\mathrm{Ia},i}\psi(t - t_{\mathrm{Ia}}) \quad (4.9)$$

と記述できる．ここで，$f(t)$ はハローからのガスの流入を表し，一般に $f(t) \propto \exp(t/t_{\mathrm{in}})$ といった指数関数が仮定される．t_{in} がガス流入のタイムスケールを与え，図 4.18 でのモデル計算では 50 億年が仮定され観測を良く再現している．

$Z_{f,i}$ は流入してくるガスの重元素量であり,ハローの星々のそれに対応する太陽の数 10 分の 1 程度の値が妥当である.この G 型矮星問題は,星の化学組成情報つまり化学進化が銀河形成に対する重要な知見を与えた好例と言えよう.

4.4.4 星形成史

以上の結果,考察を踏まえて銀河系の星形成史をここでまとめてみたい.ここではこれまで触れることのできなかった銀河中心部分のバルジについても言及しよう.また,ディスクは厚いディスクと薄いディスクという 2 つの構造から成るが,その形成過程はまったく異なるものと考えられる.そのそれぞれについても星形成史を取り挙げる.

ハロー

ハロー星のアルファ元素と鉄の組成比に Ia 型超新星の兆候が見えないことから,星形成の期間は数億年と短く,銀河系で最初に形成された構造であると考えられる.ハローは球状星団とそれに属さないフィールド星に大別できるが,それらの形成過程の描像は次なようなものであると考えられる.形成期のハローは質量が太陽質量の 100 万倍程度の原始ガス雲から構成されており,その各々で星形成が独立に進んだ.星形成は数億年で終わり原始雲中の残されたガスは II 型超新星による加熱のため放出され,それと同時にガス雲で形成された星々は非束縛系となり現在のフィールド星となった.原始雲同士が衝突することもあり,その際の衝突のショックで爆発的な星形成が誘発され球状星団が形成された.球状星団間の年齢差から以上のような過程が 20 億年程度続いたと考えられる.

バルジ

ハローとほぼ同時期に形成された古い銀河系の成分である.これまで,その形成期間はハローと同様に数億年程度に短いと一般的に考えられていたが,最近の観測から鉄の含有量が多い星には Ia 型超新星の兆候が見られることから,20–30 億年の時間をかけて形成された可能性も指摘されている.これは,冷たいダークマターシナリオに基づくバルジ形成に関する数値計算からも支持される.一方で,円盤から定常的にガスが供給され,その中から星が生まれ続けてきた可能性も否定できない.ただ,色–等級図より,若い星の存在が否定されることから,少なくともここ数十億年は主たる星形成はないことが分かる.

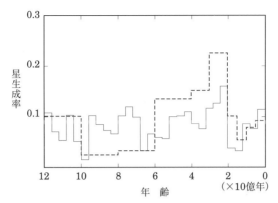

図 **4.19** 観測で明らかにされた太陽近傍における（薄い）円盤の星形成史．二つの線は異なる著者による異なる手法で求められた結果に対応する．星生成率は全体の積分値が 1 になるように設定されている．年齢 0 が現在に対応している（Tsujimoto *et al.* 2017, *ApJ*, 835, L3 より転載）．

厚いディスク

ハローに引き続き形成された構造である．化学組成および運動力学的にはハローと薄いディスクのちょうど中間的な特徴を持つ．年齢はハローに近い．起源に関しては諸説粉々としており（1）銀河崩壊過程で形成された，（2）矮小銀河が銀河系に捕獲された時に形成された，（3）薄いディスク成分が力学的にヒートアップされたものである，などの可能性が考えられている．厚いディスク星の中で鉄の含有量が多い星には，Ia 型超新星の兆候がはっきりと見えていることから 10 億年を超える比較的長い時間をかけて形成されたと考えられる．

薄いディスク

ハローからの数 10 億年の時間をかけたガスの降着の中から形成されていった構造である．星形成は図 4.19 のように 100 億年以上にわたり，穏やかにそして定常的に行われてきたが，星形成率には数倍程度のばらつきが見られることがわかる．現在でも星形成は継続しており，その形成率は円盤全体でおよそ $1.5 M_\odot$ 程度である．

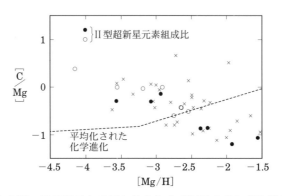

図 4.20 重元素量欠乏星に見られる [C/Mg]–[Mg/H] 関係 (Tsujimoto & Shigeyama 1998, *ApJ*, 508, L151 より転載). 丸印は一個の II 型超新星から期待される [C/Mg] 比を表す. 破線は式 (4.7) から予言される [C/Mg] の進化を示す.

4.4.5 銀河形成初期の化学進化

鉄の含有量が太陽の 1/100 以下であるような極めて初期に形成された星の化学組成パターンは, 上述してきた星の重元素量頻度分布から示唆されるグローバルな化学進化の見地から理解することはできない. 図 4.20 に示されているように, 重元素量が極めて低いハロー星で観測される炭素とマグネシウムの組成比 (× 印) は, 化学進化モデルで予言される傾向 (破線) からの大きな食い違いが見られる.

では, これら個々の星の化学組成は何を物語っているのであろうか？ それは, ハロー全体にわたるグローバルな平均化された化学進化ではなく, 個々の星のローカルな星形成情報を保持していると思われる. 実際, 個々の星が 1 個の II 型超新星の残骸から生まれ, その超新星の元素合成パターンを星の化学組成が反映していると仮定した理論モデル (黒丸および白丸) と観測データが非常に良く一致している. このことは, 銀河形成初期の超新星における元素合成の情報を, 重元素量の極めて少ない星の化学組成から知り得ることを物語っている. こういった金属量欠乏星の化学組成は, r 過程元素のような元素合成理論での予測が難しい元素の研究に欠かすことのできない極めて重要な情報源となっている.

4.4.6 近傍矮小銀河の化学進化

局所銀河群に属する矮小楕円体銀河の星の化学組成が，2000 年前後辺りから観測によって明らかにされてきた．これによって，銀河形成や元素の起源について新たな謎が生まれ，また同時に新たな知見を得ることとなっている．

まず第一に，4.1.2 節で触れられたコールドダークマターシナリオに基づけば，小さいスケールの天体（銀河）が合体を繰り返すことによって大きなスケールの銀河へと成長していったと考えられる．この観点に立つと，現在局所銀河群を構成する矮小銀河は，銀河系に飲み込まれなかった生き残りであり，過去にはそれら矮小銀河に類似した小さな銀河を銀河系が取り込みながら現在まで成長してきたと考えるのが自然であろう．ところが，図 4.21 で明らかなように矮小楕円体銀河と銀河系の化学組成には大きな食い違いがあり，このシナリオを支持しないように見える．他の元素組成比についても両者の間で顕著な違いが見られ，その解釈には謎を残している．

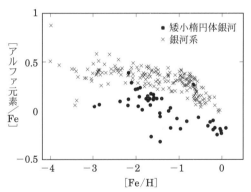

図 **4.21** 近傍の矮小楕円体銀河に属する星（●）と太陽近傍星（×）の [アルファ元素/Fe]–[Fe/H] の比較．

第二に，矮小銀河は全歴史で作られた星の総数が少ないがために，銀河の化学進化に寄与した元素合成イベントの数が限られることから，個々のイベントの結果が星の化学組成に刻まれやすいという事実である．それによって，銀河系では知りえなかった現象があぶり出されることが予想される．その一例を r 過程元素の化学組成に見ることができる．r 過程元素の有力な起源として，近年では連星

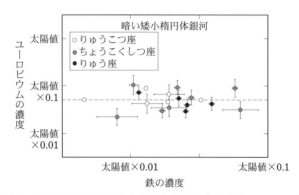

図 4.22 局所銀河群の矮小楕円体銀河における星のユーロピウム量と鉄量の相関(Tsujimoto & Shigeyama 2014, *A&A*, 565, L5 より転載).相対的に質量の小さい矮小銀河 3 つについての結果であり,暗い銀河にはユーロピウムの増加が見られないことがわかる.ユーロピウムはそのほとんど(たとえば,太陽組成の約 97%)が r 過程で作られることが知られている.

系にある中性子星の合体が有力視されているのだが,この場合,中性子星の合体は極めて稀な現象であるため,矮小銀河の中でも暗い銀河ではほとんど起こらないことが期待される.実際に,図 4.22 で明らかなように,比較的暗い矮小銀河には,星の鉄の量が超新星からの供給により増加しているのに対して,r 過程元素の増加は見られないことがわかる.これは,r 過程元素の起源が中性子星合体などの稀な現象であることを支持し,もう一つの候補である超新星起源を否定するものである.

近年では,星の総質量が $10^3 M_\odot$ 程度という極めて暗い銀河までが複数発見され,その化学組成も徐々に明らかにされつつある.これら矮小銀河の化学組成の情報を総動員することから,銀河系形成の過去とのつながり,そしてまた,元素の起源への新たな知見が得られていくことが期待される.

第II部
局所銀河群と構成銀河

第5章

局所銀河群と構成銀河

　局所銀河群とはおとめ座超銀河団の辺境に位置する銀河の集まりである．その一員である銀河系は無数の矮小銀河の祖先からアンドロメダ銀河とともにここで生まれた．現在の銀河系とアンドロメダ銀河の周りには数多くの矮小銀河が生き残りとして存在する．また，銀河系とアンドロメダ銀河のハローには過去に落ち込んできた矮小銀河の残骸が漂っている．局所銀河群は力学的には安定な状態に達しておらず，銀河系とアンドロメダ銀河はいつか合体して巨大な楕円銀河になるといわれている．そのときには多数の球状星団が新たに誕生するであろう．そして，局所銀河群もやがてはおとめ座銀河団の重力に捉われ，飲み込まれてしまうと考えられる．

5.1 局所銀河群とは

5.1.1 局所銀河群の発見

　銀河の距離は表面輝度のゆらぎを使って測ることができる．近い銀河なら一つひとつの明るい星が見える．銀河が少し遠くなっても不規則な星の分布や星団がそれと分かる．さらに遠い銀河に目をやると，銀河は広がる光のしみとなり，そして最後には点になる．つまり，近くの銀河では星の不規則な分布が表面輝度のむらとなり，遠くなるほどなめらかになる．

図 5.1 さんかく座の渦状銀河 M33(その渦状腕の一部分).すばる望遠鏡の主焦点カメラで撮像したもの.

このことに最初に着目したのはハッブル(E.P. Hubble)である.ハッブルは星に分解することができる銀河が銀河系の周りにいくつかあることから,銀河系は宇宙で孤立した存在ではなく,いくつかの銀河とともに集団をなしていると考え,この集団を局所銀河群と名づけた.その著書『星雲の世界』(The Realm of the Nebulae)でハッブルが局所銀河群のメンバーであると考えたのは,銀河系(天の川銀河),大マゼラン雲(LMC),小マゼラン雲(SMC),アンドロメダ大星雲(アンドロメダ銀河 = M31 = NGC224),M32(= NGC221),NGC205,M33(= NGC598),NGC6822, IC1613,それに IC10 などであった.

図 5.1 にすばる望遠鏡で撮像した渦状銀河 M33 の一部を示す.明るく青い星の集団(アソシエーション)や,ダスト,電離水素(H_{II})領域,超新星残骸が点在し,さらに注意深く見れば,暗い星(赤色巨星)が一面に分布している様子が分かる.局所銀河群のメンバーはバーデ(W.H.W. Baade)によって,NGC147, NGC185,ちょうこくしつ,ろ,しし I,しし II,りゅう,こぐまなどの矮小銀河が追加され,現在では 54 以上の銀河がメンバーとされている[*1].

近年,大規模な銀河探査のアーカイブデータや超広視野の望遠鏡を使って局所銀河群メンバーが系統的に探索されて,銀河系や M31 の周りにある表面輝度の低い矮小銀河が次々と発見されている.局所銀河群の銀河の数はこれからも増え

るであろう．

5.1.2 銀河の進化の実験室

宇宙における大多数の銀河は集団として存在する．その規模の大きな集団を銀河団といい，小さなものを銀河群という．銀河群には明るい銀河が数個しかなく，残りの大多数は矮小銀河である．銀河群の平均的な大きさは約 1 Mpc，銀河の速度分散は秒速 150 km，銀河やダークマターなどの総和としての力学質量[*2]は $3 \times 10^{13} M_\odot$ である．一方，銀河団の平均的な大きさは約 4 Mpc，速度分散は秒速 800 km，力学質量は $1.3 \times 10^{15} M_\odot$ である．

局所銀河群はこれといって特徴のない普通の銀河群に過ぎない．しかしながら，局所銀河群にある銀河の一つひとつは銀河の形成と進化を理解する上で貴重である．

銀河系にある散開星団や球状星団はよく「星の進化の実験室」と言われる．同じ距離にある星団の星は，星の進化の理論を検証するのに最適だからである．その意味では局所銀河群の銀河も「星の進化の実験室」と言ってよい．銀河系の星団では検証できない若くて重い星や，さまざまな金属量の星の進化を直接調べられるからである．また，銀河の進化を直接に検証できるという意味では，局所銀河群を「銀河の進化の実験室」ということもできる．

局所銀河群の銀河を星に分解して，色—等級図を作成するのは容易である．また，すばる望遠鏡などの大型望遠鏡を使えば，星のスペクトルを撮り，多数の元素の存在比（組成比）を調べることができる．すなわち，銀河の星形成史と化学進化の足跡を直接たどることができるのである．私たちが住む銀河系の周囲にさまざまな多くの銀河があることは，一種の幸運と言える．

[*1]（180 ページ）固有名がない矮小銀河は星座名で識別される．星座名に系をつけて表す場合もある．本書では星座の固有名（座を省略）を用いる．研究者は英（ラテン）名の略号を使うことが多い．第 5, 6 章に出てくる主な矮小銀河について和英対照を記す：
アンドロメダ = And = Andromeda，いて = Sgr = Sagittarius，うしかい = Boö = Boötes，おおぐま = UMa = Ursa Major，きょしちょう = Tuc = Tucana，くじら = Cet = Cetus，こぐま = UMi = Ursa Minor，しし = Leo，ちょうこくしつ = Scl = Sculptor，ペガスス = Peg = Pegasus，ほうおう = Phe = Phoenix，ポンプ = Ant = Antlia，みずがめ = Aqr = Aquarius，りゅう = Dra = Draco，りゅうこつ = Car = Carina，りょうけん = CVn = Canes Venatici，ろ = For = Fornax，ろくぶんぎ = Sex = Sextans．

[*2] 星が運動によって飛散しようとするのを引き止めておける質量．

5.1.3 銀河考古学

　局所銀河群は M31 と銀河系という二つの大きな渦状銀河が形成された現場である．宇宙の階層構造の形成理論では，大きな銀河は小さな銀河が集積して形成される．かつては局所銀河群に無数の矮小銀河が散在していたであろう．そして，それらが次第に M31 と銀河系という二つの大きな銀河に集約されてきた．いま残っている矮小銀河はその弱肉強食の時代の生き残りである．したがって，これらの矮小銀河から，過去に無数にあった銀河の構成素材がどのようなものであったかを推測することができる．また，生き残りの矮小銀河は，銀河の成長過程で孤立していた場合にどのような進化をするかを直接私たちに教えてくれる．

　M31 や銀河系のハローには，昔落ちてきた矮小銀河や球状星団の化石が存在するであろう．ある一群の星がある矮小銀河に属していたとすれば，それらの星はもとの矮小銀河の運動要素を保存し，共通の化学組成のパターンを持つはずである．このことに着目すれば，銀河系のハローの星の運動要素と化学組成をくわしく調べることにより，そのルーツをたどることができよう．つまり，それはハローの星一つひとつに運動学的な特徴と化学組成のタグ（荷札）をつけて，どのような矮小銀河からやってきたかを復元する作業，言わば星の DNA 鑑定である．

　このように，M31 や銀河系がどのように成長してきたかを探る学問を「銀河考古学」という．局所銀河群の矮小銀河は銀河成長の謎を解く鍵を与えるものであり，銀河考古学のアンモナイトともいえる．

5.2　局所銀河群の空間分布と動力学

5.2.1　空間分布

　局所銀河群は，M31 と銀河系という二つの渦状銀河を中心にして，その周りを多数の矮小銀河が囲む重力で束縛された小規模な銀河集団である．局所銀河群の光度と質量は M31 と銀河系に集中している．明るいメンバーの多くも二つの銀河のいずれかを中心にしたサブグループを構成する．M31 の周りには楕円銀河 M32 や渦状銀河 M33，矮小楕円銀河 NGC147, NGC185, NGC205 などがあり，銀河系の周りには不規則銀河である大マゼラン雲や小マゼラン雲がある．矮小不規則銀河である NGC6822 や IC1613 はどちらの銀河にも付随しないが，局

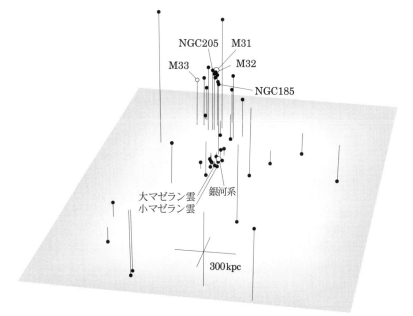

図 **5.2** 局所銀河群の 3 次元構造概念図．●は矮小銀河 (http://ja.wikipedia.org/wiki/の「局所銀河群」から作成). Permission is granted to copy, distribute and/or modify this document under the terms of the GNU Free Documentation License, Version 1.2 or any later version published by the Free Software Foundation.

所銀河群のメンバーにはかわりない．メンバーの空間分布を図 5.2 に示す（図 7.18 も参照）．

　局所銀河群の銀河であるかどうかは，それが重力で結びついているか否かで決まる．宇宙の一般的な膨張から切り離されて，互いの重力で影響しあう銀河の小集団，それが局所銀河群である．局所銀河群に属さない銀河は，宇宙膨張に従い局所銀河群の重心から見れば後退してゆく．局所銀河群の重心は M31 と銀河系を結ぶ線上にある．その方角は銀経 121.7 度，銀緯 -21.3 度であり，銀河系からの距離は 454 kpc である．この重心を基準に銀河の後退速度がゼロになる球面（後述）の半径を求めると，約 1 Mpc になる．この球面の内側を局所銀河群と定義する．

　局所銀河群はおとめ座超銀河団の周辺に位置する多数の銀河群の一つに過ぎな

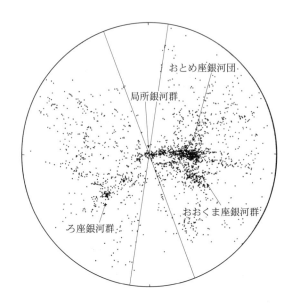

図 5.3 局所銀河群を中心に描いたおとめ座超銀河団(局所超銀河団).おとめ座銀河団を中心とした円盤状の銀河分布と広く分布するハロー構造が見える.局所銀河群はその右側に水平に分布する円盤の端に位置する(Tully 1982, *ApJ*, 257, 389).

い(図5.3).おとめ座超銀河団は局所超銀河団とも呼ばれ,おとめ座銀河団を中心とする数十個の銀河群からなる.おとめ座超銀河団の構造は円盤状に分布する銀河と球状のハロー領域に分布する銀河とから構成されており,その形状は渦状銀河における星の分布とよく似ている.円盤成分には明るい銀河の 60% が存在し,ハローには明るい銀河の残り 40% が分布する.ハローにある銀河の大部分は少数の銀河群に属している.おとめ座超銀河団はまだ力学的には安定でなく,力学的平衡に達していないと考えられる.局所銀河群はおとめ座超銀河団の円盤の端にある.ヴァン・デン・ベルグ (S. van den Berg) によれば,局所銀河群近傍の銀河群としては,ポンプ座–ろくぶんぎ座銀河群(距離 1.7 Mpc),ちょうこくしつ座銀河群(2.4 Mpc),IC342/マフェイ銀河群(3.2 Mpc),M81 銀河群(3.5 Mpc)などがある.おとめ座銀河団には 2000 個余りの銀河が集まっているから,その重力は局所銀河群を含む周囲の銀河群の運動に影響を及ぼす.局所銀河群はおとめ座銀河団の重力に捕捉されており,いまは宇宙膨張にしたがってそ

れから離れつつあるが，次第に減速して，やがて止まり，ついにはおとめ座超銀河団の中心部目がけて落ちてゆく．そして局所銀河群はおとめ座銀河団に飲み込まれてしまうであろう．

局所銀河群の銀河は，M31 サブグループと，銀河系サブグループに分かれている．M31 サブグループの中では M31 と M32, NGC205 は重力的に結びついて相互に作用する系であり，NGC147 と NGC185 も相互作用する系である．

銀河系サブグループでは大マゼラン雲と小マゼラン雲が相互作用する二重銀河である（7 章参照）．銀河系の周りには二つのマゼラン雲の間から伸びるマゼラン雲流と呼ばれる中性水素原子（H$_I$）ガスの長い帯が見える．これは大マゼラン雲と小マゼラン雲が銀河系に最接近したときに銀河系の潮汐力によって剥ぎ取られた H$_I$ ガスの一部が残骸として残ったものである．

M31 と銀河系の周辺には表面輝度の低い矮小楕円体銀河[*3]が集中している．たとえば，M31 の周りにはコンパクト楕円銀河 M32 や NGC205, NGC185, NGC147 といった矮小楕円銀河の他に，アンドロメダ I, II, III, V, VI, VII, IX, X, XI, XIX, XXI などの矮小楕円体銀河が集中している．銀河系の周りにも大マゼラン雲と小マゼラン雲の他に，ちょうこくしつ，ろ，りゅうこつ，しし I, しし II, ろくぶんぎ, こぐま，りゅう，いて，りょうけん，うしかい，おおぐま，こぐま II, しし IV などの矮小楕円体銀河が多数存在している[*4]．近年では広視野カメラによる探査で，非常に暗い矮小楕円体銀河が銀河系の周りに発見されている．

M31 からも銀河系からも離れたところにはしし A, WLM, IC1613, NGC6822, IC10 など矮小不規則銀河が多い．また，LGS 3, ほうおう，みずがめ，ペガススなどのように不規則銀河と楕円体銀河の両方の性質を持つ矮小銀河がある．これらはおおむね局所銀河群の外端にあり，矮小銀河の形態と環境とが密接に関連していることがわかる．ただし，きょしちょうやくじらなど遠方に孤立して存在する例外的な矮小楕円体銀河もある．

[*3] 矮小楕円銀河より小さく，星の数密度も低い銀河．
[*4] 脚注 1 を参照．

─ 銀河系とアンドロメダ銀河 ── 銀河比較 ─

　局所銀河群の全質量の大半を M31 と銀河系が占めている．二つの銀河は姉妹のように似ていると言われる．しかしよく観察すると非常に異なる側面を持っていることにも気がつく．どこが似ていて，どこが異なるのであろうか．

　ハッブル形態分類ではいずれも Sb 型の渦状銀河である．サイズや質量そして光度はほぼ同じである．回転曲線から分かる質量分布も瓜二つである．いずれも中心核に巨大ブラックホールがある．バルジもよく似ている．いずれもハローに多数の球状星団があって，銀河年齢もほとんど同じである．半径 7 kpc よりも外側の渦状構造や円盤の広がりも非常によく似ている．いずれも衛星銀河を 2 個ずつ従えている．M31 と銀河系はとても仲の良い双子のようにみえる．

　ところが半径 7 kpc よりも内側では二つの銀河の様相が劇的に異なる．銀河系には HI, H_2 ガスの立派なガス円盤が回転し，特に中心には高密度の中心円盤がある．星形成も活発である．ところが M31 の円盤では 7 kpc より内側には星間ガスがほとんど存在しない．星形成も弱々しく渦状腕も目立たない．

　両銀河の衛星銀河に目を転じると，ガスの存在形態が銀河本体の中心部と酷似して対照的であることが分かる．大小マゼラン雲は非常にガスが豊富であるが，アンドロメダ銀河の M32 と NGC205 は楕円銀河でガスは存在しない．

　これらの類似点，相違点から，巨大な双子 M31 と銀河系がたどった過去を振り返ることができる．M31 では衛星銀河の軌道が近かったため，衛星銀河からはぎ取られたガスが中心を直撃して円盤を破壊してしまった．いっぽう大小マゼラン雲は銀河系から遠くにあったのでガス降着も起こらず円盤は無事である．双子の巨大銀河が異なった運命をたどった例としておもしろい．とはいえ大小マゼラン雲もいずれ降ってくることを考えると（7 章），銀河系も同じような運命をたどるはずだ．M31 は銀河系の一歩先の姿といえるであろう．

5.2.2　局所銀河群の質量

　遠方の銀河は宇宙膨張のために私たちから急速に遠ざかっている．銀河の後退速度 V と距離 R には線形な関係 $V = H_0 R$ が成り立つことが知られている．これをハッブルの法則といい，H_0 はハッブル定数である．ところが，局所銀河群の銀河は重力的に引き合っているので，このハッブルの法則からずれる．なかにはむしろ局所銀河群の重心に近づいているものもある．局所銀河群の重心に対する近傍銀河の相対速度と距離との関係を求めると，相対速度がゼロとなる距離が

あることが分かる．これが「速度ゼロ球面」の半径 R_{LG} であり，この半径の内側を局所銀河群と定義した．局所銀河群の質量を担っているのは M31 と銀河系である．リンデンベル（D. Lynden-Bell）はこのことから，局所銀河群を球対称で力学的なつりあいにあるとして，総質量 M_{LG} を

$$M_{\mathrm{LG}} = \frac{\pi^2}{8G} R_{\mathrm{LG}}^3 T_0^{-2} \tag{5.1}$$

と求めた．ただし，G は重力定数，T_0 は宇宙年齢である．速度ゼロ球面の半径 R_{LG} は，$2.6\,\mathrm{Mpc}$ 以内にある銀河の距離と速度から求められている．133 個の銀河についての最新のデータから求めた値は $R_{\mathrm{LG}} = 0.96 \pm 0.03\,\mathrm{Mpc}$ である．これが局所銀河群のおおよその大きさを表す．宇宙年齢としてプランク衛星から得られている $T_0 = 138$ 億年を入れると，局所銀河群の質量として $M_{\mathrm{LG}} = (1.29 \pm 0.14) \times 10^{12} M_\odot$ を得る．この見積もりの精度は，銀河までの距離がどれだけ正確に評価できるかによる．

局所銀河群の矮小銀河の運動を使えば，銀河系の力学質量 M_{MW} を求めることもできる．銀河系近傍の矮小銀河からみれば銀河系サブグループの質量は銀河系に集中しているとしてよいから，矮小銀河が運動しているような遠方では銀河系の重力ポテンシャルを

$$\Phi(R) = -\frac{GM_{\mathrm{MW}}}{R} \tag{5.2}$$

と近似的におくことができる．さらに簡単化のために矮小銀河の運動はランダムであるとしよう．すると，矮小銀河の視線速度 v_R と銀河中心からの距離 R と銀河系の質量との間には

$$\frac{1}{N} \sum_{i=1}^{N} v_{Ri}^2 R_i = \frac{GM_{\mathrm{MW}}}{4} \tag{5.3}$$

という関係が成り立つ．矮小銀河はランダムな運動をしているから，求められる銀河系の質量も統計的なものであるが，矮小銀河の数 N が十分に大きければ M_{MW} の値を求めることができよう．同様の見積もりは M31 の力学質量についてもできる．

このようにして求められた M31 と銀河系の力学質量は，それぞれ，$M_{\mathrm{M31}} = (0.8 \pm 0.4) \times 10^{12} M_\odot$ と $M_{\mathrm{MW}} = (0.86 \pm 0.4) \times 10^{12} M_\odot$ である．これから

M31 と銀河系の力学質量の総和は $(1.6 \pm 0.2) \times 10^{12} M_\odot$ となり，$R_{\rm LG}$ から求めた局所銀河群の力学質量と誤差の範囲内で一致する．局所銀河群の総光度 $L_{\rm B} = 10.1 \times 10^{10} L_\odot$ を用いると，質量・光度比が $M/L_{\rm B} \simeq 12.8$（太陽単位）と求まる．局所銀河群の質量・光度比はかつて約 10^2（太陽単位）という大きな値が得られ，多量のダークマターの存在を示唆していたが，最新のデータはダークマターが存在するとしたらおもに M31 と銀河系に付随していることを明らかにした．

5.2.3 局所銀河群の動力学

局所銀河群の中の銀河の視線速度は測ることができても，固有運動を求めることは難しい．固有運動を測ろうというアイディアはずいぶん前からあったが，実際に研究が発表されるようになったのは 2002 年くらいからである．銀河系に付随するろ，りゅうこつ，こぐまの矮小楕円体銀河についての研究結果が発表されている．ろの軌道は，遠点にあるときに銀河系から非常に離れている，と見積もられた．また，りゅうこつとこぐまは軌道要素が似ていると報告されている．興味深いのは，この二つの矮小銀河は，軌道要素や質量が似ているにもかかわらず，星形成史はかなり異なっているという点である．

しかし，ほとんどの矮小銀河について固有運動を測ることは，まだ非常に難しい．そのため局所銀河群の銀河の軌道運動を推定するには，さまざまな仮定を導入せざるを得ない．したがって得られる結果もまちまちである．ただし，銀河系と大小マゼラン雲については，マゼラン雲流が見られるから，銀河系と大小マゼラン雲が過去に直接何度も相互作用したのは明らかであり，くわしい研究がなされている（7 章参照）．

M31 と銀河系との相互作用から，矮小銀河の軌道や形成について論じた仮説を紹介しておこう．局所銀河群の矮小銀河は天球上でいくつかの大円に沿って分布しているように見える．一つは銀河系サブグループの矮小銀河からなる大円で，おおぐま，りゅう，ちょうこくしつ，ろ，さらに，小マゼラン雲，大マゼラン雲，りゅうこつ，ろくぶんぎ，しし I，しし II がそれに沿っている．もう一つは M31 サブグループからなる大円で，NGC147，アンドロメダ III，NGC185，NGC205，M32，M31，アンドロメダ I，アンドロメダ II などがそれに沿っている．このような矮小銀河の帯状の分布は銀河系や M31 が周囲の天体を集めて

形成されたときのなごりと考えることができる．実際，銀河系サブグループの作る大円上には銀河系の球状星団 Pal 12, Terzan 7, Ruprecht 106, Arp 2[*5]，IC4499 なども乗っている．これらの球状星団は銀河系では例外的に他の球状星団よりも 30–40 億年若いという特徴があることから，かつて落下してきた矮小銀河にその起源を持つものと考えられている．

一方，局所銀河群の銀河の 3 次元分布を見ると，この二つの帯に乗っている銀河がじつは厚さが 50–100 kpc の円盤上にあることが分かる．局所銀河群の半径 1 Mpc と比べてこの円盤の厚さはわずかなものであるから，これらの銀河は平面上にあるといえるであろう．この平面上にはさらに IC1613 や，LGS 3, IC10, ほうおうなどの遠方の矮小銀河も乗っているように見える．このことから，これらの矮小銀河はいまからおよそ 100 億年前に，ガスを多量に有していた銀河系と M31 とがニアミスをして，巨大なガスの帯を作り，その中の局所的に密度の濃いガス雲から誕生したとする考え方がある（7.7 節参照）．

実際にハッブル宇宙望遠鏡の撮像によって，相互作用をしている二つの銀河からガスが帯状に噴出し，そのところどころで若い矮小銀河が誕生しているケースが発見されている．もちろん，この矮小銀河が現存する矮小銀河と同種のものであるかどうかはまだ不明であるし，相互作用している銀河から噴出したガスの帯の中で局所銀河群の矮小銀河が誕生したという仮説では，説明できない事柄もいくつかある．たとえば，このようにして形成した銀河は同じような軌道要素を持たなければならないが，これまでに発表されている固有運動に関する研究から求めた軌道では，この形成説は支持されない．また，銀河系サブグループの銀河はダークマターを大量に含んでいるという報告があるが，この形成説では，ダークマターをほとんど持たないと推定されており，説明が難しい．さらに，矮小銀河を構成する星の年齢が若くなりすぎるという難点もある．

5.3 局所銀河群のおもな構成銀河

局所銀河群の銀河は多様性に富んでいる．代表的な渦状銀河である銀河系と M31 は言うまでもなく，大マゼラン雲と小マゼラン雲，さんかく座の渦状銀河

[*5] Pal はパロマー，Terzan, Ruprecht, Arp はそれぞれ研究者の名前をとったカタログ名．

M33, 楕円銀河 M32, NGC147, NGC185, NGC205, そして，楕円体や不規則な形状をもつさまざまな矮小銀河，形態移行銀河など，さまざまな銀河が集まって群れをなしているのが局所銀河群である．銀河系については 1 章から 3 章で，大小マゼラン雲については 7 章で述べている．ここでは二つの渦状銀河 M31 と M33, 楕円銀河 M32, NGC205, さらにいて矮小楕円体銀河を紹介する．また，矮小銀河については 6 章で述べる．

5.3.1 アンドロメダ銀河（M31）

アンドロメダ銀河（= M31 = NGC224）は局所銀河群でもっとも明るい渦状銀河である．M31 の距離指数は $(m-M)_0 = 24.43 \pm 0.09$, 距離は $769 \pm 29\,\mathrm{kpc}$, 絶対等級は $M_V = -21.2$ 等級である（図 5.4）．

この星雲の存在は 10 世紀のペルシャの天文学者アル・スフィ（Abd-al-Rahman Al Sufi）が初めて記録に残している．その後も数多くの天文学者がその著書に書いているが，学問の対象として考えられるようになったのは 19 世紀も終わりのことである．これは望遠鏡による写真術が発達したことと，M31 で新星 SN1885a が爆発したからである．この新星は S アンドロメダとも呼ばれ，当初は新星と考えられたが，後に人類が最初に目撃した銀河系の外で起きた超新星爆発であったことが判明した．この新星爆発を契機として M31 が銀河系の中にあるのか，それとも外にあるのかという大論争が始まり，ハッブルが M31 の中にセファイドを発見し距離を求めて，漸くその論争に決着をつけた．1920 年代初頭のことである．

M31 には金属量の高い中心核がある．その明るさは $M_V = -12.0$ 等級もあり，典型的な球状星団の 60 個分に相当する．しかし，球状星団が力学的な摩擦を受けて落ち込んだとは考えられない．球状星団の金属量は中心核のそれに比べてはるかに低いからである．中心核は二つに分離して見える．これは過去に矮小銀河が落ち込んだ痕跡とも，ダストの影響でコアが二つに分離して見えるのであるとも言われている．中心核にはブラックホールがあり，その電波強度は銀河系の中心核にあるコンパクトな電波源いて座 A* に匹敵する．バルジの星は可視光で銀河全体の光の約 30% の明るさを持っている．そのスペクトルは楕円銀河のそれとよく似ており，金属量の高い星で構成されていることが分かる．バルジの

図 5.4 105 cm シュミット望遠鏡で撮影したアンドロメダ銀河 M31（口絵 7 参照）．真下にコンパクト楕円銀河 M32，右上に矮小楕円銀河 NGC205 が見える．NGC205 には球状星団があるが，M32 には球状星団がまったくない (http://www.ioa.s.u-tokyo.ac.jp/kisohp/, 撮影：東京大学理学部木曽観測所).

赤色巨星の金属量分布は $[\mathrm{Fe/H}] \simeq 0$ でピークを示し，それより金属量の高い方では急激に減少し，低い方では徐々に減少する．この分布の形は銀河系のバルジの金属量分布とよく似ているが，M31 のバルジでは少しだけ高い方にずれている．星形成が短期間で起きその後は起きないとする化学進化の単純なモデルと比較すると金属量の低い星の数が少ない．これは太陽系近傍では G 型矮星問題として知られているが，同じ問題が M31 のバルジにもある（4.4.3 節参照）．

円盤の星には老齢なものが多く，可視光の大部分を担う．円盤とバルジの星との間に顕著な年齢の差はなく，少なくとも 60 億年よりは古いと考えられる．しかし，外側に行くに連れて若い星の割合が高くなる．これは水素の Hβ や Hγ 吸収線の強さが銀河中心からの距離とともに強くなっていることから分かる．また，円盤の星の金属量や HII 領域の酸素量は中心部ほど強い．M31 の円盤の星の分布は両端で湾曲しており，ガスの分布も同じように湾曲している．これは銀河系円盤のたわみ構造と同じである．二本の渦状腕があり，腕に沿ってダストや HII 領域，O, B 型星のアソシエーションが分布している．水素分子ガスは中心から約 10 kpc の距離にリング状に分布しており，このリングに沿って OB アソシエーションや HII 領域がもっとも密集して存在する．

M31 のハローには多数の球状星団，こと座 RR 型変光星，老齢な赤色巨星が存在する．銀河系には 160 個程度の球状星団が存在するが，M31 にはこの 2–3 倍の球状星団が存在する．これは M31 のバルジが銀河系のバルジよりも明るいことと関連している．一般に明るい楕円銀河ほど多数の球状星団を持つが，この関係が渦状銀河のバルジについても成り立っていると考えられている．

ハローの星の分布は $r^{1/4}$ 則（1 章参照）に従い，半径 $r \sim 20\,\mathrm{kpc}$ まで辿ることができる．後述するように，これよりももっと広範囲に赤色巨星が分布している．内部ハローの星の平均金属量は $[\mathrm{Fe/H}] \simeq -1.0$ と高い．また，$9 < r < 20\,\mathrm{kpc}$ の範囲では金属量の勾配（銀河内部での変化）も見られず，球状星団の金属量にもそれが見られない．楕円銀河の金属量勾配の議論では，同じ規模の銀河が合体するともともとあった金属量勾配が大幅に緩くなることが知られている．M31 の内部ハローで金属量の勾配が見られないということは，この銀河の形成過程で大規模な合体があったことを示唆している．

ハローにある球状星団 G1 は M31 でもっとも明るいだけでなく，局所銀河群

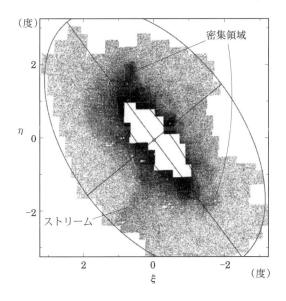

図 **5.5** M31 のハロー外部領域での赤色巨星の空間分布．巨大なストリームや，長軸両端での星の密集領域など多くのサブ構造が見られる．内側の楕円（長軸半径 25 kpc）が可視光でみえる M31 の円盤の大きさを表す．外側の楕円の長軸半径は 55 kpc である（Ferguson *et al.* 2002, *AJ*, 124, 1452）．

でも最大の明るさを誇る．通常の球状星団と異なり，金属量に幅があることから，M31 にかつて落ち込んだ矮小銀河の成れの果てではないかと言われている．銀河系でもっとも明るい球状星団ケンタウルス座 ω も金属量に幅があり，似たような起源が示唆されている[*6]．

M31 のハローの星は一様に分布していると思われていた．ところが，円盤とハローの外側を広く撮像して，赤色巨星の空間分布を調べたところ，さまざまな不規則形状を持つサブ（副次）構造が存在することが明らかになった．

図 5.5 は M31 のハローの赤色巨星の分布を示している．内側の楕円は可視光でみた M31 の大きさを示してあり，図 5.4 に写っている M31 がこの中にすっぽりと入る．この図を見ると，赤色巨星の分布には濃淡があり，巨大な帯状の構造（ストリーム，中央左下）や，長軸の両端に星が不規則に集中している様子など

[*6] 球状星団は単一世代の星系ではなく，年齢や金属量に幅があるものが少なからずある．

が分かる．長軸先端（右下）には球状星団 G1 が位置し，何らかの関係がありそうである．赤色巨星の色の分布も一様ではない．色–等級図で調べると巨大な帯構造にある星や長軸先端（左上）にある星の色が平均して他の赤色巨星よりも赤い．もし，赤色巨星の色がそのまま金属量の違いに対応しているとすると，これらの星の金属量は他よりも高いことになる．すなわち，M31 の外部ハローには金属量の不規則な濃淡があり，それが星のサブ構造と対応していることになる．このような複雑な構造は M31 ハローが矮小銀河から形成されたことを直接物語っている．

　M31 や銀河系のような渦状銀河は矮小銀河などの形成母体の衝突・合体と，銀河間ガスのスムーズな降着によって形成される．落ち込んできた矮小銀河はバルジやハローを形成し，ガスは角運動量を保存しながら降着して薄い円盤を形成する．落ち込んでくる矮小銀河には，そのまま M31 に捉われたものや，落ち込んでくる際に多量の星を形成したものもあるだろう．M31 の周りに見られる，多様なサブ構造は過去に落ちてきた矮小銀河の成れの果てであると考えられる．球状星団 G1 も見方によってはサブ構造の一部に含めることもできる．

　このように M31 の周りにはこの銀河が成長してきた歴史を語る証拠がいまも歴然として残っており，これらのサブ構造にある星の化学組成や運動を調べ，M31 がどのような天体から形成されたかを明らかにするのが銀河考古学のこれからの仕事である．

5.3.2　M32（NGC221）

　M32 は M31 サブグループに属し，私たちがくわしく調べることのできる唯一の近傍楕円銀河（E2）である．M32 の表面輝度は $r^{1/4}$ 則に従い，明るくコンパクトで中心に集中している．これに対して矮小楕円体銀河の表面輝度は中心から指数関数的に減少し，広く拡がっていて暗い．この特徴から M32 はコンパクト楕円銀河と呼ばれ，楕円銀河や矮小楕円体銀河と区別される（図 5.6）．

　M32 の距離指数は $(m-M)_0 = 24.53 \pm 0.08$，距離は $805 \pm 35\,\mathrm{kpc}$，絶対等級は $M_\mathrm{V} = -16.7$ 等級である．天球上では M32 は M31 から $5.3\,\mathrm{kpc}$ しか離れていない．M32 の軌道運動は M31 の銀河回転と逆行しており，M31 にあとから捕捉された銀河であることが分かる．

図 **5.6** ハッブル宇宙望遠鏡で撮像した矮小楕円銀河 M32. 一つひとつの星に分解されているのが分かる. 表面輝度は中心に向かって急激に明るくなり, ブラックホールの存在を示唆する (Brown *et al.*, NASA, http://antwrp.gsfc.nasa.gov/apod/ap991103.html).

　M32 のスペクトルは通常の楕円銀河とは異なり, CN や Mgb などの金属吸収線の強度が強く, それを金属量に換算すると [Fe/H] $\simeq 0.0$ となる. 楕円銀河の金属量は光度とともに増加することが知られているので, M32 と同じ明るさの通常の楕円銀河なら [Fe/H] $= -0.6$ となるはずである. つまり M32 の金属量は通常の楕円銀河の 4 倍にもなる. このことから, M32 は過去においてはもっと質量が大きかったのではないかと考えられる. 実際, M31 の潮汐力が効いて, M32 の星が引き剥がされたかのように M31 とその反対方向に流れていることが指摘されている. 大きな銀河の周りを軌道運動する銀河の星が引き剥がされている例は他にもいくつかある. M32 が質量を失ったということと, コンパクトで明るい楕円銀河であることには何らかの繋がりがあるだろう.

　楕円銀河には通常たくさんの球状星団が付随している. ところが, M32 には球状星団が一つもない. M32 の絶対等級からすると 20 個程度の球状星団があってよいし, かつて大きな楕円銀河であったなら, さらに多数の球状星団を伴っていたはずである. それが現在一つもないということは, M32 の球状星団がすべ

てM31に捉えられて,その周りに散らばっていることを示唆する.銀河考古学によって運動学的特性と化学組成を調べれば,M32起源の球状星団が多数発見されるかもしれない.

M32の表面輝度は中心に向かって急速に明るくなる.これは中心に質量が$(2.5\pm 0.5)\times 10^6 M_\odot$のブラックホールがあることに関係があろう.ブラックホールの質量はM32の星質量の0.2%に相当し,よく知られたブラックホール質量と楕円銀河やバルジの星質量との相関関係に従っている.局所銀河群でブラックホールがあるのは銀河系,M31, M32の三つの銀河だけで,渦状銀河M33にはない.M33は晩期型銀河なのでバルジが小さいかあるいはまったくなく,ブラックホールの形成にはバルジ成分が不可欠であることがうかがわれる.

M32のスペクトルは強い$H\beta$と$H\gamma$吸収線を示す.1980年代にはこれは20–80億年という中間年齢の星でできている証拠ではないかとされたが,楕円銀河は古いという常識に反していたため,その年齢は論争の焦点になっていた.論争となった原因は,楕円銀河の吸収線の強さに対する年齢と金属量の効果が縮退している[*7]ため正しい年齢を求められなかったからである.漸く2000年代に入ってヴァスデキス(A. Vazdekis)と有本信雄によって$H\gamma$吸収線の輪郭から楕円銀河の年齢と金属量とを分離する方法が考案され,すばる望遠鏡による観測によって,中心での平均年齢はおよそ40億年,金属量は$[Fe/H]\simeq 0.0$と確定した.最近の研究はこの値でほぼ一致をみている.M32は通常の楕円銀河としては著しく若く,金属量も高い.

M32の中心から角度にして1–2分よりも外側の領域は一つひとつの星に分解することができる(図5.6).その色–等級図の赤色巨星分枝は異常に幅広い(6章の図6.2上段右).この色の分散は,赤色巨星の金属量に大きな分散があるからである.赤色巨星の色から金属量の頻度分布を求めると,$[Fe/H]\simeq -1.5$から徐々に増加し,$[Fe/H]\simeq -0.2$で極大となり,$[Fe/H]\simeq 0.0$に向けて急激に減少する.この金属量分布は化学進化の単純なモデルの予測する金属量分布と比較して狭い.単純なモデルなら$[Fe/H]<-1.0$の星が10%はあるはずであるが,M32にはそのような星がほとんどない.つまり,金属量の低い星がモデルに比べて著しく少ない.このことは,M31のバルジと同様に,楕円銀河でもG型矮

[*7] 吸収線の強さを説明できる年齢と金属量が一意に決まらないこと.

星問題があることを示している．

　銀河系の球状星団の星は老齢で金属量が低い．このような条件では赤色巨星進化を終えた星は中心でヘリウム燃焼を起こし，色–等級図上で水平分枝星となる．ただし，これは金属量が [Fe/H] < -0.7 で，年齢も古い星の場合である．金属量が高く，年齢も若くなるとレッドクランプ星[*8]として色–等級図上で赤色巨星分枝の中に埋め込まれるようにして確認される．実際，M32 の場合にはレッドクランプ星の強い集中が赤色巨星分枝の中にある．レッドクランプ星の光度は星の質量，つまり，年齢に敏感であるから，その光度を用いて年齢を推定するとおよそ 80 億年となる．この年齢は Hγ 吸収線のプロファイルから求めた値ともほぼ一致する．この年齢の星が M32 では大部分を占める．ただし，M32 には老齢な星の種族も存在する．こと座 RR 型変光星の観測から，金属量が低く，銀河系の球状星団のように約 140 億年の星が少なくとも数％はあると見積もられている．この老齢な星は M32 の全域に広く分布している．

　現在の M32 には H I ガスがない（上限値は $2400M_\odot$）．楕円銀河の星は絶えず進化してガスを星間空間に還元する．ある瞬間にガスが銀河から抜けたとすると，残された星が進化して，その $\tau \times 10$ 億年後に銀河に溜まる H I ガスの質量は $M_{\rm HI} = 2.8 \times 10^6 \tau M_\odot$ となる．これに M32 の H I ガスの上限値を入れると，$\tau < 10^{-2}$ となり，約 1000 万年前にガスが抜けてしまったことになる．ガスが抜けるメカニズムはよく分かっておらず，ガスの行方は楕円銀河や矮小楕円体銀河の多くに共通する問題である．

5.3.3　NGC205

　NGC205 は，NGC147 や NGC185 とともに M31 サブグループに属する矮小楕円銀河（dE）である．NGC205 の距離指数は $(m-M)_0 = 24.58 \pm 0.07$，距離は $824 \pm 27\,\mathrm{kpc}$，その絶対等級 $M_{\rm V} = -16.4$ 等級は M32 の絶対等級 $M_{\rm V} = -16.7$ 等級に近い．NGC205 は M31 と見かけ上は 8 kpc しか離れて見えないが，実際には 40 kpc 離れている．この距離はいて矮小銀河と銀河系の距離よりは遠く，銀河系と大マゼラン雲の距離よりは近い．実際，星の分布を表す等輝度線が長軸に沿って外側にいくと M31 の方にずれていること，いまでも星形成が

[*8] 1.4 節（46 ページ）参照．

行なわれていること，星の速度分散が外側に行くほど増加していることなどから，NGC205 は M31 の潮汐作用を受けていると考えられる．矮小楕円銀河は自己重力をおもに回転で支えている回転支持系と，非等方的な星のランダム運動によって支えている非回転支持系とに分かれるが，NGC205 は回転と非等方的な星のランダム運動の両方によって支えられた系である．

NGC205 の大部分の星は 100 億年よりも昔に誕生したが，明るい漸近巨星分枝星が色–等級図に多く見られることから，その後も 40 億年近く継続して星が形成されていたことが分かる．また，中心部には主系列星が存在しており，初期の大規模な星形成の後でも時々星形成が起きている．赤色巨星の色の分散は大きく，[Fe/H] $= -0.8$ という高い平均金属量と大きな金属量分散に対応している．NGC205 には比較的数多くの球状星団が存在するが，その平均金属量は [Fe/H] $= -1.5$ であり，銀河本体よりも低い．その理由は球状星団が銀河に先立って形成されたからである．これは NGC147 や NGC185 でも同様である．

NGC205 の銀河面にはダストが存在するが，多量の H I ガスが存在するという証拠はない．これは NGC205 の星間ガスが超新星爆発や恒星風で吹き飛ばされたか，あるいは，M31 の近くを通過するときに剥ぎ取られるかしたからであろう．NGC205 の中心には球対称構造の速度分散の小さな明るいコアがある．その推定質量は $1.4 \times 10^6 M_\odot$ である．NGC205 の球状星団が力学的な摩擦（8.6 節参照）によって NGC205 の中心部に落ち込むタイムスケールは 1–10 億年であり，宇宙年齢よりもはるかに短い．したがって，このコアは少数の球状星団が銀河中心に落ちてできた可能性が考えられる．

5.3.4　M33（NGC598）

M33 は M31 サブグループに属する渦状銀河である．M33 の距離指数は $(m-M)_0 = 24.62 \pm 0.15$，距離は $839 \pm 59\,\mathrm{kpc}$，絶対等級は $M_V = -18.9$ 等級である．M33 はほぼ真正面を向いており，渦状銀河の構造を調べるには最適な銀河である．M33 は普通の渦状銀河として，円盤とハロー，それに星のコアがある．ただし，バルジの有無についてはまだはっきりしていない（図 5.7）．

円盤の表面輝度は中心から外側に向かって指数関数的に減少する．M33 の光度の大部分は円盤の星が担う．ハローにはこと座 RR 型変光星と球状星団があ

図 **5.7** すばる望遠鏡で撮像した渦状銀河 M33. 青い主系列星, H_I ガス, ダスト, H_{II} 領域, 超新星残骸が分布する円盤の外側に老齢な赤色巨星からなるハローが画面いっぱいに広がっている.

る. コアは A 型星の特徴を持つスペクトルを示し, 1000 万年ほど昔に爆発的な星形成があったことを示唆する. 星の円盤のスケール長は約 2 kpc であるが, H_I ガスは星よりもはるかに広く分布しており, 外側の H_I ガスは内側の円盤に対して 30 度ほど傾いている. 円盤には無数の散開星団や, OB アソシエーション, H_{II} 領域が存在する (図 5.1). これらの星団やアソシエーションの銀河回転は H_I ガスや H_{II} 領域の回転と同じである. ハローにある球状星団の色–等級図からは平均の金属量として [Fe/H] $= -1.6$ が求められており, これは銀河系の球状星団と大きな差はない. しかしながら, 色–等級図を見ると赤い水平分枝星が卓越していて, 第 2 パラメータ問題 (後述) がこれらの球状星団にもあることがわかる.

水平分枝の形は第一義的には星の金属量によって決まる. すなわち, 金属量の低い水平分枝星は青く, 高ければ赤くなる. M33 の球状星団の金属量は十分に低く, 水平分枝星は当然青くなるはずであるが, それが赤いということは金属量以外の要因が効いていることが分かる. これを第 2 パラメータ問題といい, 銀河系の球状星団では年齢が関係していると考えられている. M33 の場合にもこれが年齢によるものだとすると, その球状星団は銀河系の球状星団と比べて数十億

年若いということになる．M33 のハローでの球状星団の形成が銀河系より数十億年遅れたのか，それとも老齢な球状星団も存在するのか，主系列転向点の絶対等級による年齢の決定がこれからの課題である．また，銀河系の古い球状星団に比べて 50–80 億年も若い球状星団もあるが，この星団がハローに属するのか，円盤の星団であるのかはその運動学的特性が分からないので不明である．

一方，ケック望遠鏡によって M33 のハローの赤色巨星が分光され，その金属量が [Fe/H] $\simeq -1.5$ と求められている．これは色-等級図から得られた値と一致しており，M33 の円盤の星の平均金属量 [Fe/H] $\simeq -0.9$ よりはるかに低い値である．M33 の質量は M31 や銀河系よりも 10 分の 1 以下であるが，それにも拘らずハローの金属量がほとんど同じであるのは興味深い．

M33 は渦状銀河であるから，多数の星形成領域がある．そこで HI ガスの分布や一酸化炭素ガスの輝度分布，遠赤外線の強度などの観測値を用いて，星形成率とガスの面密度との関係を表すシュミット則 $\Sigma_{\mathrm{SFR}} \simeq \Sigma_{\mathrm{gas}}^n$ を求めると，水素分子ガスの面密度と星形成率との間に強い相関があり，$n = 1.35 \pm 0.08$ となることが分かった．これはシュミット則の典型的な値と一致する．円盤の古い星の分布と星形成の活動領域の分布を比べると後者の方が広範囲に渡っている．これは星形成活動が M33 の円盤の中心部から外側に向かって伝播していることを示唆する．

5.3.5 いて (sagDEG)

銀河系は，階層構造の形成理論によると矮小銀河が次々と落ち込むことで成長したと考えられてきた．いて矮小楕円体銀河（Sagittarius Dwarf Galaxy）はまさにその考えを証明するかのように，銀河中心の向こう側に登場した．銀緯の低い天域は銀河系内の星が多く，星間吸収も著しいので，その向こうにある矮小銀河を探すのは至難の業である．1994 年，偶然にもその存在をイバタ（R.A. Ibata），ギルモア（G. Gilmore），アーウィン（M.J. Irwin）が発見した．他の矮小銀河と異なって，それは銀河系の潮汐力によって引きちぎられたという哀れな姿をしていたのである（図 5.8）．

いて矮小銀河は天空上で 10 度に渡って分布し，距離指数は $(m - M)_0 = 16.90 \pm 0.15$，我々からは $24 \pm 2\,\mathrm{kpc}$ の距離にある．大きさと絶対等級 $M_\mathrm{V} =$

図 5.8 銀河中心の向こう側で銀河系の円盤に突っ込んでゆくいて矮小楕円体銀河（中央下の不規則な形状）．これまでにも数回銀河系に接近しており，最接近の際には中心から 12 kpc まで近づいた．いて矮小銀河はこの図では強調して描いてあるが，実際には銀河中心の方向を見ても何も見えない（R. Ibata (UBC), R. Wyse (JHU), R. Sword (IoA)）．

-13.4 等級はろ矮小銀河に匹敵する．おそらく銀河系サブグループでは最大の矮小楕円体銀河であろう．星の密度分布は銀河中心の方向に長く伸びており，潮汐力の影響を受けていることがはっきりと分かる．今後はばらばらに解体され銀河系の星と区別がつかなくなるであろう．複数の球状星団 M54, Arp 2, Ter 7, Ter 8, Pal 12 が付随しているが，これらの星団も同様な運命をたどる．

いては銀河中心の向こう側にあるので，色–等級図を作成すると銀河系の星が多数混入してしまう．そこで銀河系の星を統計的に除去する必要がある．そのようにして得られた色–等級図はろ矮小銀河のものとよく似ている．星の金属量は分光観測から $-1.5 < \mathrm{[Fe/H]} < -0.2$ という範囲が得られている．主系列星の転向点の光度から求めた年齢は 70 億年から 100 億年の間にある．また赤い水平分枝星が卓越し，炭素星が多数見つかっている．つまり，この銀河の星の多くは中間年齢の星である．ただし，青い水平分枝星も存在するので，最初の星形成は銀

河系の球状星団が生まれた頃に起きたはずである．

いて矮小銀河の軌道に沿って銀河中心から反対の方角に剥ぎ取られたHIガスが検出されている．その質量は$(4–10) \times 10^6 M_\odot$である．いての質量は$5 \times 10^8 M_\odot$なので，このHIガスは銀河の質量の1–2%に相当する．いては10億年以下の公転周期で銀河系の周りを軌道運動しており，銀河中心には12 kpcまで近づく．もし，このガスが2億年ないし3億年前に銀河系の円盤を通過したときに剥ぎ取られたとすると，あっという間に拡散して広がってしまうはずであるが，そうならないのは，ガスが銀河系ハローの物質に囲まれているか，あるいは，この銀河に多量のダークマターがあって，それに捕捉されているからであろう．また，数億年前までHIガスがあったとすると，若い星が見つかってもよさそうだがまだ発見されていない．この銀河は矮小銀河がHIガスを失う原因の一つが，大きな銀河の潮汐力であることを示唆している．

いて矮小銀河の球状星団の年齢と金属量との間には相関がある．すなわち，Ter 8（$[Fe/H] = -2.00$）とM54（$[Fe/H] = -1.79$）の年齢は140億年，Arp 2（$[Fe/H] = -1.84$）は100億年，Ter 7（$[Fe/H] = -1.00$）とPal 12（$[Fe/H] = -1.00$）は70億年である．このことから，いてのハローでの化学進化が約140億年前から70億年という歳月をかけて$[Fe/H] = -2.00$から$[Fe/H] = -1.00$まで進んだことが分かる．

5.4 局所銀河群のこれから

冷たいダークマターシナリオに基づいた宇宙構造の階層的形成の理論では，宇宙における銀河スケールの天体はすべて，より小さいものから大きなものへと成長する．M31や銀河系のような大きな銀河は初期宇宙の密度ゆらぎが局所的に高かったところで，無数の矮小楕円体銀河などが集積・合体して形成された．この矮小楕円体銀河などの合体が途中で停止すればそのまま矮小銀河になる．局所銀河群もこのようにして生まれ，大小のさまざまな銀河がそれぞれに特徴的な成長過程を経て，大きな銀河の近くには矮小楕円銀河が群がり，矮小不規則銀河は満遍なく散らばっているという構造が形成された．矮小銀河としてひとたび誕生し自己重力系となり，他の銀河による潮汐力の影響で引きちぎられることもなく，その後の合体も経験しなかったものは，宇宙年齢の間に突発的に星形成をく

りかえす．矮小不規則銀河はガスの多い銀河のため今も星形成を行うが，矮小楕円体銀河はガスもダストも失い，星形成も起こらずに静かに時を過ごす．

　このように局所銀河群は宇宙の階層構造の中でのごくごく普通の構造であり，M31と銀河系は遠い将来には互いに飲み込み，飲み込まれて一つになるだろう．ガスを失い，周辺に散在する矮小銀河をも吸収し，何ごともなかったかのように巨大な楕円銀河が出現することになる．遠方にある銀河団には，中心となる銀河団コアから四方八方に伸びる銀河のフィラメント構造が見られる．近傍の銀河団と比較すると，このフィラメント状の銀河の分布は銀河団が力学的に進化するとともに銀河団コアに落ち込んでしまったことを示している．局所銀河群もこのフィラメント構造のようにおとめ座銀河団にいつかは吸い込まれてしまうであろう．

第6章

矮小銀河

　矮小銀河は小さく暗いが，数の上では銀河の大多数を占める．明るい銀河は観測が容易なため，遠方でも，また時代を遡っても比較的容易に実態を知ることができる．しかし，あまり目立たない矮小銀河の姿はなかなか知ることができない．銀河の本質を知るためには，数の上で優位に立つこれらの暗い銀河の実態を知ることが重要となってくる．

6.1　矮小銀河の性質

　矮小銀河の厳密な定義はないが，多くの場合，Bバンドの絶対等級 (M_B)[1]で-18等級より暗い銀河を総称して矮小銀河と呼んでいる．しかし，そのような銀河でも，楕円銀河や円盤銀河などのハッブル形態分類の銀河として分類されている場合もあるので注意が必要である（たとえばNGC3109など）．矮小銀河は$10^6 M_\odot$から$10^{10} M_\odot$程度の質量を持つ星の集団であり，球状星団と明るい銀河の中間に位置するが，両者とはさまざまな点で異なる．

　矮小銀河は，滑らかな輝度分布を持つ矮小楕円銀河[2]や矮小楕円体銀河と，星

---

[1] 青色の波長帯 4000–5000Å における絶対等級．
[2] 歴史的には，早期型矮小銀河は，コンパクトで比較的表面輝度の明るい矮小楕円銀河と淡く広がった表面輝度の暗い矮小楕円体銀河と区別されてきたが，両者を分ける明確な境界はなく，表面輝度や輝度分布など一連の系列をなしていることから，本書では特に断らない限り矮小楕円銀河としてまとめて解説していく．

形成領域などを持ち，輝度分布に構造が見られる矮小不規則銀河に大別することができる．明るい銀河の分類にならって，前者を早期型矮小銀河，後者を晩期型矮小銀河と呼ぶこともある．この他，表面輝度が非常に低い低表面輝度銀河や活発に星形成を行っている青色コンパクト矮小銀河などが矮小銀河として分類されている．また，ごく最近になって，遠方にあり星と区別ができないほど中心に集中した表面輝度分布を持つ超コンパクト矮小銀河という種類も新たに発見されている．本章では，おのおのの銀河形態について，局所銀河群に加えおとめ座銀河団や遠方の矮小銀河などの観測を通して明らかになってきた一般的性質を紹介しよう．

6.1.1 矮小楕円銀河

多くの矮小楕円銀河は一般に赤く，古い星が主要な構成要素であり，最近の星形成活動はほとんど見られない．矮小楕円銀河には中性水素原子（H I）ガスは銀河全質量の 0.1% 以下程度しか存在せず，同様に電離水素（H II）ガスもほとんど存在していない．矮小楕円銀河に検出される水素ガスは，進化した星が質量放出によって銀河内に放出すると期待される量よりもはるかに少ないため，銀河から水素ガスを抜き取るメカニズムが必要だと考えられている．このメカニズムとして，超新星爆発などのエネルギーによって銀河からガスが吹き飛ばされる銀河風説や，大きな銀河の潮汐効果によるガスの剥ぎ取り説が提案されている．後者の説に従えば，多くの矮小楕円銀河が大きな銀河の近くに存在しているという事実もうまく説明できると考えられている．局所銀河群の明るい矮小楕円銀河には，一酸化炭素（CO）や低温ダストによる放射も検出されている．

明るい楕円銀河のようになめらかな表面輝度分布を持つ矮小楕円銀河だが，図 6.1 に示したように，暗いものほど表面輝度が低くなるという傾向を持っており，見かけの類似性とは異なり，明るい楕円銀河とは独立な系列をなしていることが分かる．また楕円銀河系列は $M_B = -18$ 等級より暗い側にも続いているが，この領域に存在する銀河を矮小楕円銀河と区別して，コンパクト楕円銀河と呼ぶこともある．コンパクト楕円銀河の代表例として M32 をあげることができる．

明るい楕円銀河が $r^{1/4}$ 則（1.3 節参照）に従う表面輝度分布を示すのに対して，矮小楕円銀河の表面輝度分布は，明るい円盤銀河と同じように，基本的には

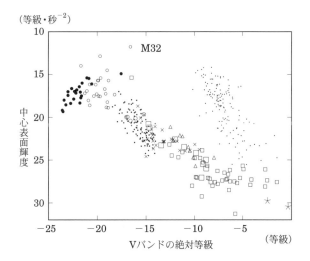

図 6.1 銀河の光度-中心表面輝度関係.明るい楕円銀河を●または○,おとめ座銀河団の矮小楕円銀河を■,局所銀河群の矮小楕円体銀河を□,2005 年以降に発見された非常に暗い矮小銀河は小さい□,矮小不規則銀河を×,矮小形態移行銀河を△で表した.さらに,すばる望遠鏡によって発見された二つの非常に暗い矮小銀河候補を★で示した.

指数則でよく記述できる.しかし,明るい矮小楕円銀河の中には銀河中心で明るさが増大するものがあり,表面輝度分布は中心部で徐々に指数則から外れてくる.このような特徴を持つものを有核矮小楕円銀河と呼んでいる.ある光度における有核矮小楕円銀河の存在割合は光度とともに高くなり,核の光度は銀河本体の光度に比例して明るくなることが知られている.核がどのようにして形成されたのかについてはまだはっきりとしたことは分かっていない.

最近は,セルシック(J.L. Sérsic)によって提唱されたセルシック・プロファイル

$$I(r) = I_0 \exp\left[-\left(\frac{r}{r_0}\right)^n\right] \tag{6.1}$$

という,指数則を一般化した関数を用いて表面輝度分布を表すことが多い.セルシック・プロファイルは,$n=1$ の場合は指数則と等価である.明るい楕円銀河で $n \simeq 0.25$ であり,ドゥ・ボークルール(G. de Vaucouleurs)によって提唱さ

れた $r^{1/4}$ 則（ドゥ・ボークルール則）を再現する．しかし銀河が暗くなるにしたがって n は徐々に大きくなっていき，矮小楕円銀河では $n \simeq 1$–2 である．また，矮小楕円銀河の中心表面輝度と n との間にはよい相関が見られることも知られている．

一方，最近の詳細な観測から，矮小楕円銀河の周りにも明るい銀河と同様に非常に淡いハローが存在することが明かにされつつある．また銀河内やハロー内にサブ構造があることも観測されており，星の数が少なく単純な系と考えられてきた矮小楕円銀河でさえも，複雑な形成進化の歴史の上に成り立っていることが示唆されている．

矮小楕円銀河の扁平度について調べてみると，有核矮小楕円銀河は核を持たない矮小楕円銀河に比べ丸いものが多く，明るい楕円銀河の扁平度分布と似ていることが分かってきた．また核を持たない矮小楕円銀河と矮小不規則銀河の扁平度分布もほぼ一致しているという結果も得られている．しかし，銀河を構成する星の視線速度や銀河全体の吸収線の幅の解析から，矮小楕円銀河には有意な回転がほとんど見られず，回転によって扁平になっているわけではないことが分かっている．

6.1.2 矮小楕円体銀河

コンパクトで比較的明るい個々の矮小楕円体銀河については 5 章でくわしく解説した．ここでは局所銀河群の代表的な矮小楕円体銀河のいくつかを紹介しておこう．

アンドロメダ II（And II）

M32 や NGC147, NGC185 などの他にも，M31 の周りには矮小銀河が多数ある．これまでにアンドロメダ I, II, III, V, VI, VII, IX, X が発見されている[*3]．どれもよく似た矮小楕円体銀河であり，それぞれの個性は銀河系に付随する矮小銀河ほど多様でない．図 6.2 の下段でアンドロメダ I, II, III の色–等級図を示しているが，三つともよく似た色–等級図をもつことから，星形成史も似ていると考えられる．

そのなかでも，アンドロメダ II はもっともくわしく調べられている銀河であ

[*3] 2006 年以降にアンドロメダ XII–アンドロメダ XXIX が発見されているが，距離はまだ確定していない．

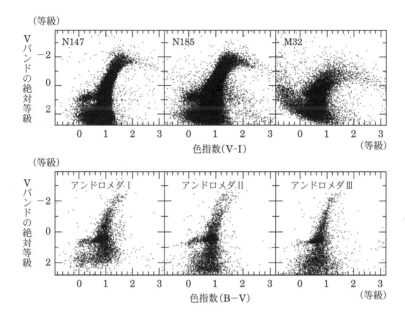

図 6.2 ハッブル宇宙望遠鏡 WFPC2 の画像を解析して得た M31 近傍にある局所銀河群の矮小銀河の色–等級図である．上段左から矮小楕円銀河 NGC147, NGC185, M32, 下段左から矮小楕円体銀河アンドロメダ I, アンドロメダ II, アンドロメダ III（Ikuta 2002, PhD Thesis, Univ. of Tokyo）．

る．M31 からの距離は約 130 kpc であり，M33 の方角にある．これからこの矮小銀河はむしろ M33 に付随しているのではないかと疑われたこともあった．質量・光度比は $M/L_V = 20.9^{+13.9}_{-10.1}$（太陽単位）と高い値を示し，りゅう矮小銀河やこぐま矮小銀河と同様にダークハローがあると考えられる．すばる望遠鏡によって，アンドロメダ II の全域に渡る深い撮像が得られている（図 6.3）．色–等級図の特徴は，非常に幅の広い赤色巨星分枝，卓越した赤い水平分枝星と，数は少ないが青い水平分枝星があることである（図 6.2（下））．こと座 RR 型変光星も多数確認されている．色–等級図の解析から，広く分布する星の種族と，中心に集中して分布する星の種族とがあることが明らかになった．広がった種族の年齢は約 140 億年，金属量は [Fe/H] $\simeq -1.6$ であり，アンドロメダ II の光度の

図 6.3 すばる望遠鏡で撮像したアンドロメダ II 矮小楕円体銀河が中心に淡い光のしみとして見えている．金属量が高い中間年齢の星が中心部にあり，金属量が低く老齢な星が銀河全域に広がる．

80% 近くを担っている．

これに対して中心集中している種族の年齢は 100 億年ほどで，金属量も [Fe/H] > −1.2 と高い値を示す．これらの特徴はちょうこくしつやろ矮小銀河と酷似している[*4]．また，明るい漸近巨星分枝星や炭素星も検出されているので，100 億年よりも若い中間年齢の星も存在する．つまり，アンドロメダ II では初期に銀河全面で星形成が行われ，その後ガスがより中心部に凝集し，次世代の星がそこで生まれたという星形成史が浮かび上がる．M31 サブグループの矮小楕円体銀河の多くはこの矮小銀河と同じような星形成史を示す．

ろ (**For**)

銀河系の周りには個性溢れる矮小楕円体銀河が多く存在する．ちょうこくしつ，ろ，りゅうこつ，しし I，ろくぶんぎ，しし II，こぐま，りゅう，いて矮小銀河

[*4] きわめて暗い矮小銀河には固有名詞がないものがあり，それらは，天球上の位置に対応する星座名で呼ばれている．

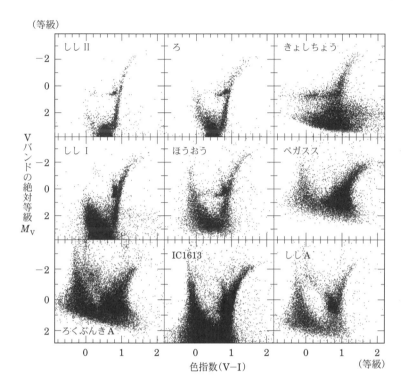

図 6.4 ハッブル宇宙望遠鏡 WFPC2 の画像を解析して得た局所銀河群矮小銀河の色–等級図．上段左から矮小楕円体銀河のしし II, ろ, きょしちょう，中段左から矮小楕円体銀河のしし I と矮小形態移行銀河のほうおう，ペガスス，下段左から矮小不規則銀河のろくぶんき A, IC1613, しし A の色–等級図である (Ikuta 2002, PhD Thesis, Univ. of Tokyo).

がそれである．さらに最近はスローン・デジタル・スカイ・サーベイ (SDSS) アーカイブから，りょうけん，うしかい，おおぐま，こぐま II, しし IV などの矮小楕円体銀河が発見されている．

ろ矮小銀河は銀河系サブグループの中ではいて矮小銀河の次に明るく，質量が大きい．色–等級図（図 6.4 の上段中央）から，ろ矮小銀河は宇宙年齢に匹敵するほど古い星から，10 億年程度前に生まれた若い星と，さまざまな年齢の星で構成されているのがわかる．銀河全域に年齢が 100–140 億年という老齢な星が

分布する．これは銀河形成の初期に生まれた種族である．また，明るい漸近巨星分枝星や炭素星が数多く見つかっていることから，この銀河に含まれる星のかなりの部分（〜40%）は中間年齢である．それらの星の年齢は20–80億年の範囲と見積もられている．中間年齢の星はより銀河中心に集中して分布しており，速度分散が小さいという特徴を持つ．

　ろ矮小銀河には10億年よりさらに若い種族もいる．これらは中心域にのみ存在し，その分布は非対称で棒状構造を持つ．この若い種族の中でも，2–3億年より若い星はきわめて強い中心集中を示し，不規則に分布する．このような星形成の特徴は，非常に若い主系列星がないということだけを除けば，小マゼラン雲や矮小不規則銀河と区別がつかない．奇妙なことに，ろ矮小銀河では比較的最近まで星形成が続いていた証拠はあるが，星を作る材料となる H_I ガスは検出されていない．

　ろ矮小銀河では，銀河を構成する星が数百個単位で分光観測され，金属量が測られている．そうして得られた金属量分布をいわゆる化学進化の単純なモデル（4.4.1節参照）と比較すると，金属量の低い星が少ない．これは太陽系近傍でG型矮星問題として知られているものと同じ現象である．さらに同様な金属量分布はちょうこくしつ，りゅうこつ，ろくぶんぎでも明らかになっており，G型矮星の問題は矮小楕円体銀河に共通といえる．

　ろ矮小銀河は，いて矮小銀河と同様に矮小楕円体銀河としては例外的に多数の球状星団を持つ．その五つの球状星団のうち，ろI，ろII，ろIII，ろVの金属量は $[Fe/H] \simeq -2.5$ から $[Fe/H] \simeq -2.1$ の範囲にあり，年齢は銀河系の球状星団M92やM68に近く，およそ140億年である．すなわち，この銀河の形成の初期にこれらの球状星団は誕生したと考えられる．銀河本体よりも球状星団の金属量が低いのは，NGC205やNGC185, NGC147と同様である．ろIVの金属量は $[Fe/H] \simeq -2.0$ であるが，年齢は他の四つの球状星団と比べて少なくとも約30億年は若い．

　この銀河の中心部には銀河本体とは異質な運動速度を持つ一群の星が存在する．金属量は $-2.0 \leq [Fe/H] \leq -1.4$ と幅があり，その値も他の球状星団よりも高いので，この一群の星は過去に落ち込んだ矮小銀河ではないかと考えられる．ろ矮小銀河の潮汐半径の外側に星が球殻状に分布するシェル構造が見られ，それ

図 6.5 すばる望遠鏡で撮像したりゅう矮小銀河の中心部．中心に淡く見えるが，この銀河の星はこの画面全体の 2 倍の広さを占める．初期に星形成を起こしたきりで，その後目立った活動をしていない，矮小銀河としてはもっとも単純な星形成の歴史を持つ銀河である．

に含まれる星の総光度は M_V で約 -7 等級もある．このようなシェル構造は楕円銀河では珍しいことではなく，矮小銀河が楕円銀河に落ち込む途中で形成される．シェルの星の年齢はおよそ 20 億年であるから，20 億年前にガスを多量に含む矮小銀河が捕捉され，そのときに新たに生まれた星がシェルになっていると考えられる．速度の異なる一群の星はその矮小銀河本体のなごりであろう．

りゅう (Dra)

りゅう座とこぐま座の矮小銀河は質量・光度比が異常に高い矮小銀河でありビリアル平衡を仮定すると質量・光度比が $M/L_B = 165^{+289}_{-107}$（太陽単位）となる．銀河系の潮汐力の影響があればこの値はもっと低いものになる．しかし SDSS アーカイブをもとにこの銀河の周辺領域を調べたところ，潮汐力の影響による引き伸ばされた構造は見られなかった．したがって，実際にダークマターが卓越する矮小銀河である可能性が高い（図 6.5）．

りゅう矮小銀河の色–等級図の特徴は，金属量が低いにもかかわらず水平分枝

が赤いということである．赤い水平分枝星の存在は古い星だけではないことを示唆する．星の平均金属量は [Fe/H] = −1.8 であり，少なくとも二桁以上の金属量の分散がある．

年齢は銀河系の球状星団 M68 や M92 と同じ老齢な星の集団で，この銀河の星の 75–90%は，年齢が 140 億年程度の古い星である．6.3.3 節で述べるように，化学組成のパターンには Ia 型超新星の影響が見られるから，星形成が少なくとも初期の数 10 億年は継続しているがその後目立った活動はない．20 億年程度の中間年齢の星が中心域を外れて存在するという指摘もあるが確かではない．色–等級図では一見すると主系列星と思われる青くて明るい星が見られるが，これは青色はぐれ星*5 と呼ばれる古い星である．近接する連星系の一方がすでに赤色巨星となって膨れ，ロッシュローブ*6 を満たしたガスが溢れ出て，もう片方の主系列星に降り積もっているのである．りゅうはこぐまとともに矮小楕円体銀河の中では比較的単純な星形成史を持つ銀河と言ってよい．ともに多量のダークマターの存在が示唆されているのは偶然ではないだろう．

きょしちょう（Tuc）

きょしちょうは，1985 年には非常に暗い星雲としてその存在が知られていたが，ESO の南天銀河カタログやタリー（R.B. Tully）の近傍銀河のカタログではなぜか無視され，1990 年に「再発見」された．色–等級図（図 6.4 の上段右）からはこの銀河が古い星でできていることがわかる．若い星が生まれているという兆候もない．また，この銀河の星の分布する範囲には H I ガスは検出されていない．これらの特徴は M31 や銀河系の周辺に存在する矮小楕円体銀河とよく似ている．

ところが，奇妙なのはその距離である．距離は $870 \pm 60\,\mathrm{kpc}$，つまり，きょしちょうは，例外的に銀河系からも M31 からも非常に離れて存在する矮小楕円体銀河で，似たような矮小銀河にくじら（$780 \pm 50\,\mathrm{kpc}$）がある．これらの銀河の存在が，矮小楕円体銀河になぜガスがないかを説明するときいつでも問題となる．それは，大きな銀河の周辺で作用すると思われる潮汐力による剥ぎ取りメカ

---

*5 blue straggler の訳．

*6 連星系において，一方の星の重力が他方の星の重力に勝る限界（第 7 章参照）．

ニズムがこれら二つの銀河には当てはまらないからである.

面白いことに,きょしちょうから角度で15分ほど離れたところにH I ガスの雲が見つかっている.その尾がこの銀河まで達しているように見えるので何らかの物理的なつながりがあるのかもしれない.もし銀河と同じ距離にあるとすると,H I ガスの質量は $M_{\mathrm{H_I}} \simeq 1.5 \times 10^6 M_\odot$ となり,これを銀河の光度で割った値は $M_{\mathrm{H_I}}/L_{\mathrm{B}} \sim 3.5$(太陽単位)となる.この値はガスの多い不規則矮小銀河の値に匹敵する.もしこのH I ガスがきょしちょうから出ているのであれば,6.1.4節で述べる形態移行銀河が矮小楕円体銀河へと進化する過程の最終段階を見ているのかもしれない.

6.1.3 矮小不規則銀河

矮小不規則銀河は,いまも星形成活動を行っている銀河であり,明るいH II 領域を持ち,見た目は不規則な形状をしている.星形成活動があることから分かるように,銀河全体として青い色をしており,矮小不規則銀河はH I ガスやH II ガスを多く含んでいることが知られている.また明るい矮小不規則銀河では一酸化炭素(CO)やダストによる放射も観測されている.

H I ガスは 100–300 pc のスケールで凸凹した形状やシェル構造,H I ガスのないホール構造など複雑な形状を持っている.また多くの矮小不規則銀河では,可視光で観測される銀河本体よりも数倍に広がったH I ガスを持つことが知られている(図6.6参照).これら広がったガスの起源についてはまだよく分かっていない.銀河に降り積もってきている原始ガスを見ているとする説や,銀河本体から超新星爆発や潮汐作用などによって放出されたガスであるとする説などが提唱されている.

一つの矮小不規則銀河には1個から数10個のH II 領域が存在している.H II 領域は銀河内でランダムに分布していることから,密度波の密の部分(渦状腕)で星形成を起こしている渦状銀河とは異なる星形成メカニズムが働いていると考えられている.星形成の活発さは時間によって変わるものの,平均的にはあまり活発でない星形成活動を長期間に渡って続けているようである.つまり,矮小不規則銀河は長い期間に渡って静々と星を生み出しているのである.

若い星が多く見られる矮小不規則銀河ではあるが,年齢の古い星も遍く存在し

ている．これら古い星は，多くの場合若い星とは対照的に整然と分布していて，その分布は一般に指数則でよく表すことができる．つまり，古い星成分だけを見れば矮小楕円体銀河と似た構造を持っているということができる．また古い星は若い星よりも広がって分布しているが，広がった H I ガスはさらにその数倍の広がりを持っている．ただし，すばる望遠鏡による観測から小宮山裕らは矮小不規則銀河の星と H I ガスの広がりがじつは一致しているということを明らかにした．

矮小楕円体銀河は大きな銀河の周辺によく見られるのに対して，矮小不規則銀河は大きな銀河から離れた孤立した環境に多く存在していることも知られている．

ここでも局所銀河群の代表的な矮小不規則銀河を紹介しておこう．

NGC6822

NGC6822 は IC10 や IC1613 とともに，M31 サブグループにも銀河系サブグループにも属さない矮小不規則銀河である．NGC6822 は大マゼラン雲と小マゼラン雲を除けば銀河系にもっとも近い矮小不規則銀河である．すでに 19 世紀にバーナード（E.E. Barnard）によって発見され，しばらくはバーナードの星雲と呼ばれていた．ハッブルがセファイドを使って距離を求めたところ，どうやら銀河系の外側にあることが分かり，銀河系外星雲の第 1 号という名誉ある地位を与えられた．NGC6822 の H I ガスの質量は $1.3 \times 10^8 M_\odot$ であり，比較的 H I ガスの多い銀河である．大マゼラン雲と同様に中心に棒状構造を持つ．星間ガスの酸素・水素比は $12 + \log(\mathrm{O/H}) = 8.2 \pm 0.2$ である．これは太陽の値の 20% となり，小マゼラン雲と大マゼラン雲の中間である．

色–等級図の詳細な解析から，この銀河での星形成は 120 億年以上昔に始まったと推定できる．その後，星形成率はほぼ一定か，徐々に減衰して数 10 億年前まで続いた．そのまま星形成が停止すれば矮小楕円体銀河と似たような星形成史になる．しかし，多数の若い主系列星やブルーループの星[*7] の存在から，1–2 億年前に銀河全域に渡って星形成が再発したことが分かっている．星形成の強度は銀河面で一様でない．中心の棒状構造の近傍の方が周辺領域よりも星形成率が高く，なかでも棒状構造の中心よりも両端の方が高い．最近における星形成の再発と NGC6822 の奇妙な H I ガスの分布とは関係があるかもしれない．

[*7] ブルーループ星は，主系列から離れて進化した大質量星．金属量が低く，星形成を行っている銀河で顕著に見られる星の種族である．

6.1 矮小銀河の性質 | 217

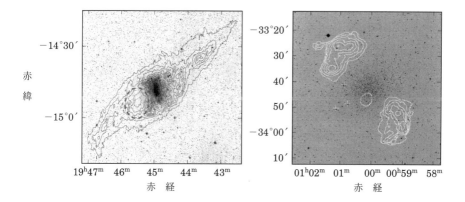

図 **6.6** （左）矮小不規則銀河 NGC6822. 可視光画像に HI ガスの等高線を重ねた. HI ガスは銀河本体に比べて数倍に広がって分布していることが見て取れる. （右）ちょうこくしつ矮小楕円体銀河. 可視光画像に HI ガスの等高線を重ねた. 銀河本体のすぐ横に HI ガス雲が漂っている様子が分かる (de Blok & Walter 2000, *ApJ* Letters, 537, 59 と Carignan *et al.* 1998, *AJ*, 116, 1690).

図 6.6（左）は NGC6822 の HI ガスの分布を銀河の星の分布に重ねたものである. 棒状構造の東南（左下）側に HI ガスの存在しないホールがあり，反対側の北西側に HI ガスが局所的に厚い雲がある. ガスホールの大きさは $2.0 \times 1.4\,\mathrm{kpc}$ に相当する. HI ガス雲がこの銀河に付随しているという確証はないが，その質量は $10^7 M_\odot$ もあり，この銀河全体の HI ガスの約 10% にも達する. ガスホールと HI ガス雲，さらに NGC6822 で起こった星形成を説明するアイディアの一つは，ガスホールは高速度水素雲が NGC6822 の円盤部を貫通したときにでき，そのなごりが北西（図の右上）にある HI ガス雲であるという考えである. その運動学的な特徴から貫通が起こった時期が 1 億年前と推定でき，星形成が 1–2 億年前に突如として再発したという色–等級図の特徴と符合する.

しし A（Leo A）

しし A は矮小不規則銀河としては暗い部類に属する. 絶対等級は $M_\mathrm{V} = -11.7$ 等級, これより暗い矮小不規則銀河は, 局所銀河群としては LGS 3, みず

図 6.7 すばる望遠鏡で撮像したしし A 矮小不規則銀河（カバー裏表紙参照）．若い主系列星や中間年齢の赤い星，ダスト，H_{II} 領域などからなる円盤の外側に金属量が低い老齢な赤色巨星からなるハローが広がっている．H_I ガスはこのハローの外端まで分布している (http://subarutelescope.org/Pressrelease/2004/08/05/index.html)．

がめ，ほうおうなどの形態移行銀河（6.1.4 節参照）しかない．しし A は局所銀河群の中では比較的孤立して存在する銀河である（図 6.7）．H_I ガスの質量は $M_{H_I} = (8.1 \pm 1.5) \times 10^7 M_\odot$ であり，星の質量に比べてガスの量が非常に多い．星の平均の金属量は [Fe/H] $\simeq -1.7$ である．こと座 RR 型変光星が検出されているので，この銀河での最初の星形成は銀河系の球状星団が生まれたのと同じ頃に起きている．すばる望遠鏡によってヴァンセヴィシウス (V. Vancevicius) らがこの銀河の赤色巨星の分布を調べたところ，しし A 矮小銀河には種族 II の星からなる広がったハローがあることが初めて明らかになった．また，従来，H_I ガスの観測からガスは星の 2 倍以上も広がって分布していると言われてきたが，すばる望遠鏡の撮像によって，星の分布と H_I ガスの分布の範囲が一致することが確認された．

矮小銀河にハローがあることは銀河形成にとって大きな意味を持つ．銀河形成

の最近の理解によれば，銀河本体もハローも SZ 仮説のように周辺の矮小銀河が落ち込んで形成される（4.3.1 節参照）．つまり，ハローがあるのは銀河がより小さな銀河の衝突・集積によって成長した証拠なのである．色–等級図の解析によると，この銀河の星の大部分は非常に若い．それらの星が生まれてからせいぜい 20 億年しか経っていない．先にも述べたように 100–140 億年前にも星形成があったのは明らかであるが，古い星の割合は質量にして多くても 10% であろう．しし A には若い星と老齢な星からなる円盤がある．そして，種族 II の星からなるハローとはっきりとした外縁があり，これらは成長した大きな銀河の持つ基本的な構造となんら変わりがない．ということは，たとえ矮小銀河といえど，その形成過程は複雑で，より小さな銀河片の集積・合体で作られたものであることを強く示唆するのである．つまりしし A は階層的な構造形成が矮小銀河の規模でも起こっている証拠となる．

6.1.4 矮小銀河の形態移行説

矮小楕円体銀河と矮小不規則銀河の二つに大別できる矮小銀河であるが，両者の関係はどうなっているのであろうか？　現在では H$_\text{I}$ ガスのない矮小楕円体銀河にも数億年という比較的若い星種族が存在しているものがあること，両者が異なった環境（前者は大きな銀河の周辺，後者は孤立した環境）に棲み分けていること，古い星成分の空間構造などは両者であまり違いがないことなどから，星形成を行っている矮小不規則銀河がガスを失い，矮小楕円体銀河へと形態移行する，という進化系列が提案されている．

実際に，矮小不規則銀河から矮小楕円体銀河へと形態移行をしている途中にあるのではないかと考えられている矮小銀河も存在する．たとえば，我々の銀河系の近くにあるちょうこくしつには銀河本体から離れた場所に銀河を取り巻くように H$_\text{I}$ ガスが広がっていることが知られている（図 6.6（右））．この H$_\text{I}$ ガスは銀河の進行方向の前後に位置しており，銀河系の潮汐力によって銀河から引き剥がされた H$_\text{I}$ ガスであろうと考えられている．つまり，ちょうこくしつは今まさにガスを失い，矮小不規則銀河から矮小楕円体銀河への形態移行が行われている現場なのではないかと考えられている．他の例としては，ほうおう，ポンプ，ペガススなどをあげることができる．

しかし，形態移行説を確固たるものにするために解決しなければならない問題もいくつか残されている．たとえば，矮小不規則銀河には回転が見られるのに対し矮小楕円体銀河には回転が見られないことをどう説明するか，孤立した環境下にある矮小楕円体銀河のガスを取り去るメカニズムは何なのか，同じ光度で比較したときの形態による金属量の違いをどう説明するか，などである．

ほうおう（Phe）

ほうおうはちょうこくしつ，LGS3 やみずがめ，ペガススと同じように，矮小楕円体銀河と矮小不規則銀河の中間的な特徴を持つ銀河である．色–等級図（図 6.4 の 2 段目中央）を見ると，なるほど古い星から若い星まで含んだ銀河であることが分かる．しかし，H I ガスは非常に少ない．その質量は約 $10^5 M_\odot$ しかなく，ちょうこくしつとほぼ同じである．H I ガスの分布と星の分布を比較すると，ガスは銀河本体の南西に角度で 5 分離れたところにあり，あたかも銀河からガスが剥がれつつあるように見える．赤色巨星の平均金属量は $[Fe/H] = -1.8$ である．最初の星形成は少なくとも 100 億年以上昔に起こり，その後も間欠的に 10 億年前まで続いた後不活発となり，1 億年前に再発したことが分かっている．このような星形成史は現在も星形成を行っているという点を除けば，銀河系サブグループの矮小楕円体銀河でしばしば見られる．

6.1.5 非常に暗い矮小銀河

非常に暗い矮小銀河はその暗さと表面輝度の低さゆえに近年までその存在が知られていなかったが，2005 年におおぐま I，2006 年にさらにおおぐま II，うしかい I，りょうけん I など 8 個がスローン・デジタル・スカイ・サーベイ（SDSS）のデータの中から発掘されたのをきっかけに銀河系の周りに続々と発見され，2015 年にダーク・エネルギー・サーベイ（DES）で一気に 22 個が南天で発見されるなどして，現在分かっているものは分光同定されていない候補も含めれば 40 個以上にもなる．非常に暗い矮小銀河は矮小楕円体銀河の一種であるが，通常の矮小楕円体銀河よりも 10 倍から 100 倍暗い．なかには球状星団よりも暗いものもある．絶対等級 $M_V > -8$ は星質量でいうと $M < 10^4 M_\odot$ に相当する．

これらの銀河にはガスもなく，ダストもない．したがって，新たに誕生した若い星もない．低い光度にもかかわらず力学的質量は重く，ダークマターを多量に

含む暗黒銀河である*8．非常に暗い矮小銀河の色–等級図は銀河系で最も古い球状星団 M92 とよく似ている．赤色巨星の分光観測から得られた金属量はそれぞれの銀河で $-3.5 < [\text{Fe/H}] < -1.5$ の範囲にあるが，平均の金属量は多くの銀河では $[\text{Fe/H}] \sim -2.5$ である．年齢はおよそ 133 億年，年齢分布にはほとんど幅がなく，星形成が宇宙初期の短い時間で一斉に終了したことを物語る．これは宇宙が再電離したときに強い紫外線に照射され，星形成が阻害されたためであると考えられる．さらに言えば，これらの非常に暗い矮小銀河そのものが宇宙の再電離の原因であったかもしれない．

非常に暗い矮小銀河の数は多かったはずであり，いわゆるミッシングサテライト問題を解決する鍵はこれらの銀河にあるだろう．すばる望遠鏡の超広視野主焦点カメラ（HSC）による矮小銀河探査キャンペーンは SDSS などでは発見できない遠方にある非常に暗い矮小銀河を多数発見すると期待されている．すでに，銀河系の衛星銀河として二つの非常に暗い矮小銀河候補がすばる望遠鏡によって発見されており，これまでに探査を行った領域を敷衍して銀河系に付属する非常に暗い矮小銀河の総数を推測すると，ミッシングサテライト問題で必要とされている矮小銀河の数とほぼ同じになる可能性がある．

うしかい I（Boö I）

うしかい I は 2005 年以降，SDSS によって新たに発見された非常に暗い矮小銀河のうちの一つである．絶対等級は $M_V = -5.8$ 等．すばる望遠鏡で撮像された画像を見てもどこに銀河がいるか分からないほどに星がまばらに広がっており，色–等級図を作成してみて初めてそこに銀河がいることが明らかになる．色–等級図は銀河系でもっとも古い球状星団 M92 と非常によく似ているので，うしかい I には M92 と同じくらい古く金属量の低い星しか存在しない．うしかい I の星の空間分布は歪んで引き伸ばされたようになっており，銀河系の潮汐力の影響を強く受けていることを示している．

6.1.6 その他の矮小銀河

低表面輝度銀河は表面輝度の低い，ガスを持った銀河として定義される（矮小不規則銀河の一部は低表面輝度銀河でもある）．この種類の銀河は，多量のガス

---

*8 ダークマター粒子が対消滅した際に発生するガンマ線の検出が試みられている．

を含むものの柱密度は小さく，星形成活動は大変低い．しかし光度に対するガス質量は大変高い（典型的には太陽を単位として $M_{\rm HI}/L_{\rm B} = 1$）．低表面輝度銀河はまだ見つかっていないものがたくさんあると考えられているため，隠れたガス供給源として（たとえば大きな銀河への衝突・合体などを通して）宇宙全体の星形成活動に影響を及ぼすと考えられている．低い星形成活動から推定されるように，低表面輝度銀河は進化の進んでいない，金属量の少ない銀河である．

青色コンパクト矮小銀河は見かけがコンパクトな輝線銀河として発見されてきたものである．中心部では活発な星形成活動が行われているため表面輝度が高く，不規則な形をしている．しかし中心部を離れると指数則に従う円盤成分が広がっており，この円盤は年齢の古い星で構成されている．円盤成分の総光度は中心部よりずっと明るいので，青色コンパクト矮小銀河を全体として見ると必ずしも激しい星形成活動をしているというわけでなく，渦状銀河と同程度である．青色コンパクト矮小銀河はガスが豊富な銀河であるが，$0.1 < M_{\rm HI}/L_{\rm B} < 1$（太陽単位）と低表面輝度銀河には及ばない．興味深いことに，かなりの数の青色コンパクト矮小銀河は低表面輝度銀河と考えられる H I ガスをすぐ近くに伴っている．この H I ガスとの相互作用が青色コンパクト矮小銀河に見られる活発な星形成活動の引金となっているのかもしれない．

青色コンパクト矮小銀河は金属量の低い銀河であることが分かってきた．一般には $1/10\ Z_\odot$（太陽金属量）程度のものが多く，もっとも金属量の低い青色コンパクト矮小銀河 I Zw 18 の金属量は $1/50\ Z_\odot$ しかない．このことから青色コンパクト矮小銀河は，原始ガスから最初の星形成を起した，まさに生まれたての銀河ではないかとする説もあり，銀河の年齢を決定する観測が進められている．

一方，超コンパクト矮小銀河はその輝度分布が非常にコンパクトであるため，今までは星と区別をすることができなかった．しかし，ろ座銀河団領域の全天体分光サーベイによって 1990 年代最後に発見された．超コンパクト矮小銀河は $(1\text{--}5) \times 10^7 M_\odot$ 程度の質量を持ち，明るさは $-13 < M_{\rm B} < -11$ 等級程度であるが，大きさは 100 pc 程度以下と球状星団に匹敵するような大変小さい星の系である．超コンパクト矮小銀河は銀河団中心部に集中していることや，同じ光度の矮小楕円銀河に対して色が赤いことから，有核矮小楕円銀河が銀河団中心部の巨大銀河の潮汐相互作用の繰り返しにより外層から星を剥ぎ取られ，核の部分だ

けが残り，それが超コンパクト矮小銀河になっているという説が有力である．したがって，銀河団のような高密度環境に特有な矮小銀河であると言えるかも知れない．

6.1.7 矮小銀河の性質とその光度依存性

巨大楕円銀河には，絶対等級が明るいものほど赤い色を持つという色–等級関係があることが知られている．この関係の分散は大変小さく，質量と金属量の関係が色–等級関係として現れていると考えられる．一般に矮小楕円銀河は，分散は大きくなるものの，この巨大楕円銀河の色–等級関係の延長線上に乗っていることが知られている．また明るい楕円銀河で見られるマグネシウム吸収線強度（Mg_2）と中心速度分散（σ_0）の相関関係は矮小楕円銀河でも見られる．一方，矮小不規則銀河の色は矮小楕円銀河に比べ青く，色の分散も大きくなっている．

矮小楕円体銀河の金属量は，星の内部構造理論から予測される星団の色–等級分布と観測された星々の色–等級分布との比較や，金属量の分かっている球状星団の赤色巨星分枝の形と観測された赤色巨星分枝の形との比較などによって求められてきたが，近年の観測技術の進歩により銀河を構成する個々の星（主に赤色巨星分枝星）を多数分光することが可能となり，銀河系周辺の矮小楕円体銀河の分光学的金属量を求めることが可能となってきた．局所銀河群の矮小楕円体銀河について，光度に対して金属量をプロットしたのが図 6.8 の左図である．明らかに矮小楕円体銀河の金属量は光度と良い相関があり，光度の暗いものほど金属量が低いことが分かる．この光度–金属量関係は明るい楕円銀河でも当てはまり，矮小銀河から楕円銀河まで連続している．

一方，矮小不規則銀河の金属量は，H II 領域の [O II] 輝線などを使って酸素の存在量 (酸素・水素比) として求められることがほとんどである．図 6.8 の右図に矮小不規則銀河の光度と金属量をプロットした．図からも分かるように，矮小楕円体銀河に比べて分散は大きいものの，矮小不規則銀河は

$$12 + \log(O/H) = (5.67 \pm 0.48) + (-0.147 \pm 0.029)M_B \tag{6.2}$$

で表される光度–金属量関係に従うことが分かる．

いくつかの矮小楕円銀河には惑星状星雲が存在し，これらの酸素輝線を観測することによって矮小楕円銀河の酸素・水素比を求めることができる．図 6.8 から

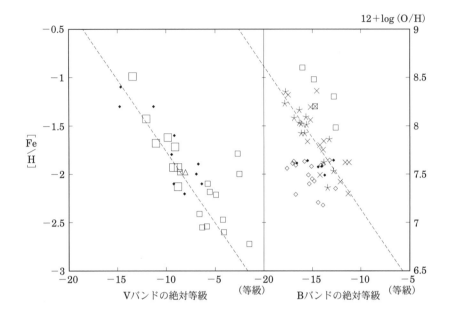

図 6.8 矮小銀河の光度–金属量関係．（左）銀河系に付随する矮小楕円体銀河（□），M31 に付随する矮小楕円体銀河（◆），2005 年以降に発見された非常に暗い矮小銀河（小さい□）と矮小形態移行銀河（△）について，分光観測から求めた金属量（[Fe/H]）を絶対等級の関数として表したもの．（右）HII 領域から求めた酸素・水素比（O/H）を絶対等級の関数として表したもの．局所銀河群の矮小不規則銀河を×，局所銀河群外の矮小不規則銀河を★で表した．また，酸素・水素比の低いものについて，青色コンパクト銀河を◇，低表面輝度銀河を◆で書き加えた．また，参考のために惑星状星雲から求めた矮小楕円銀河の酸素・水素比を□で表した．

分かるように，矮小楕円銀河の酸素・水素比は同じ光度の矮小不規則銀河に比べて系統的に高い値を示すことが分かる．

　HII 領域は明るく，輝線として観測されるので，局所銀河群より遠方の銀河についても比較的簡単に酸素・水素比を求めることができる．このようにして，局所銀河群以外の矮小不規則銀河や，低表面輝度銀河，青色コンパクト矮小銀河の金属量も求めることができる．図 6.8 には金属量の少ないもののみを表示してい

る．同光度で比べた場合，低表面輝度銀河は矮小不規則銀河に比べて金属量が低く，もっとも低金属量のものは青色コンパクト矮小銀河であることが分かる．

6.1.8 矮小銀河の光度関数

銀河の光度関数は，一般にシェヒター（P. Schechter）によって提案された次のような形の関数（シェヒター関数）で表されることが多い．

$$\phi(L)dL = \phi^\star \exp\left(-\frac{L}{L^\star}\right) \cdot \left(\frac{L}{L^\star}\right)^\alpha \cdot \frac{dL}{L^\star}. \tag{6.3}$$

ここで L は銀河の光度，$\phi^\star$ と $L^\star$ は定数である．

この式で指数 α が暗い矮小銀河の増え方を決める値である．α が小さいほどより暗い矮小銀河の数が多いということになり，α が -2 に近づくにつれて，銀河の光度の総和に占める矮小銀河の割合が支配的になる．また，冷たいダークマターが支配的だったとする理論（CDM 宇宙論）では $\alpha \sim -2$ が予言されており，α を精度良く決定することは理論的観点からも興味深いことである．

しかし，銀河の光度関数をもっとも暗い矮小銀河まで完璧に求めることは至難の業である．まず，矮小銀河は本質的に暗いため，矮小銀河の検出自体が難しい．また，暗い矮小銀河はより低表面輝度であることが，暗い矮小銀河の検出の難しさに拍車をかける．さらに，銀河の絶対等級を求めるための分光観測が暗い銀河では難しくなってくる．

現在のもっとも精度良く求まっていると思われる近傍銀河の光度関数の一例を示したのが図 6.9 である．宇宙の一般的な領域（フィールド）では $\alpha = -1.26$（左図），銀河団では $\alpha \sim -1.6$（右図）であることが示されている．観測者や観測領域による違いはあるものの，α の値はフィールドでは $-1.3 < \alpha < -1$，銀河団では $-1.6 < \alpha < -1.2$ くらいになっており，明るい銀河に対する矮小銀河の数の割合は銀河団の方がフィールドに比べて高いということを表している．α は -2 に比べて十分大きな値であり，銀河の光度の総和の中で矮小銀河の光度が占める割合はそれほど大きくなさそうだということが分かる．

また，サンプルを赤い銀河（$\simeq$ 矮小楕円銀河）と青い銀河（$\simeq$ 矮小不規則銀河）で分けた場合の光度関数も求められているが，銀河団に比べフィールドでは赤い銀河の α が大きいという結果が得られている．つまり，赤い銀河に限ると，

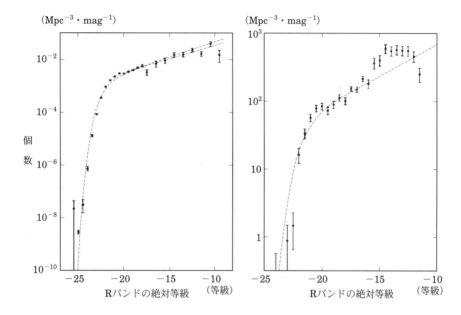

図 **6.9** （左）フィールドの銀河光度関数．（右）銀河団の銀河光度関数．比較のため，フィールド銀河の光度関数が破線で描かれている（Trentham *et al.* 2005, *MNRAS*, 357, 783）．

明るい銀河に対する矮小銀河の存在数比は銀河団よりフィールドの方が小さいということを示している．一方，青い銀河の α は環境による相違はあまり見られず，青い矮小銀河は環境によらず明るい銀河に対して一定の割合で存在することが分かる．

6.2 矮小銀河のダイナミクス

さて，矮小銀河の内部運動はどのような特徴を持っているだろうか？ すでに述べたように矮小銀河は小さな系なので，その内部運動を調べるためには，(1) 空間分解能が高い観測，(2) 比較的小さな視線速度の変化を調べることができる観測，が必要である．前節までは，対象を局所銀河群からやや広げて，おとめ座銀河団くらいまでの距離にある矮小銀河について説明したが，ここからは (1) と (2) の両方を満たす観測が可能な局所銀河群の矮小銀河に限り，その特徴や

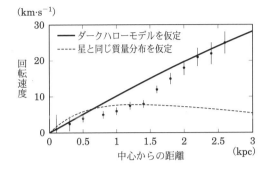

図 6.10 局所銀河群の矮小不規則銀河 IC1613 の H I ガスの観測から得られた回転曲線．誤差棒つきの点が観測データ．破線は，星の分布と質量分布が同じだと仮定して計算した場合の回転曲線．実線は，銀河がダークハローに囲まれていることを仮定して計算した場合の回転曲線．

最近の研究について説明する．

　矮小銀河の内部運動から導かれた量として，特に興味深いのは力学質量である．見積もられた力学質量から一部の矮小銀河には非常に多量のダークマターが存在していると言われており，それは後に述べる「ミッシングサテライト問題」などとも関連して，ホットに議論されている問題である．力学質量を見積もるためには，圧力によって支えられた系なら速度分散を，回転によって支えられた系の場合は回転速度を測定する．

6.2.1　矮小不規則銀河の内部運動と力学質量

　ガスを豊富に含む矮小不規則銀河の場合，力学質量は H I ガスの輝線を観測して求める方法が一般的である．1970 年代から観測が始まり，ほぼ回転運動が支配的な矮小銀河の場合には，回転曲線から力学質量が見積もられる．ただし，銀河の全領域で回転運動が支配的ではない矮小不規則銀河も存在している．たとえば，矮小不規則銀河 GR8 は内側では回転によって，外側では圧力によって支えられている．回転曲線から力学質量を見積もる方法が不適切な場合は，H I ガスが出す輝線の幅，もしくは，個々のガス雲の平均速度の視線方向の分散から速度分散を求め，なんらかのモデルを用いて力学質量を求めることになる．

それでは,実際に観測された矮小不規則銀河の回転曲線とそれを再現する質量分布を調べてみよう.図 6.10 で,誤差棒つきの点は矮小不規則銀河 IC1613 で観測された HI ガスの回転速度を示している.この図から分かるように,この銀河の回転速度は,外側で上昇するという特徴を持つ.どのような質量分布であればこの回転曲線を再現できるであろうか? この矮小不規則銀河で,星の分布と質量の分布が同じだと仮定すると,半径 r 方向の質量分布 $\Sigma_{\mathrm{m}}(r)$ は

$$\Sigma_{\mathrm{m}}(r) = \Upsilon \times \Sigma_0 \exp(-r/h) \tag{6.4}$$

と書くことができる.ここで Υ は質量・光度比,Σ は中心での輝度,h は円盤のスケール長である.このような質量分布の場合,回転曲線は次式で与えられる.

$$V_{\mathrm{rot}}^2(r) = 4\pi G \Sigma_0 h y^2 \left[I_0(y)K_0(y) - I_1(y)K_1(y)\right]. \tag{6.5}$$

ここで $y = r/2h$,I と K はベッセル関数である[*9].図 6.10 で,破線で示しているのが式 (6.5) を用いて計算した回転曲線である.銀河の内側では,式 (6.5) で表される回転曲線は観測をよく再現している.一方で,外側ではまったく再現できていない.つまり,星の分布と質量分布が一致していると仮定すると,観測された回転速度を再現できないのである.

それでは,星の分布と質量の分布が一致していないと考えてみよう.外側で回転速度が上昇していることから,特に銀河の外側に星の分布から予想されるよりもたくさんの物質が存在しているはずだ.こうした考えに基づいた研究から,銀河がダークマターで構成されるダークハローに取り囲まれていると考えると,外側の回転曲線もよく再現できることが知られている.ダークハローの密度分布が次の式に従うと仮定する.

$$\rho(r) = \rho_0 \left[1 + \left(\frac{r}{r_{\mathrm{c}}}\right)^2\right]^{-1}. \tag{6.6}$$

ここで,ρ_0 はハローの中心密度,r_{c} はハローのコア半径である.式 (6.6) の質量分布を仮定すると,回転曲線は

$$V_{\mathrm{rot}}(r) = \left(4\pi G \rho_0 r_{\mathrm{c}}^2 \left[1 - \frac{r_{\mathrm{c}}}{r} \arctan\left(\frac{r}{r_{\mathrm{c}}}\right)\right]\right)^{1/2} \tag{6.7}$$

[*9] 式 (6.5) の導出は,Binney & Tremaine 1987, *Galactic Dynamics*, Princeton Univ. Press, を参照.

である．図 6.10 で，実線は式（6.7）で表されるダークハローモデルを仮定して計算した結果である．図 6.10 から分かるように，このモデルは外側の回転曲線をよく再現できている．

以上の考察から，矮小不規則銀河 IC1613 はダークハローに取り囲まれているという結論になる．

6.2.2　矮小楕円体銀河の内部運動と力学質量

矮小不規則銀河の場合とは異なり，矮小楕円体銀河にはほとんどガスがない．そのため，星の速度を測定して内部運動を解析したり，力学質量を見積もることになる．観測機器が発達し，銀河を構成する星の性質をくわしく調べることができるようになる前は，矮小楕円体銀河は球状星団と同様に古く金属量の低い星で構成されており，力学的な平衡状態にあると一般的に考えられていた．古い星で構成され，力学的平衡状態にある系は，質量・光度比は $M/L_\mathrm{V} \sim 2$（太陽単位）である．矮小楕円体銀河の質量・光度比もこの程度の値だろうと見積もられていた．

一方で，質量・光度比はもっと大きいという見積もりもあった．矮小楕円体銀河の半径方向の明るさの分布を調べると矮小楕円体銀河の半径は別の天体との相互作用の影響を強く受けていることがわかる．実際，局所銀河群の矮小楕円体銀河は，M31 や銀河系の衛星銀河である場合がほとんどである．潮汐半径は，天体の軌道と質量の関数なので，潮汐半径を r_t，銀河系を回る軌道の近点を R_p，軌道の離心率を e，銀河系の質量を M_g，矮小銀河の質量を M とおくと，

$$r_\mathrm{t} = R_\mathrm{p} \left(\frac{M}{M_\mathrm{g}(3+e)} \right)^{1/3}. \tag{6.8}$$

が成り立つ．

具体的にりゅう矮小楕円体銀河の例で計算してみよう．

式 (6.8) に，概算値である $R_\mathrm{p} = 55\,\mathrm{kpc}$, $M_\mathrm{g} = 1 \times 10^{12} M_\odot$, $r_\mathrm{t} = 570\,\mathrm{pc}$, $e = 0.5$ を代入してみる．得られた M を使って質量・光度比を求めてみよう．りゅう矮小楕円体銀河の絶対等級は $M_\mathrm{V} = -8$ 等級なので，$M/L_\mathrm{V} \sim 30$（太陽単位）が得られる．つまり，質量・光度比は，古い星で構成され，力学的平衡状態にある場合の 10 倍にもなる．

星の速度分散から求めた力学質量はどうだろうか？　先駆的な観測を行ったのは，アーロンソン（M. Aaronson）である．得られたりゅうの星の速度分散は，約 $6.5\,\mathrm{km\cdot s^{-1}}$ だった．この値を使って，質量・光度比を計算してみよう．銀河の明るさの分布はキングモデル[*10]とよく一致していることがわかっているので，このモデルを仮定すると銀河の質量は $M/M_\odot = 167 r_\mathrm{c} \mu \langle V_\mathrm{r}^2 \rangle$ と書くことができる．ここで $r_\mathrm{c}, \mu, V_\mathrm{r}$ はそれぞれキングモデルのコア半径（pc），無次元量の質量パラメータ，速度分散（$\mathrm{km\cdot s^{-1}}$）である．

上記の関係式に，りゅうの値，$\mu = 4.1$ と $r_\mathrm{c} = 140\,\mathrm{pc}$ を代入すると，質量・光度比は $M/L_\mathrm{V} \sim 30$（太陽単位）となる．この値は式 (6.8) で求めた値とよく一致している．この大きな質量・光度比は，矮小楕円体銀河がダークマターを大量に含んでいることを示唆している．

この結論に対して，質量の見積もりが間違っているのではないか，という指摘もあった．誤りの原因として，(1) 速度が測定されている星の個数が少ないこと，(2) 測定誤差，(3) 連星の影響の可能性，(4) 星の大気の運動が影響した可能性，(5) 力学質量を計算するためにした力学平衡の仮定が不適当，があげられた．

これらの指摘は一つひとつ確かめられていったのである．まず，(1) と (2)，(3) の可能性を検証するために，より多くの星（$\gg 100$ 個）の速度が観測され，より質の高いデータが集められた．(4) の可能性を調べるためには，星の大気の運動が小さいより暗い星が観測された．そして結局は初期の速度分散の値が確認されたのである．

また，(5) をくわしく述べると，局所銀河群にある矮小楕円体銀河のほとんどは銀河系や M31 の衛星銀河なので，母銀河からの潮汐力を強く受けて壊されている最中で，力学平衡の仮定は間違いだという指摘である．実際，銀河系に引き裂かれている矮小楕円体銀河として，いて矮小楕円体銀河の例もある（図5.8参照）．これに対して，より詳細な理論研究が行われ，やはり，観測された速度分散を再現するには矮小楕円体銀河に大量のダークマターが必要だという結論に達している．

図 6.11 は，局所銀河群の矮小銀河で得られている質量・光度比と銀河の絶対

[*10] キングモデルの解説は，Binney & Tremaine 1987, *Galactic Dynamics*, Princeton Univ. Press, にくわしい．

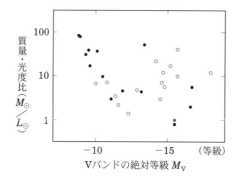

図 **6.11** 局所銀河群の矮小銀河の絶対等級と質量・光度比．● は矮小楕円体銀河を，○は矮小不規則銀河を表している．矮小楕円体銀河のデータ（●）に注目すると，暗い銀河で質量・光度比が高く，ダークマターの割合が大きいという傾向が見られる．

等級を表したものである．矮小不規則銀河のデータ（○）に注目してみると，銀河の明るさと質量・光度比の間にはこれといった相関はなさそうである．一方，矮小楕円体銀河のデータ（●）に注目してみると，暗い銀河ほど質量・光度比が高い，つまり暗い銀河ほどダークマターの占める割合が大きいことが分かる．

6.2.3 矮小銀河のダークマターとミッシングサテライト問題

冷たいダークマターのゆらぎが重力で成長するという銀河形成論（CDM 宇宙論という）では，小さな銀河が合体して大きな銀河がつくられる[*11]．大質量銀河のまわりには合体から生き残った多数の小質量銀河が衛星銀河として分布するはずである．ところが観測によれば，衛星銀河の個数は予測の 3 分の 1 以下なのである．観測と理論予測の不一致は，「ミッシングサテライト問題」として知られている．図 6.11 の矮小楕円体銀河のデータが示すように，暗い銀河ほどダークマターの割合が多いということと，暗い銀河ほど個数が多いということの二つを組み合わせると，ミッシングサテライト問題の解決の糸口がつかめるかもしれない．つまり，局所銀河群には発見されていない矮小銀河が多くあり，ガスとダークマターのみで構成される "見えない銀河" も存在するかもしれない．

[*11] 4.1.2 節参照．

ミッシングサテライト問題への観測的な取り組みは，新たに矮小銀河を発見することである．その一つに SDSS のデータを使った研究がある．サーベイ（掃天）データにある星を色と明るさによって分類し，赤色巨星を抽出する．そして，赤色巨星が空間的にある集中度を持つ領域を矮小銀河の候補とするわけである．赤色巨星は銀河で星形成が起きてから約 10 億年程度たつと出現するので，約 10 億年以上前に星形成を起こしたことがある銀河なら必ず赤色巨星があるはずだ．この方法で実際にアンドロメダ IX, X, りょうけん，うしかい，おおぐまほか多数の矮小銀河が 2004 年から 2006 年にかけて発見されている．H I ガスの放つ 21 cm の輝線を使ってガスを豊富に持つ矮小銀河，すなわち星は少ないがガスは多く可視光の望遠鏡では検出が難しい銀河を発見しようという掃天探査も行われている．その代表例が 305 m アレシボ電波望遠鏡をつかったプロジェクトである（アレシボ銀河環境サーベイ，AGES）．このプロジェクトチームはオーストラリアで開発された新しい検出器を用いて空の 6 分の 1 の領域で水素からの輝線をとらえる掃天探査を行い，これまでに近傍銀河の周辺やおとめ座銀河団などで矮小銀河を発見している．このようなサーベイ研究が進めば，より多くの矮小銀河が発見され，ミッシングサテライト問題解決の糸口がつかめるかもしれない．

6.3 矮小銀河の形成と進化

前節でもふれたように，現在の標準的な CDM 宇宙論では，矮小銀河は銀河系をはじめとする大質量銀河のビルディング・ブロック（構成素材）と対応している．そのため，矮小銀河を調べることで大質量銀河の形成や進化を解明する手がかりを得られるのではないかという期待がある．このように考えるのは，CDM 宇宙論において，銀河進化の描像を次のように描いているからだ．

初期宇宙にはダークマターの密度ゆらぎがあった．ダークマターの密度が高い領域は重力によって周辺の小さなダークマターを引き寄せる．そして，水素ガスのような通常の物質はダークマターがつくるポテンシャルに集められ，密度が十分に高くなると星が誕生する．その後に，ガスとダークマターの小さな塊が衝突・合体をくりかえして，より大きな銀河に成長すると考える．このシナリオにおいて，矮小銀河は古い構造形成の種(たね)の生き残りなのである．

6.3.1 宇宙の再電離と矮小銀河の形成

CDM 宇宙論においては，ビッグバンの後に，質量が約 $10^6 M_\odot$ の天体が最初に形成されると考えられている．この第一世代の天体で起こった星形成により，天体から強い紫外線が放射される．この強い紫外線によって宇宙は再電離したと考えられている．第一世代の天体の形成時期は，ウィルキンソン・マイクロ波異方性探査衛星（WMAP）の観測などから赤方偏移 $z \sim 20$ と推定されている．一方，遠方クェーサーの分光観測から，赤方偏移 $z \sim 6$ までに宇宙の再電離は完了したことが分かっている．

宇宙再電離の原因となった紫外背景光は，特に光加熱によって，その後の銀河の形成と進化に直接的な影響を及ぼした可能性がある．ガス雲が紫外背景光に照らされるとガスの温度 T は 10^4–10^5 K に上昇する．そのため，ビリアル温度（力学平衡にある雲の温度）が $T \lesssim 10^4$ のガス雲では圧力のために膨張してしまい，銀河として進化することができない．これは矮小銀河に相当する温度のガス雲である．つまり，矮小銀河サイズの天体では星形成が起こらず，銀河として進化できなくなる．

仮に何らかの原因で星形成が起こったとしても，超新星爆発によるエネルギーで銀河は壊されてしまい，銀河として生き残ることができなくなるかもしれない．このように，矮小銀河は小さな系であるため，外からの紫外光や銀河相互作用，星形成によるフィードバックの影響を強く受けると考えられる．

一方で小さな銀河，つまり矮小銀河の形成が抑制されると都合がいいこともある．もし，紫外背景光によって矮小銀河の形成が抑制されれば，上述したミッシングサテライト問題が解消されるかもしれないのである．つまり，星を含まないダークマターだけの衛星銀河になるためである．しかし現実には，上記の過程にはさまざまな不定性があり，CDM 宇宙論に基づいた理論計算は，矮小銀河の星形成史や化学進化史，矮小銀河の個数など主要な観測結果を再現できていない．したがって，まずは，現在観測できる矮小銀河の星形成史や化学進化史から，矮小銀河の形成や進化を明らかにするのが重要である．

6.3.2 個々の星に基づいた銀河進化の研究

さて，銀河がどのような星で構成されているかを調べれば，銀河の星形成史から，銀河の形成・進化を解明するための重要な手がかりが得られる．一般的に

は，銀河を構成する個々の星からの光を足し合わせた積分光を利用する場合がほとんどである．近傍の銀河以外は，銀河を個々の星に分解して観測することが難しいためである．しかし，積分光では，明るい星からの寄与が大きい．そのため，銀河で最近小規模な星形成があると，若い星は明るく積分光に対する寄与も大きいので，銀河の骨格を作っている星の種族がどのような星であるのかといった情報がかき消されてしまう．さらに年齢と金属量の縮退の問題もある．星の進化を計算すると，金属量が高い場合と年齢が古い場合，どちらも星の色が赤くなることがわかる．すると，銀河を構成する星が，金属量が低くて古い場合と若くて金属量が高い場合で積分光は同じような色を示すことがある．これを年齢と金属量の縮退という．その場合，若くて金属量が高いのか，それとも古くて金属量が低いのか，正しい解釈が難しい．近年の星のスペクトル・ライブラリーの整備や銀河のスペクトルを計算するコンピュータプログラムの発達によってこの問題を解く手法も登場している．

　銀河の星形成史を探るもっとも確実な手段は，積分光ではなく個々の星の光を観測して色–等級図を得て，さらに，個々の星を分光して金属量を調べることである．たとえば，銀河系の星形成史は，この手法で非常にくわしく調べられている．銀河系以外の銀河で同様の研究を行えるのは今のところ，局所銀河群の銀河と局所銀河群の近傍にある銀河だけである．6.1節で述べたように，局所銀河群には星の種族や置かれた環境が異なる銀河が存在している．それらの星形成史や化学進化史を個々の星について調べることができるのは，積分光でしか観測できない遠方銀河の進化を議論する上でも重要な情報を提供してくれる．また，矮小銀河の金属量は低く，宇宙初期に重元素が少ない環境下での星形成や化学進化の状況と似ている．矮小銀河を調べることは宇宙初期での銀河進化を研究する上でも重要なのである．

6.3.3　元素組成と化学進化史

　8–10 m級の地上望遠鏡が登場し，矮小銀河の個々の星を高分散分光して，さまざまな元素の金属量を測定することが可能になった．図6.12は，銀河系の近傍にあるいくつかの矮小楕円体銀河の星を高分散分光して得られた，マグネシウムと鉄の相対組成比を表している．黒い印で矮小銀河のデータを，白い印で銀河

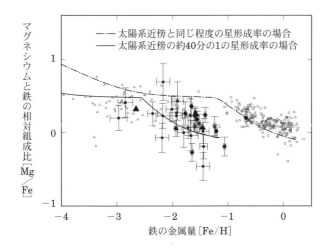

図 6.12 矮小楕円体銀河のマグネシウム（Mg）と鉄（Fe）の相対組成比のプロット．元素量は太陽の値で規格化してある．誤差棒つきの黒い印は，銀河系の衛星銀河である矮小楕円体銀河の星を高分散分光観測して導いた値．白い印は銀河系ハローと円盤の星の観測データである．図中の線は化学進化モデルの計算結果．星形成率が太陽系近傍と同程度の場合を一点鎖線で，それよりも 1/40 の星形成率の場合を実線で描いている．低い星形成率のモデルは，矮小楕円体銀河の観測データとほぼ一致していることが分かる．

系のデータを表している．特に，[Fe/H] を金属量と呼ぶ．これは鉄が天体の化学組成を代表していると考えられているからである．

図 6.12 からも明らかなように，矮小銀河の組成比は銀河系のそれと異なっていることがわかる．もし，矮小銀河が銀河系のビルディング・ブロックならば，組成比は同じ傾向を示すはずだ．したがって，この観測結果は，銀河系の衛星銀河である矮小楕円体銀河は，銀河系のビルディング・ブロックではないことを示唆している．

図 6.12 をくわしく見てみよう．銀河系の場合 [Fe/H] $\simeq -1$ で [Mg/Fe] の値が減少するのに対して，矮小銀河では [Fe/H] $\simeq -2.5$ で減少し始めている．マグネシウムは約 $8M_\odot$ 以上の星の終焉である II 型超新星から多く放出される元素である．大質量星の進化は早いので，星形成が起こった直後から増加する元素

の代表である．一方，鉄は Ia 型超新星から多く放出される．一般に，Ia 型超新星爆発は星が誕生してから約 10–20 億年後に起こると考えられているので，鉄は星形成が起こってから約 10–20 億年後に急に増加する．これに対応して，[Mg/Fe] は急に減少する．

星形成が起こるとまず II 型超新星が爆発し，鉄を含む重元素を星間空間に放出するので，金属量が増加する．星形成率が高いほど金属量の増加は早く，また星形成が続いた時間が長いほど金属量も高くなる．一方，[Mg/Fe] の急な減少は，Ia 型超新星が爆発し始めたことを示している．つまり，星形成が起こってから約 10–20 億年経過したということを意味する．星形成率が高ければ高いほど，より高い金属量で [Mg/Fe] の減少が始まる．星形成率が低ければ，より低い金属量で [Mg/Fe] が減少しはじめる．

このように考えて，もう一度図 6.12 を見てみよう．矮小銀河では [Mg/Fe] が減少しはじめるのが，銀河系よりも低い金属量である．つまり，矮小銀河の星形成率は太陽系近傍よりも低いとわかる．太陽系近傍と矮小銀河のデータをそれぞれ再現するようにモデル計算した結果を描いている．すると，組成比を再現するには矮小銀河の星形成率は太陽系近傍の値の約 1/40 となる．

星形成率が低かったのではなく，合成された重元素が銀河の外へ放出されてしまったために化学進化が進まなかったのだという説も提唱されている．矮小銀河のポテンシャルは浅い．超新星爆発のとき，重元素を大量に含んでいるガスがもつエネルギーは矮小銀河の束縛エネルギーを超えてしまい，銀河の外へほとんど放出されてしまうと考える．すると銀河の化学進化は進まない[*12]．

6.3.4 色–等級図と星形成史

局所銀河群の矮小銀河の個々の星を測光観測して得られた色–等級図から星形成史を調べるという研究は，4 m 級の地上望遠鏡が登場した 1970 年代末期から行われていた．当時，色–等級図を導くことができたのは銀河系の衛星銀河である矮小楕円体銀河だけだった．これらの銀河は球状星団と同様，同じ年齢と金属量を持つ星で構成されていると考えられていたので，星形成史も単純なものだろ

[*12] しかし，この説は観測結果と一致していない．実際の矮小銀河では化学進化が進んだことは星の元素組成に関する観測から明らかだからである．

うという考えが一般的だった．それで，銀河の星形成史を調べるというよりは，低金属量での星の進化を検証する目的で観測されていた．

1980年代に入ると，矮小楕円体銀河で炭素星が発見され，これらの銀河には球状星団より若い星が存在する可能性が示唆され始めた．より直接的な証拠は，色–等級図から得られる．1983年には，りゅうこつの色–等級図が得られ，水平分枝より 2.5 等暗いところに主系列転向点があることが明らかになった．これは，球状星団よりも若い星，年齢が約 60–90 億年の星が存在していることを意味している．さらに 1990 年代になると，りゅうこつのより深い（暗い星まで含む）色–等級図が得られ，主系列転向点が複数あることが発見される．断続的な星形成の明らかな証拠である．

同時に金属量についての研究も発展する．ろくぶんぎの星に対する分光観測から，この銀河の星の金属量は太陽系近傍の金属量の約 1/400 から 1/30 の間で幅があることが明らかになった．単純な星形成史をたどっていたと思われている矮小楕円体銀河だったが，じつは多様な金属量と年齢の星の集合体であることが分かり始めてきた．そして，ハッブル宇宙望遠鏡（HST）の登場により，局所銀河群の矮小銀河の星形成史についての研究が勢いづく．HST により，銀河系サブグループの衛星銀河だけでなく，M31 サブグループや局所銀河群にあるさまざまな矮小銀河の深い色–等級図を描くことができるようになったのである[*13]．

図 6.13 は，星の進化の計算から導かれた等時曲線と，しし II 矮小楕円体銀河の色–等級図を重ねた図である．等時曲線上には，同じ年齢，同じ金属量を持つ質量の異なる星が並んでいる．左の図は，金属量（Z）は同じだが，年齢が異なる二本の等時曲線を描いている．年齢が 32 億年の等時曲線は，個数は少ないが明るい主系列の星の分布と一致している．一方，年齢 125 億年の場合は，暗い主系列星や赤色巨星分枝星の観測データと重なっている．この比較から，しし II 矮小楕円体銀河には年齢が約 32 億年から約 125 億年の星が存在していると分かる．

中央の図では，同じ年齢を仮定し，金属量を変えた場合の等時曲線と観測データを比較している．赤色巨星分枝の色は金属量に依存し，金属量が高くなると赤くなる．図から分かるように，金属量 $Z = 0.0001$ の場合は観測された赤色巨星分枝の色よりも青い．つまり，しし II の星の金属量は $Z = 0.0001$ よりは高

[*13] ハッブル宇宙望遠鏡による画像から得られた色–等級図は，図 6.2 や図 6.4 を参考にしてほしい．

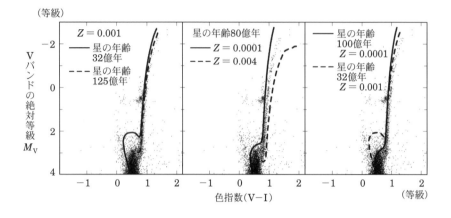

図 6.13 ハッブル宇宙望遠鏡 WFPC2 の画像を解析して得たしし II の色−等級図に理論的な星の等時曲線を重ねた図．各図中に等時曲線の金属量と年齢を示す．等時曲線はイタリア・パドバのグループの理論的な計算結果による．

い．一方，$Z = 0.004$ の場合は観測された赤色巨星分枝よりも赤すぎる．したがって，星の金属量はこれよりも低いはずである．ちなみに $Z = 0.0001$ と $Z = 0.004$ は太陽系近傍の金属量のそれぞれ約 1/200 と 1/5 である．つまり，しし II は低い金属量の星で構成されていることがわかる．

　ここで注意が必要である．右の図で示すように，異なる金属量と年齢の組み合わせでも，同じような等時曲線になる場合がある．右の図では，金属量が高くて若い等時曲線と金属量が低くて古い等時曲線を描いている．絶対等級 2 等以上の明るい星で比べるとどちらも観測と一致しているように見える．しかし，それよりも暗い星で調べると，若くて金属量が高い場合は観測に当てはまらないことがわかる．金属量についての独立した制限がないままで，明るい星の色−等級図のみから星形成史を議論する場合に生じる問題点をこの図は示している．

　さて，色−等級図は星の個数の情報も持っている．星形成史を導く場合，いつ，どのくらいの星形成が起こったのか，その時間変化を知りたい．しかし，等時曲線と色−等級図を比較するだけでは，星の個数の情報を使わないので，"どのくらいの星形成が起こったか" を探ることはできない．星形成率，星形成が起こった時刻，金属量を仮定すると，星の進化経路を用いて，何個の星が色−等級図に現

れるかを計算することができる．ある時刻 t に金属量 Z, 質量 m_s の星が n 個誕生したとしよう．その星が時刻 $t+\Delta t$ で色–等級図上のどの位置にいるかは，星の進化経路を使うと計算することができる．なぜなら，星の進化は Z と m_s の関数だからだ．時刻 t で誕生した星の質量の総和が星形成率なので，それぞれの星の進化に対応する時刻 $t+\Delta t$ での色–等級図上の位置を調べれば，色–等級図上のどこに，何個の星があるかを計算できる．

このように，個数も含めて，どの質量の星が，ある時刻にどのくらい誕生したかを仮定して，観測された色–等級図上の星の分布をもっともよく再現するかを調べ，星形成史を導き出すのである．主系列転向点よりも1–2等級深いところまで得られた色–等級図では，銀河で最初に誕生した星から最後に誕生した星までを含んでいるので，銀河で最初に起こった星形成から現在までの星形成率の時間変化を明らかにできる．

さて，上記から色–等級図より星形成史を導くときの注意点をいくつか述べておく．まず第1に，星形成史と金属量の時間発展，つまり化学進化史は整合性を持たなければならない．星形成が起こると超新星爆発や星の質量放出によって銀河の星間物質に重元素が増える．これを考慮せずに色–等級図を解釈すると，前述した年齢と金属量の縮退のために誤った星形成史を導く危険性がある．次に，星の進化経路の不定性である．理論計算された星の進化経路は銀河系の球状星団のデータに基づいて正しいことが確認されている．したがって，古くて金属量の低い星の進化経路は観測を再現しているといえる．しかしそれ以外の星，金属量が高い場合や年齢が若い場合はこの限りではない．観測で正しいことが確認されていない星の進化経路を過信することは危険である．最後に，連星の割合の不定性を挙げる．質量のやりとりがあるような近接連星の場合，その進化は孤立した星の進化とは大きく異なる．星の進化経路の計算は孤立した星の進化を仮定している．そのため，もし矮小銀河に近接連星が多くあると，孤立した星の進化経路を用いて導いた星形成史は間違っていることがあり得る．

以上の注意点を考慮した上で，局所銀河群の矮小銀河の星形成史についてまとめてみよう．まず，ほとんどの矮小楕円体銀河で星形成は100億年以上前に起こり，その後短くとも数10億年は続いたようだ．長い場合には，100億年以上前に最初の星形成を起こして，比較的最近（〜10億年）まで星形成が続いた矮小

楕円体銀河もある．矮小不規則銀河にも100億年の古い星が存在する兆候があり，これらは現在まで星形成が続いている．つまり，宇宙再電離後も矮小銀河で星形成が続いていたことを示している．したがって，紫外背景光による加熱があっても，内部で星形成が起きるメカニズムを明らかにすることが，今後の課題である（6.3.1 節参照）．

次に，矮小銀河の星形成率は低く，高い場合でも太陽系近傍の星形成率の半分程度，低い場合には 1/50 程度しかない．このように考えると化学組成や色-等級図を説明できる．おそらく，このように星形成率が低かったために，超新星爆発が起こってもそのエネルギーが不十分で，矮小銀河本体が壊されず，現在まで生き残ることができたのであろう．準巨星分枝の星の分布から，間欠的な星形成が起こった証拠もいくつかの銀河で見つかっている．数倍の星形成率の違いに注目すると，局所銀河群にあるどの矮小銀河も異なる星形成史を持つといえる．しかし，星形成が最初に起こった時期や星形成率が低いことなど，共通点もある．さらに，矮小楕円体銀河は銀河系や M31 の周辺に，矮小不規則銀河は局所銀河群の中で孤立して分布するという傾向がある．星形成史と銀河が置かれた環境の相関も示唆される．銀河が置かれた環境や銀河相互作用が矮小銀河の進化にどのような影響を及ぼしたのかを明らかにするためには，局所銀河群の中での銀河の軌道の決定が不可欠なのである．

第7章

マゼラン雲

16世紀の冒険家マゼラン（F. Magellan）の名にちなんで名付けられた大マゼラン雲（Large Magellanic Cloud; LMC）と小マゼラン雲（Small Magellanic Cloud; SMC）は，肉眼でも見ることのできる明るい銀河で，いずれも我々の銀河系の周りを回る衛星銀河である．それらの距離は，セファイド，こと座RR型変光星，ミラ型変光星といった変光星や，O, B型星，赤色巨星や新星など，さまざまな天体の観測から，大マゼラン雲で約50 kpc，小マゼラン雲で約60 kpcと求められており，我々にもっとも近い銀河のグループに属する．そのため，多くの波長域で，もっとも高い分解能で観測されている銀河であり，さまざまな天体の統計的な研究を進めるうえで非常に貴重な天体となっている．また，より遠くの天体までの距離を決定するための基準である，宇宙の「距離測定のはしご」の起点という重要な役割も担っている．さらに，太陽系近傍よりも金属量が低く，宇宙史の中では星形成が始まったころの金属量に近いため，宇宙初期の進化段階における星形成を観測的に知るうえでも，とても有用な天体である．

7.1 大小マゼラン雲

大マゼラン雲は，銀河のハッブル形態分類では不規則銀河に分類されている（図7.1）．大部分の星は，長さ3度，幅1度ほどの棒状構造（バー）内に分布す

図 7.1 大マゼラン雲．上が北方向，左が東方向である．右は，左の写真の白黒を反転したものに，棒状構造（バー），円盤部，大質量形成領域 30 Dor, N11, N44 の位置を書き入れた．

るが，中性水素原子（H I）ガスや一部の星は，半径約 5 度（約 5 kpc）の円盤状の領域に分布する．この円盤状に広がった部分には，棒状構造の東に位置しタランチュラ星雲の名で知られている 30 Dor（サーティドラドス），円盤部の北西側に位置する N11，棒状構造の北の円盤部の中心付近に位置する N44 といった，赤く輝いて目立つ活発な大質量形成領域が存在している．また，30 Dor の周囲や北側，N11 の方向などには，棒状構造の星よりも明らかに青く見える若い星が集団で存在している．

円盤の厚みは約 1.5 kpc であり，傾き角は約 30 度と求められている．したがって，我々からは，ちょうど円盤部を上から見るような角度で存在していることになる．このような大マゼラン雲と我々の位置関係は，視線方向上での天体の重なりが少ないことを意味し，距離の近さとも合わせて，非常によい観測対象となっている．実際，1960 年代後半にはすでに，星団，変光星，輝線星雲などの分布が報告されている．また，その数年後には測光観測から，棒状構造には比較的進化の進んだ星が存在しているのに対し，円盤部には新しい星形成の領域が分布していることも示されている．

大マゼラン雲から 20 度ほど西側に存在する小マゼラン雲（図 7.2）は，不規

図 **7.2** 小マゼラン雲.

則矮小銀河に分類され，差し渡し 3 度ほどの棒状構造と，そこから約 2 度東側に羽のように広がった，「ウィング」成分からなる．この構造は，星の分布のみならず H I ガスの分布でも見られ，小マゼラン雲では，星と H I ガスの大局的分布がよく一致している．また，セファイドの距離測定から，小マゼラン雲は奥行きがあることが示唆されている．小マゼラン雲は，大マゼラン雲よりもさらに金属量が低く，また質量の多くをガスが占めており，大マゼラン雲よりもさらに，原始銀河に近い描像を示している．

表 7.1 に，大小マゼラン雲の基本データを示す．

大マゼラン雲はその近さのため，大マゼラン雲中の星団がハーシェルによってすでに発見され，また多くの星団が NGC カタログに登録されている．これらは $10^6 M_\odot$ ほどの球状星団，OB アソシエーション[*1]，散開星団とそれらに付随する電離水素（H II）領域などである．一方，小マゼラン雲には，球状星団は一つしか存在せず，また，星形成活動も大マゼラン雲に比べて低い．たとえば，大マゼラ

表 **7.1** 大小マゼラン雲の基本データ.

	大マゼラン雲	小マゼラン雲
位置（銀経，銀緯）	$(280.46°, -32.89°)$	$(302.79°, -44.30°)$
距離	50 kpc	57 kpc
局所静止基準に対する視線速度	$274 \mathrm{\,km \cdot s^{-1}}$	$148 \mathrm{\,km \cdot s^{-1}}$
質量	$2 \times 10^{10} M_\odot$	$2 \times 10^9 M_\odot$

ン雲には 30 Dor や N11 のような大規模な H_{II} 領域が存在するのに対し，小マゼラン雲には，比較的小規模な H_{II} 領域のみが観測されているにすぎない．また，非常に若い星であるウォルフ–ライエ星[*2]も，大マゼラン雲より一桁程度少ない．

　大マゼラン雲の近さは，変光星の観測にも非常に有利である．大マゼラン雲の変光星の観測は，大マゼラン雲の距離決定，さらには宇宙のさまざまな天体の距離決定に大きな進展をもたらしている．銀河系で観測されているほとんどの変光星が大マゼラン雲でも観測されているだけでなく，セファイド型変光星の周期–光度関係が，銀河系，大マゼラン雲，小マゼラン雲で異なることから，それぞれの銀河で金属量が異なることが示されている．

　1987 年 2 月に出現した大マゼラン雲内の超新星 SN1987A は，最近 400 年のうち，もっとも近傍で起きた超新星爆発である．この超新星爆発は，多くの波長やニュートリノで観測され，γ 線天文学，ニュートリノ天文学など，さまざまな分野で新しい知見をもたらした．特に，岐阜県神岡鉱山に設置された大型水チェレンコフ検出器「カミオカンデ」によって，世界で初めて超新星爆発からのニュートリノが検出され，ニュートリノ天文学の新しい道が開かれた．さらにこのニュートリノ検出は，2002 年の小柴昌俊のノーベル物理学賞受賞につながった．SN 1987A は，II 型超新星で，B0.7 から B3 型星程度と考えられている Sk（サンデュリーク）$-69°\,202$ という星が進化し爆発を起こしたといわれている．もっとも明るいときでもその絶対等級は $M_V = -15.9$ 等（見かけの等級は 2.6 等）と非常に暗く，ここでも大マゼラン雲の近さが観測を大きく助けたことになる．

7.2　マゼラン雲の星間物質

7.2.1　大マゼラン雲の星間物質

　銀河の星間物質の性質を知り，星の一生における星とガスの相互作用を理解することは銀河の進化過程の理解を深めるためにも重要である．大マゼラン雲の星

[*1]　(243 ページ) O, B 型星の集団．O 型星や B 型星といった大質量星を含む星が同時に形成され，集団として存在している星の群．

[*2]　スペクトルに，通常の恒星のスペクトルに見られる水素がなく，ヘリウムなどの幅の広い輝線が見られる星．大質量星が進化し，水素を含む外層を失い，恒星風によってヘリウムや他の原子が吹き飛ばされている状態にあり，進化段階の末期にあると考えられている．

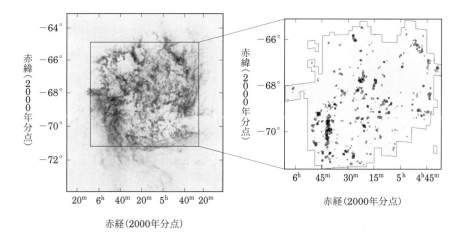

図 **7.3** 大マゼラン雲のガスの分布．(左) オーストラリア天文台電波干渉計と単一電波望遠鏡パークスで得られたデータを合成し求めた H I ガスの密度分布を濃淡で示したものである (Kim et al. 2003, *ApJS*, 148, 473 より転載)．(右) 福井らによって名古屋大学 4 m 電波望遠鏡「なんてん」を用いて得られた分子ガスの密度分布を表す (Fukui et al. 2001, *PASJ*, 53, L41)．

間物質の観測は，1950 年代に可能となった H I ガスの観測によって始まり，その後のマッピング観測によって H I ガスの全容が明らかにされてきた．90 年代後半に，オーストラリア天文台電波干渉計を用いて行われた H I ガスの全面マッピングによって得られた H I ガスの分布を図 7.3 (左) に示す．H I ガスの濃い領域は，無数のひも状のガスがからまって細長く存在している構造 (フィラメント状構造) からなり，超新星残骸の周囲にある数 10 pc の大きさの球殻状構造 (シェル) から，数 100 pc にわたる大きさの巨大シェルといった，多くのシェル状構造の存在が明らかになった．

大マゼラン雲の H I ガスは，二つの速度成分に分けることができる．一つは，大マゼラン雲全体にわたり円盤状に広がって存在する成分で，質量の 72% を占めている．もう一つは，それよりも視線速度が小さく，30 Dor の東西に存在する巨大シェルや，30 Dor の南側に広がる巨大なガスの塊を含んでいる成分で，残りの 18% の質量を占めている．最近の大規模観測から，30 Dor の南側に広がる

巨大なガス塊から伸びた薄いガスは，マゼラン雲流，マゼラニックブリッジ（図7.11 参照），さらには小マゼラン雲につながっていることが明らかになっている．

大マゼラン雲の分子ガスの観測は，1980 年代から CO 分子の放射する波長 2.6 mm の電波を用いて行われるようになった．最初の CO による全面マッピングはコロンビア大学の 1.2 m 望遠鏡によるもので，30 Dor の南側に存在する H I ガス塊の方向に巨大な分子雲複合体が存在することなどが明らかにされた．その後，福井康雄ら名古屋大学のグループは，名古屋大学電波望遠鏡「なんてん」を用いて，より高い分解能で広域マッピングを行い，銀河系の巨大分子雲と同程度に大マゼラン雲内の分子雲を分解し，銀河全面にわたり検出した．図 7.3（右）に，「なんてん」によって観測された分子雲の分布を示す．

H I ガスの質量は，約 $7\times10^8 M_\odot$ であり，分子雲の質量はその約 10% と見積もられる．また，大マゼラン雲の巨大分子雲は，銀河系内の巨大分子雲と同程度のサイズや質量を持つこと，30 Dor 南側の H I ガス塊の部分には，単独の分子雲複合体ではなく，多くの分子雲が連なって分布していること，それらは，可視光では棒状構造の東の端にアーク状に見える大マゼラン雲の吸収帯とよく一致していることなどが明らかになった．

さらにこれらの巨大分子雲に対し，SEST 望遠鏡[*3]や，国立天文台，日本の大学連合およびチリ大学によるアタカマサブミリ波プロジェクトで運用されている ASTE（アステ）望遠鏡を用いてさらに高い分解能で多輝線観測が行われた．その結果，星団のサイズとほぼ同程度の約 10 pc の分解能での分子雲の構造が明らかになってきている．

大マゼラン雲の電離ガスの分布は，主として $H\alpha$ 輝線の観測から示されている．電離ガスの多くはシェル状の構造を示し，数 10 pc 程度のシェルや数 100 pc 程度の巨大シェルが同定されている．また，大マゼラン雲には，光度の小さなコンパクト H II 領域から，30 Dor のように非常に高い光度をもつ巨大 H II 領域まで，光度にして 4 桁以上にもわたるさまざまな H II 領域が存在する．

これらの H II 領域の位置と分子雲を比較すると，H II 領域と分子雲の位置相関は非常によく，コンパクトな H II 領域を含めると，約半数の H II 領域が分子雲に付随していることが分かる．一方，約 25% の分子雲には H II 領域が付随してお

[*3] スウェーデン–ヨーロッパ南天天文台（ESO）サブミリ波望遠鏡．

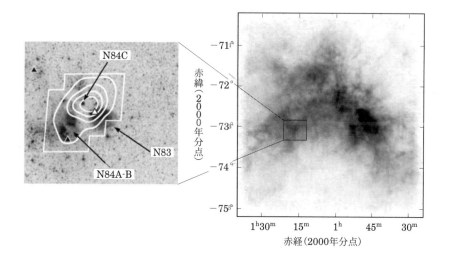

図 7.4 小マゼラン雲の H I ガスの分布.（右）オーストラリアの電波干渉計とパークス電波望遠鏡のデータを合成し，得られた H I ガスの分布（Stanimirovic et al. 1999, MNRAS, 302, 417）.（左）小マゼラン雲内の N84 方向の可視光の画像に，福井らによる「なんてん」で得られた分子ガスの分布（等高線）を重ねたものである.

らず，巨大分子雲程度の質量を持ちながらも，大質量星形成の兆候を示さない分子雲も少なからず存在する．

7.2.2 小マゼラン雲の星間物質

小マゼラン雲の H I ガスは，1950 年代にすでに観測されている．その後，オーストラリアのパークス電波望遠鏡や電波干渉計によって，詳細なマップが得られている（図7.4）．H I ガスの質量は約 $5 \times 10^8 M_\odot$ で，そのほとんどは棒状構造に沿って存在する．棒状構造の中でも特に南側にガスが集中しており，そこには複数の速度成分を持つガスが存在している．

オーストラリア天文台電波干渉計で検出された H I ガスの分布は，多くのシェルや空洞を示している．この様子は Hα によって観測される小マゼラン雲の様子とよく一致している．これらのシェルが，星形成活動によって形成されたとすると，孤立した O 型星やウォルフ–ライエ星によるもの，OB アソシエーションによるもの，そして爆発的な星形成（スターバースト）によるものがそれぞれ約

3 分の 1 ずつ存在することになる．H I ガスの観測から得られたこれらのシェルの膨張エネルギーは，小マゼラン雲の束縛エネルギーより大きく，ガスはやがて小マゼラン雲から離れてしまうと考えられている．

小マゼラン雲の分子雲探査は，まずコロンビア大学の 1.2 m 鏡を用いて広範囲にわたり行われた．分解能が低いものの，棒状構造方向を網羅し，南北それぞれに巨大分子雲を検出した．その後，SEST 望遠鏡によるこれらの高分解能観測が進められ，また，福井らのグループによって，名古屋大学電波望遠鏡「なんてん」を用いたウィング成分までカバーする分子雲探査が行われた．これらの結果，分子ガスの総質量は約 $5 \times 10^6 M_\odot$ で，H I ガスの 1% 弱しかなく，大マゼラン雲に比べ，分子雲の割合はきわめて小さいことが明らかになった．

7.3 星形成，スターバースト，30 Dor

測光観測によると，大マゼラン雲では，棒状構造には比較的進化の進んだ星が存在しているのに対し，円盤部には新しい星形成の領域が分布していることが知られている．実際，円盤部には，図 7.1（右）に示したかじき座 30（30 Dor），N11, N44 といった巨大な H II 領域複合体が見られ，今でも活発な星形成が起きている．また，そこには銀河系内の散開星団に比べて一桁以上質量が大きく，かつ若い星団が存在している．

大マゼラン雲では，さまざまなスケールで星形成が活発に起きている．それらの星形成領域のうち，もっともスケールの大きなものは数度角にわたって広がっており，コンステレーションと呼ばれる．図 7.5 に，コンステレーションの分布を示す．

現在，30 Dor とコンステレーション III でもっとも活発な星形成活動が起きていると考えられている．30 Dor は，大マゼラン雲内だけでなく，局所銀河群の中でも，もっとも活発な星形成領域である．約 400 pc に広がった H II 領域の中では，R136, Hodge 301, N157B など複数個の形成されたばかりの星団が観測されている．H II 領域の質量は $8 \times 10^5 M_\odot$，Hα 強度は 1.5×10^{33} J$\cdot$s^{-1} で，オリオン大星雲の数倍の規模である．

ハッブル宇宙望遠鏡によって，30 Dor の中心には，O3 型星以上の大質量星を複数個含む巨大な星団 R136 が存在していることが明らかになった．そこは，約

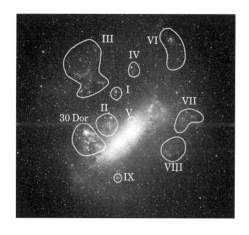

図 7.5　大マゼラン雲のコンステレーションの分布．シュミット望遠鏡によって得られた UBVR イメージから同定された．

500 万年前に星形成が始まり，約 100 万年前まで続いていた非常に若い星団形成領域である．星団の質量は約 $1.7 \times 10^4 M_\odot$ で，存在する大質量星の個数は，それまで見つかっていた大マゼラン雲内の大質量星の個数よりも多く，30 Dor がいかに活発な星形成領域であるかを表している．

近年のチャンドラ X 線天文衛星とスピッツァー赤外線天文衛星によって，30 Dor の中の大質量星やそれらを含む星団が周囲のガスを電離して散光星雲として輝かせており，また，星雲がない空洞の領域は，より高温のガスで満たされている様子が明らかになってきた（図 7.6）．

銀河の星形成史は，星団，星，そしてそれらの年齢–金属量関係などから調べることができる．

マゼラン雲の星団の年齢分布には，二つの大きな特徴がある．一つは，銀河系内では，年齢が約 100 億年という古い球状星団しか存在していないが，大小マゼラン雲内では，若い球状星団も存在していることである．これは球状星団中に若くて青い大質量星が存在していることから明らかにされた．もう一つは，散開星団と球状星団の中間の規模の星団（ポピュラス星団[*4]と呼ぶ）が存在していることである．銀河系や大小マゼラン雲内の星団の規模と年齢にはそれぞれ緩やかな

[*4] 星数が約 1 万個程度の星団で，球状星団のように自己重力で束縛されている．

図 **7.6** 30 Dor の内部．チャンドラ X 線観測衛星（0.5–0.7 keV）とスピッツァー赤外線天文衛星（3.2–9.5μm）によって得られた画像を合成したもので，星や若い星形成活動を示す電離領域と，それらが空洞になっている領域を高温のガスが満たしている様子が撮影されている．

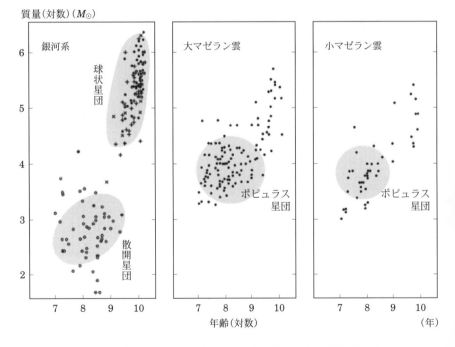

図 **7.7** 銀河系および大小マゼラン雲の星団の年齢と規模の関係（Kumai *et al.* 1993, *ApJ*, 404, 144）．

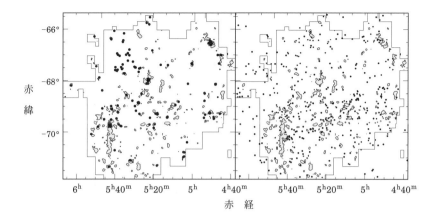

図 **7.8** 大マゼラン雲内約 6 度 × 6 度にわたる星団の分布．（左）年齢が約 1 千万年以下の，もっとも若い星団の分布を示し，右図は，年齢が約 1 千万年以上の星団の分布を示す．背景の等高線は，名古屋大学による分子雲の分布を表す．年齢が約 1 千万年以下の星団の広がりは約 6 度 × 6 度程度であるのに対し，もっとも古い，年齢が約 50 億年から 140 億年の星団は，実際には広がりは約 17 度 × 10 度にわたっている．

相関があるが，大小マゼラン雲には，銀河系には見られない中間規模の星団が存在することが隈井泰樹らによって示された（図 7.7）．銀河系内では若い球状星団が存在しないため，若い大規模星団がどのように形成，進化するかを観測的に明らかにすることは不可能である．若い進化段階にある大小マゼラン雲の大規模星団を調べることで，球状星団などの大規模星団一般の形成過程を探ることが可能となる．

大マゼラン雲内の星団は，その年齢ごとに空間分布の広がりや，その分布中心が変化していることが示されている．たとえば，もっとも古い星団は，若い星団に比べ 3 倍以上もの広がりをもつ．また星団分布の中心は，年齢を経るにつれて若い星団の分布中心から 1 度近く南北に移動している．これは，大マゼランの星形成活動の様子の変化を示しているといえよう．そしてもっとも若い約 1000 万年以下の星団の分布は，分子ガスの分布とよく一致していることが知られている（図 7.8）．

星団の年齢分布のもう一つの特徴は，マゼラン雲内の星団には色のギャップ，すなわち形成時期のギャップが存在するということである．具体的には約 100

図 7.9 「あかり」による大マゼラン雲の遠赤外線画像（口絵 8 参照）．
60 μm, 90 μm, 140 μm の画像から疑似カラー合成をしたもの．

億年（[Fe/H]< −1.5）から約 40 億年（[Fe/H]> −1.0）の年齢をもつ球状星団が存在しない，ということを表している．これは年齢の指標となる，異なる波長帯での光度の差（カラー）を星団について調べたことから分かった．つまり，この期間には星団形成がほとんど起きなかったことになる．その後，約 40 億年前にバースト的に星団形成が始まり，今日まで続いている．この年齢の空白を埋める星団としては，現在，大マゼラン雲の外側に存在する ESO 121-SC03 という，年齢が約 90 億年の星団のみが知られている．1970 年代にはすでに，このような断続的星形成，スターバーストが 30 億年から 50 億年前に起きたと考えられていた．そして，この結果は，より精度の高い観測によって，大マゼラン雲の一部の領域では支持されてきた．しかし，ハッブル宇宙望遠鏡によってさらにくわしい観測が進むと，同時代に星形成率に変化が見られない領域が存在したり，また，より最近，たとえば 10 億年前に星形成率が高くなっている領域が見られたりしている．これらのことから，約 40 億年前に星形成率が高くなっていたかどうかを確定するには，今後，さらなる研究が必要である．

一方，小マゼラン雲内には，球状星団は NGC121 の 1 個のみしか見つかっていないものの，星団は 400 個程度同定されている．さらに，これらの星団やアソ

シエーションは，小マゼラン雲から大マゼラン雲に向かって分布し，マゼラニックブリッジを形成している．星団の年齢分布は大マゼラン雲の年齢分布に比べてなだらかで，空白があるようには見えない．

球状星団 NGC121 の年齢は約 120 億年と求められている．また，この球状星団は扁平率が 0.25 であり，知られている球状星団の中ではもっとも扁平なもののうちの一つである．

2003 年に打ち上げられたスピッツァー赤外線天文衛星，2006 年 2 月に打ち上げられた赤外線天文衛星「あかり」によって，大小マゼラン雲の掃天観測が行われている（図 7.9）．また，国立天文台，名古屋大学の共同研究 IRSF/SIRIUS による近赤外線の掃天観測も行われ，これらの結果は，若い星や漸近巨星分枝星などの探査，星間塵の分布や物理量を得るための非常に貴重なデータベースとなっている．実際，これらの近赤外線から遠赤外線にわたるデータによって，数万個に及ぶ，若い進化段階にある星を網羅することが可能になっている．

7.4 マゼラン雲の力学，棒状構造，ダークマター

力学的な観点から見ると，大マゼラン雲はとても不思議な構造を示す．図 7.1 の大マゼラン雲の写真から，星の大部分が細長い棒状に分布しているのがわかる．しかし，この棒状構造は通常の棒状銀河の構造とは異なるため，大マゼラン雲は棒状銀河ではなく，不規則銀河に分類される．

7.2.1 節で述べたように，H I ガスは一様に分布しているのではなく，ガスの濃い部分と薄い部分が点在し，その中に多くの球殻状の構造が見られる．特に濃い H I ガス雲が，棒状構造の東側にあたる赤経 $5^\mathrm{h}45^\mathrm{m}$，赤緯 -69 度付近にほぼ南北に向かって分布する（図 7.3（左））．図 7.3（右）から，この濃い H I ガス雲の中には多くの CO 分子雲が存在するばかりでなく，濃い CO 分子雲が南北にほぼ一直線に伸びて分布していることがわかる．この分布の北側の先端部分には，生まれたばかりの巨大な星団を中心部に抱くタランチュラ星雲 30 Dor が存在する．また，H I ガスの外縁部をなぞるとほぼ円形になっており，星の円盤部とよく対応している．大マゼラン雲のガス円盤も，星の円盤部と同様，ほぼ真上から見た形状を示している．

大マゼラン雲の構造の不思議なところは，棒状構造の中心，H I ガスの回転の中

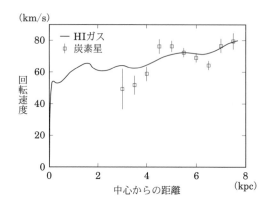

図 **7.10** 大マゼラン雲の回転曲線．実線は祖父江，炭素星はキム（S. Kim）らによる．

心，HI ガスの重心の位置が，いずれも大きくずれていることである．これらの位置を 2000 年分点の赤道座標 (α, δ) で表すと，回転の中心は $(5^{\mathrm{h}}21^{\mathrm{m}}, -69°14')$ に位置し，これは円盤状に分布する HI ガスのほぼ中央にあたる．他方，棒状構造の中心はそこからおよそ 0.6 度（0.5 kpc）ほど南南東側にずれた $(5^{\mathrm{h}}24^{\mathrm{m}}, -69°45')$ に位置し，HI ガスの分布の中心（重心）は，回転の中心よりおよそ 1.4 度（1.2 kpc）北東側にずれた $(5^{\mathrm{h}}34^{\mathrm{m}}, -68°28')$ に位置する．これらのずれは，7.6 節で触れるが，2 億年前に小マゼラン雲と衝突した結果であると考えられている．

図 7.10 は，大マゼラン雲の回転曲線である．実線は HI ガスから求めたもの，□印は炭素星から求めたものである．大マゼラン雲の回転速度は，中心部の秒速 55 km から外縁部の秒速 80 km まで，ほぼ一定の割合で緩やかに増加しており，このことから，大マゼラン雲にもダークマターが存在すると考えられる．

銀河中心には巨大ブラックホールが存在することが多いが，大マゼラン雲の回転の中心の位置には，特に目立つ天体やガス雲は存在しない．したがって，大マゼラン雲には巨大ブラックホールは存在しないようだ．ただ，回転の中心は重力の中心と考えられる．2 億年前の小マゼラン雲との衝突によって星や HI ガスの分布には偏りが生じたが，ダークマターは衝突前の分布を保っており，回転の中心は変化していないのであろう．しかし，ダークマターの広がりの範囲や量については，まだよく分かっていない．

7.5 マゼラン雲流, 高速度 HI 雲

1970 年代に, 大小マゼラン雲をすっぽりと包み込む巨大な HI ガス雲と, そこから銀河南極付近を通り, 秋の代表的な星座の一つであるペガスス座付近まで, 100 度にわたってほぼ直線状に伸びている幅 5–10 度 の HI ガスの帯が発見され, マゼラン雲流と名付けられた (図 7.11). マゼラン雲流の HI ガスの総量は $2 \times 10^8 M_\odot$ ほどであり, その中に星や分子雲は見つかっていない. 太陽の位置から見た, 銀河中心に静止した座標系 (銀河静止基準, GSR; Galactic Standard of Rest) に対する視線速度を $v_{\rm GSR}$ で表すが, マゼラン雲流の視線速度 $v_{\rm GSR}$ がマゼラン雲流に沿ってどのように変化しているのかを示したものが図 7.12 である. 図中の × 印はマゼラン雲流のガスを, 影のついた楕円は大小マゼラン雲のガス円盤部を表す. 大小マゼラン雲の付近では秒速 100 km で遠ざかっているのに対し, ペガスス座付近に位置するマゼラン雲流の先端部分では逆に秒速 200 km の

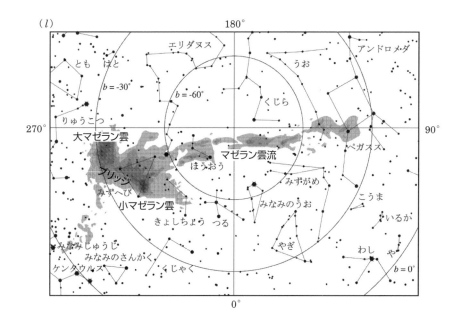

図 7.11 天球上に描いた大小マゼラン雲とマゼラン雲流. 座標は銀河座標で表示してあり, 同心円の中心が銀河南極にあたる.

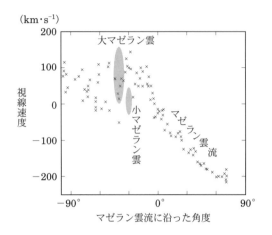

図 **7.12** マゼラン雲流に沿ったガスの視線速度 $v_{\rm GSR}$ の分布.

速度で近づいていることが分かる.

1950 年代に，H I ガスの 21 cm 線が観測されて以来，銀河系のガスの分布の研究が飛躍的に発展し，銀河系の回転曲線，渦巻構造，外縁部のたわみの構造などが明らかになってきた．このような中，1960 年代には，通常の銀河回転による視線速度では説明のつかない，大きな視線速度をもつガス雲の存在が明らかになった．このガス雲のうち，観測される H I ガス雲の視線速度と，銀河回転によって生じる視線速度との差が秒速 50 km 以上のガス雲を高速度雲という．

図 7.13 に高速度雲の天球分布を示す．マゼラン雲流も，最初はその先端部が高速度雲として発見され，その後の観測によって全容が明らかになったという歴史がある．高速度雲には，マゼラン雲流も含まれるが，大小マゼラン雲のガス雲のように，他の銀河に含まれるガス雲は高速度雲には含めない．しかし，図 7.13 においては，マゼラン雲流とともに，大小マゼラン雲およびそれらを包み込むガス雲も描いてある．

高速度雲は高銀緯に存在するものが多いものの，その分布に際だった特徴があるわけではない．また，速度に関しても，銀河回転からのずれが正のものも，負のものも存在し，系統的な特徴もはっきりしない．これらの高速度雲のなかで特に目立つのは，マゼラン雲流（図の下方に存在する細長い帯状のガス雲）と，左上から中央（銀河中心方向）に伸びた巨大なガス雲であろう．後者の巨大なガス

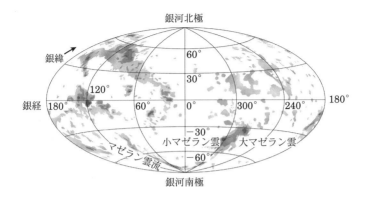

図 **7.13** 高速度 H I 雲の天球分布．銀河座標をハンメル図法で描いたもので，楕円の中心が銀河中心，楕円の長軸が銀河面を表す．高速度 H I 雲の他に，マゼラン雲流と，大小マゼラン雲を包み込むガス雲も描いてある（カバー裏表紙参照）．

雲が銀河中心方向に伸びていることから，銀河系に落下しているガス雲であるという考えもあるが，高速度雲の距離を求める有効な方法がないため，くわしいことはまだよく分かっていない．

　高速度雲の起源については，さまざまな説が提唱されている．たとえば，超新星爆発で掃き寄せられたガス雲とする説，たわみによって銀河面から大きくずれてしまった銀河系外縁部のガス円盤であるという説，マゼラン雲流から飛び散ったとする説，銀河中心からハロー領域に放出されたガスであるとする説，銀河面内から吹きあげられたガスが再び銀河系に落下しているという説，宇宙初期から存在した銀河間ガスが現在銀河系に落下してきているという説などである．すべての高速度雲を統一的に説明できるものはなく，個々の高速度雲によって成因は異なっているのかもしれない．ただ，これらの説の中で，宇宙初期から存在した銀河間ガスが現在銀河系に落下してきていると考える説が，もっとも一般的に受け入れられている．

7.6　銀河系との相互作用

　マゼラン雲流の発見以来，その成因と，大小マゼラン雲の軌道に関する研究が盛んに行われるようになった．マゼラン雲流の形状と運動を再現するためには，

大小マゼラン雲の軌道が限定されるからである．多くの研究者が，大小マゼラン雲の2体相互作用や，銀河系も含めた3体相互作用によって，マゼラン雲流の再現を試みた．しかし，マゼラン雲流の形状の再現には成功するものの，マゼラン雲流の先端部分の大きな速度を再現するには至らなかった．

このマゼラン雲流の再現に初めて成功したのは，1980年の村井忠之と藤本光昭の研究である．彼らは，銀河系のダークマターが，大小マゼラン雲の軌道を包み込むように分布しているとして，マゼラン雲流の先端部分の大きな速度（図7.12）を再現することに成功した．

一般に，銀河などのような広がった天体中を，矮小銀河や球状星団といった比較的質量の大きな天体が通過するとき，その広がった物質（銀河の場合，星やガス，ダークマターなど）の重力の影響で，通過する天体の速度は減速する．この減速の原因となる力を力学摩擦という．

物質が分布する空間を天体が通過するとき，周りの物質は天体の重力によって引き寄せられ，天体の周りに集まろうとする．ところが，それらの物質が集まるまで少し時間がかかるため，その間，天体は進行方向に移動してしまう．すると，物質は，天体が通過した後方に集まることになる．この集められた物質が先に進んでいく天体に重力を及ぼすため，天体の運動は減速する．これが力学摩擦の原理である．

平均速度 V_0 で無秩序に運動しているダークマター中を，質量 M の天体（ここでは大小マゼラン雲）が銀河中心から距離 r の位置を速度 $\boldsymbol{v}$ で運動するとき，その天体が受ける力学摩擦 $\boldsymbol{F}$ は，$X = v/V_0$ として，

$$\boldsymbol{F} = -\frac{GM^2 \ln \Lambda}{r^2 X^2} \left\{ \mathrm{erf}(X) - \frac{2X}{\sqrt{\pi}} e^{-X^2} \right\} \frac{\boldsymbol{v}}{v} \tag{7.1}$$

で与えられる[*5]．ここで $\ln \Lambda$ は広がっている物質の質量や分布の範囲で決まる大きさが1–10程度の定数で，大小マゼラン雲と銀河系の場合 $\ln \Lambda \simeq 3$ と見積もられている．また，$\mathrm{erf}(x)$ は誤差関数で

$$\mathrm{erf}(x) = \frac{2}{\sqrt{\pi}} \int_0^x e^{-t^2}\, dt \tag{7.2}$$

[*5] 力学摩擦の式 (7.1) の導出については教科書 Binney & Tremaine 1987, *Galactic Dynamics*, Princeton Univ. Press, 参照．

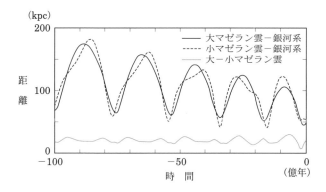

図 **7.14** 大小マゼラン雲と銀河系の距離の過去の時間変化．ガーディナーと沢らのモデルによる．

で定義される．

通過する天体の質量 M が大きいほど多くの物質を集めることができるため，力学摩擦は強くなる．また，天体の速度 v が大きいと，物質が集められる前に天体が遠ざかってしまうため力学摩擦は小さくなる．力学摩擦が通過する天体の質量の 2 乗に比例し，速度の 2 乗に反比例するのは，このような理由からである．

村井と藤本がマゼラン雲流の再現に成功した数年後，太陽と銀河中心との距離および太陽の位置での銀河回転速度の値が改訂された．ガーディナー（L. Gardiner）と沢武文らは，村井と藤本のモデルにこの新しい銀河系の値を適用して，大小マゼラン雲の軌道を求め直し，村井と藤本によって示された結論は，本質的に変わらないことを示した．図 7.14 は，マゼラン雲流を再現する軌道の一例について，過去 100 億年間にわたる大小マゼラン雲と銀河系との相互間の距離の時間変化を示したものである．大小マゼラン雲は，互いの周りを回りあう連銀河状態を保っているが，それらの軌道の遠銀点距離と近銀点距離は，いずれも時間とともに小さくなっている．銀河系の力学摩擦のため，大小マゼラン雲が銀河系に少しずつ落ち込んでいるのである．

大小マゼラン雲が，この軌道運動を今後も続けるとどうなるのかを示したのが図 7.15 である．およそ 35 億年後には，大小マゼラン雲の連銀河状態は壊れ，大小マゼラン雲は別々の軌道運動を行うようになる．そして 50 億年後には，力学摩擦のため，大マゼラン雲が銀河系に落ち込んでしまう．なお，小マゼラン雲に

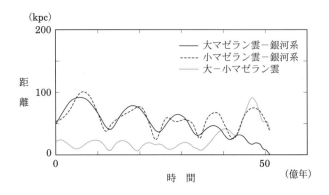

図 **7.15** 大小マゼラン雲と銀河系の距離の未来の時間変化.

働く力学摩擦は大マゼラン雲よりずっと小さいため，銀河系へ落下するのは大マゼラン雲より数十億年先となる．しかし，大マゼラン雲が落下すると予想されているおよそ50億年後よりも前に，銀河系はアンドロメダ銀河と衝突すると予想されており，大小マゼラン雲の軌道を将来にわたって求めることは難しい．

図7.16に，およそ20億年前から現在までの間の，大小マゼラン雲の銀河系の周りの軌道と，マゼラン雲流の形成の様子を示す．図7.14から，大小マゼラン雲は，およそ18億年前に，銀河系に対する近銀点を通過していることがわかる．このとき，銀河系と大マゼラン雲による複合的な潮汐力で，小マゼラン雲のガスが引き出され始め，16億年前には大マゼラン雲側とその反対側にガスの帯が形成され始める．12億年前には，その対になった帯はさらに引き伸ばされるが，大マゼラン雲側のガスは大マゼラン雲の重力に捉えられ，大小マゼラン雲を取り囲むガス雲となる．一方，反対側に引き出されたガスは，大小マゼラン雲の軌道に沿って運動するが，大小マゼラン雲よりも軌道運動が遅くなり，ほぼ軌道に沿ってさらに引き伸ばされ，マゼラン雲流を形成する．

大小マゼラン雲は，2億年前には銀河間距離が7kpcほどに接近し，現在に至っている．この2億年前の接近の際には，お互いのガス雲が激しく衝突したことが予想され，7.4節で述べた大マゼラン雲の不思議な構造の原因や，大小マゼラン雲の現在の活発な星形成の引き金になったと考えられる．また，図7.16の現在の様子からもわかるように，小マゼラン雲は，この衝突によってさらに中心部分が引き伸ばされてしまっている．小マゼラン雲には2種類のガスの運動が

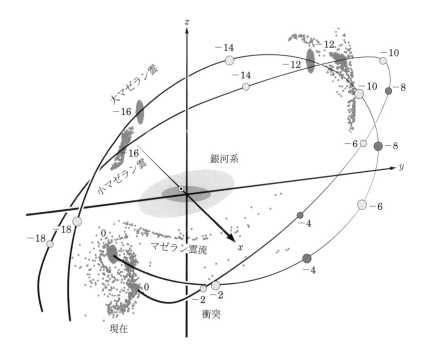

図 **7.16** マゼラン雲流の形成の様子．ガーディナーと沢らによる．中央の楕円は銀河系で，内側の濃い楕円が星の銀河円盤を，外側の淡い色の楕円がガス円盤を，⊙ は太陽の現在の位置を表す．座標軸は，銀河系の中心が原点，太陽から見て銀河中心方向（$l = 0$ 度方向）が x 軸，太陽の銀河回転方向（$l = 90$ 度方向）に平行な方向が y 軸，銀河北極（$b = 90$ 度）に平行な方向が z 軸である．銀河系を取り巻く二つの曲線が大小マゼラン雲の軌道を表し，そこに描かれた大小の丸，もしくは点の集合体が，それぞれ大小のマゼラン雲を表す．また，それらの近くに記された数値は，億年単位で表した時刻で，-18 の数値は 18 億年前を表す．これらの丸印は，同時刻の大小マゼラン雲の位置関係を見やすくするため，灰色と白で交互に色分けしてある．

あり，また，7.1 節でも触れたように，小マゼラン雲中のセファイドは太陽からの距離のばらつきが大きい．これらのことは，小マゼラン雲が太陽と小マゼラン雲を結ぶ方向に大きく伸びた構造を持つことを示す．この構造は，2 億年前の大マゼラン雲との衝突によって，小マゼラン雲が視線方向に大きく引き伸ばされてしまうというシミュレーションの結果とよく一致する．

図7.16からも明らかなように，大小マゼラン雲を包み込むガス雲とマゼラン雲流のガスは，すべて小マゼラン雲から引き出されたものである．大小マゼラン雲を包み込むガス雲の金属量が，大マゼラン雲のガスの金属量より小さいのは，そのためである．

　このシミュレーションによれば，大小マゼラン雲はおよそ2億年前に衝突している．この衝突により，現在の活発な星形成を説明することができる．同様に，7.3節で触れた，大マゼラン雲に見られる過去の活発な星形成もまた，過去の大小マゼラン雲の衝突によって誘発された可能性がある．大マゼラン雲の星団の年齢分布から，大マゼラン雲の星形成の歴史と，小マゼラン雲との相互作用の歴史を読み取る研究も行われている．

　これまで述べてきたマゼラン雲流の形成モデルは，銀河系と大小マゼラン雲の潮汐作用によるモデルであり，潮汐モデルと呼ばれる．じつは，マゼラン雲流の起源については別のモデルも存在する．それは，大小マゼラン雲を包み込むガス雲が銀河系のハローに存在するガスのラム圧[*6]によって剥ぎ取られ，軌道の後ろ側に引き伸ばされたという考えで，ラム圧モデルと呼ばれる．しかし，観測されるマゼラン雲流や大小マゼラン雲のさまざまな観測データをうまく説明できる点では，潮汐モデルの方がはるかに優れている．

　マゼラン雲流の形成に関する潮汐モデルとしては，ガスの性質や自己重力の効果を入れたシミュレーションも行われている．これらのシミュレーションによれば，マゼラン雲流とは反対側にもガスの一部が引き出されることが示されている．2003年にはオーストラリアのパークス64m電波望遠鏡を用いたマゼラン雲流の詳細な観測がなされ，マゼラン雲流とは反対側にも，細く淡いながら，HIガスの帯が伸びていることが確認された．このことからも，マゼラン雲流の起源が潮汐相互作用によるものであることが，よりはっきりしてきたといえる．

　マゼラン雲流を手がかりにして大小マゼラン雲の軌道の理論的研究が発展してきたが，観測的にも，大小マゼラン雲の固有運動が多くの研究者によって求められている．2006年，カリビヤリル（Kallivayalil）らはハッブル宇宙望遠鏡のデータを用いて大小マゼラン雲の固有運動を求めた．それらの値を銀河座標にお

[*6] 物体が気体中を運動するとき，周りの気体から風圧を受ける．この運動による風圧をラム圧という．

ける接線速度 (v_l, v_b) に変換すると，

$$(v_{l_{\text{LMC}}}, v_{b_{\text{LMC}}}) = (-187 \pm 15,\ 445 \pm 20)\,\text{km}\cdot\text{s}^{-1},$$

$$(v_{l_{\text{SMC}}}, v_{b_{\text{SMC}}}) = (-317 \pm 50,\ 324 \pm 50)\,\text{km}\cdot\text{s}^{-1}$$

となる．誤差が，大マゼラン雲で秒速 $\pm 20\,\text{km}\cdot\text{s}^{-1}$，小マゼラン雲で秒速 $\pm 50\,\text{km}\cdot\text{s}^{-1}$ 程度と，かなり小さくなっているばかりでなく，接線速度の値が，これまでの潮汐モデルに使われていた接線速度よりおよそ $100\,\text{km}\cdot\text{s}^{-1}$ も大きくなっている．銀河系のダークマターの分布として現実的なモデルを用い，これらの接線速度を使って大マゼラン雲の軌道を求めると，大マゼラン雲は現在，近銀点を最初に通過した直後であるということになる．その結果，この軌道では，大小マゼラン雲と銀河系の複合的な潮汐作用でマゼラン雲流が形成されたとする潮汐モデルでマゼラン雲流を再現することはできない．このことは，マゼラン雲流の形成過程に新たな問題を提供することになる．

しかしながら，7.4 節で述べたように，マゼラン雲の棒状構造の中心，H I ガスの回転の中心，H I ガスの重心の位置が，いずれも大きくずれており，マゼラン雲の固有運動を正確に求めることはかなり困難ではないかと推察される．図 7.17 に，これまで多くの研究者によって求められた大マゼラン雲の接線速度 (v_l, v_b) を，銀河座標に変換した速度平面に示す．この図 7.17 からも明らかなように，大マゼラン雲の固有運動は研究者によって値が大きくずれており，その測定がいかに困難であるかがわかる．そのため，測定誤差はかなり小さくなってきたが，固有運動の値そのものが確定という段階には到っていない状況である．

これまで，銀河系がマゼラン雲に与える影響について考えてきたが，逆に，マゼラン雲は銀河系にどのような影響を与えてきたのであろうか．

マゼラン雲が銀河系に与える影響としてまず考えられるものは，潮汐作用による銀河系外縁部のたわみの形成である．銀河系のガス円盤のたわみの一番大きな部分は大小マゼラン雲の軌道面付近に対応し，$l = 90$ 度方向では銀河北極方向に $3\,\text{kpc}$ ほど，$l = 270$ 度方向では銀河南極方向（大小マゼラン雲のある方向）に $1\,\text{kpc}$ ほどたわんでいる．これらのことから，銀河系の外縁部のたわみは，大小マゼラン雲の潮汐力で説明がつくように思える．しかし，マゼラン雲流を再現する軌道では，潮汐力の大きさが不十分であることが多くの研究者によって指摘さ

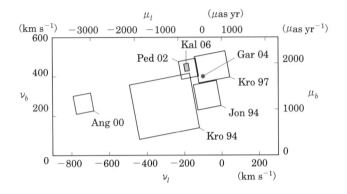

図 7.17 大マゼラン雲の固有運動（接線速度）の観測値の変遷．これらの値は Jones *et al.* 1994, *AJ*, 107, 1333（Jon 94），Kroupa *et al.* 1994, *MNRAS*, 266, 412（Kro 94），Kroupa & Bastian 1997, *New Astr.*, 2, 77（Kro 97），Anguita *et al.* 2000, *AJ*, 120, 845（Ang 00），Pedreros *et al.* 2002, *AJ*, 123, 1971（Ped 02），Kallivayalil *et al.* 2006, *ApJ*, 638, 772（Kal 06）による観測値を銀河座標の接線速度空間に，誤差範囲を含めて示したものである．カリビヤリルらによる値は灰色で示してある．なお，● (Gar 04) はガーディナーと沢らの潮汐モデルで用いられた値である．

れている．銀河系のまわりをおよそ 20 億年ほどで一周する大小マゼラン雲ではあるが，これまで銀河系に対して大きな影響を与えることはなかったと思われる．

7.7 マゼラン雲と局所銀河群

大小マゼラン雲の軌道の研究は，マゼラン雲流の形成のみにとどまらず，局所銀河群の中のマゼラン雲という観点からも行われるようになってきた．その中で，宇宙初期に原始銀河系と原始アンドロメダ銀河が衝突し，大小マゼラン雲や他の矮小銀河が作られ，周囲にまき散らされたという，局所銀河群の構造と運動に関する新しいモデルが，沢と藤本によって提唱された（以後 SF モデル）．

SF モデルの概要を図 7.18 に示す．このモデルの背景には，大小マゼラン雲の軌道が銀河面に垂直であるにもかかわらず，大小マゼラン雲の軌道角運動量が銀河系円盤の銀河回転の角運動量と同程度の大きさを持つこと，局所銀河群のメン

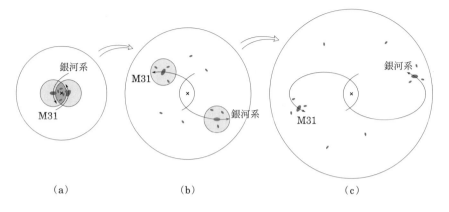

図 7.18 SF モデルの概要．(a) およそ 100 億年前．宇宙初期に原始アンドロメダ銀河（M31）と原始銀河系のハロー領域が衝突し，矮小銀河が形成される．(b) およそ 50 億年前．宇宙膨張とともに，アンドロメダ銀河と銀河系は離れていき，矮小銀河はそれらの近辺に撒き散らされる．(c) 現在．アンドロメダ銀河と銀河系は重力によって引き戻され，再び近づきつつある．

バーの多くはアンドロメダ銀河と銀河系を結び，銀河面にほぼ垂直な面近辺に分布すること，この面は大小マゼラン雲の軌道面と 30 度ほどしかずれていないことなどの観測事実がある．大小マゼラン雲の大きな軌道角運動量は，両銀河の軌道運動から得られたと考えることができ，局所銀河群のメンバーがアンドロメダ銀河と銀河系を含む平面近辺に分布するのは，軌道運動方向に撒き散らされたと考えることができるからである．

この SF モデルにおいては，大小マゼラン雲が，アンドロメダ銀河の軌道を決定するのに重要な役割を果たしている．宇宙初期のアンドロメダ銀河と銀河系の衝突によって大小マゼラン雲が形成された後，マゼラン雲流を形成する軌道をとるという条件によって，アンドロメダ銀河の軌道が大きく制限されてしまうからである．この制限のもとでアンドロメダ銀河の軌道を調べた結果，アンドロメダ銀河の固有運動は，$(\mu_l, \mu_b) = (38 \pm 16 \ \mu\mathrm{as} \cdot \mathrm{yr}^{-1}, -49 \pm 5 \ \mu\mathrm{as} \cdot \mathrm{yr}^{-1})$ の範囲内に限られることが示された．つまり，アンドロメダ銀河の固有運動の値を予言したのである．なお，$\mu\mathrm{as}$ は 10^{-6} 秒角を表す単位である．

この SF モデルによる宇宙初期から現在までの銀河の軌道の軌跡を，図 7.19

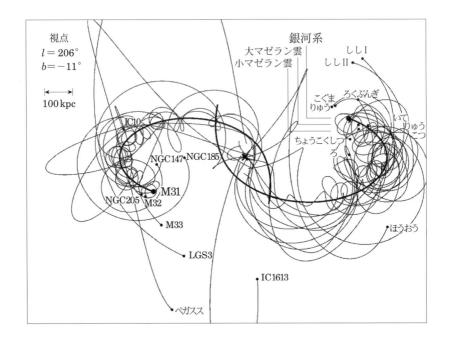

図 7.19 SF モデルによる局所銀河群のメンバーの軌道．M31 はアンドロメダ銀河を表す．

に示す．この図は，アンドロメダ銀河と銀河系の軌道面に投影したものである．

矮小銀河の形成モデルは，5.2.3 節や 6.2 節に示されたように，いくつかのモデルが提唱されている．ここで紹介した SF モデルは，あくまで，それらのモデルのうちの一つである．天文学の研究は，このようにさまざまな角度から多くのモデルが提唱され，新しい観測データとの比較によって淘汰されていく．アンドロメダ銀河をはじめ，局所銀河群のメンバーの固有運動は，大小マゼラン雲など，局所銀河群のメンバーのいくつかの銀河の固有運動は，ハッブル宇宙望遠鏡を用いて求められてきているが，まだアンドロメダ銀河の固有運動を求める精度には到っていない．しかし，近い将来，高精度位置測定衛星による観測から，アンドロメダ銀河の固有運動が求められる日がくるであろう．そうなれば，ここに示したモデルを含め，いくつかのモデルが淘汰されることになる．その日が楽しみである．

第III部 銀河系と銀河の動力学

第8章

重力ポテンシャル論と恒星系力学

　この章では，広がった質量分布をもつ銀河の構造やその力学を扱う上で，重要となる重力ポテンシャル論について概説する．重力を記述するポアソン方程式の厳密解を求める問題では幾何学と物理数学のさまざまな手法が駆使されてきた．これらは格好の学習教材であり，解析解を用いて数値解法のチェックを行うなどの効用もある．恒星系の力学については第12巻でくわしく扱うが，本章でもそのエッセンスを概説する．なお，本章では大学の教養課程における古典力学程度の知識を想定している．

8.1　重力ポテンシャル論と銀河の形状

8.1.1　ポアソン方程式

　銀河の内部構造と内部運動を議論するには，銀河の質量（密度）分布による自己重力場を正しく取り扱う必要がある．重力定数を G，銀河の質量分布を $\rho(\boldsymbol{r})$ とし，重力ポテンシャル分布 $\phi(\boldsymbol{r})$ を

$$\phi(\boldsymbol{r}) = -G \int \frac{\rho(\boldsymbol{r}')}{|\boldsymbol{r}' - \boldsymbol{r}|} d^3 r' \tag{8.1}$$

で定義すると，重力場 $\boldsymbol{F}(\boldsymbol{r})$ は重力ポテンシャル $\phi(\boldsymbol{r})$ の勾配

$$F(r) = -\nabla \phi(r) \tag{8.2}$$

で記述される．教科書によっては (8.1) 式の右辺のマイナス符号をつけずにポテンシャルを定義することがあるので注意が必要である．式 (8.2) の $\nabla\cdot$ をとると ρ と ϕ はポアソン方程式

$$\triangle \phi(r) = 4\pi G \rho(r) \tag{8.3}$$

で結ばれる．式 (8.1) と (8.3) を満たす $\rho(r)$ と $\phi(r)$ の対を密度–ポテンシャル対と呼ぶ．

自己重力系全体の重力ポテンシャルエネルギー W は次式で定義される．

$$W = \frac{1}{2} \int \rho(r) \phi(r) \, d^3 r. \tag{8.4}$$

任意の体積についてポアソン方程式 (8.3) を積分し，発散定理を用いて体積積分を表面積分に直すと，次のガウスの定理が得られる．

ガウスの定理　任意の閉じた表面に沿って，ポテンシャル勾配の垂直成分 $(\nabla \phi)_\perp$ を積分すると，その値はその表面内に含まれる質量の $4\pi G$ 倍となる．

8.1.2 球対称な系

密度分布が球対称な系の場合，次の二つのニュートンの定理が成り立つ．

ニュートンの第 1 定理　球殻の内部にある任意の質点においては，球殻の重力が相殺するため，球殻からの正味の重力は 0 となる．

ニュートンの第 2 定理　球殻の外部にある任意の質点が受ける重力は，球殻と同質量の質点が球心にある場合に受ける重力と等価である．

ニュートンの第 2 定理を用いると，半径 r 以内の質量 $M(r)$ を

$$M(r) = 4\pi \int_0^r \rho(r') r'^2 \, dr' \tag{8.5}$$

と定義したとき，重力ポテンシャルは

$$\phi(r) = -\frac{GM(r)}{r} \tag{8.6}$$

と書くことができ，$F(r) = -GM(r)/r^2$ となる．この重力につりあう遠心力を与える円運動速度 v_c は以下の式で与えられる．

$$v_c^2 = G\frac{M(r)}{r}. \tag{8.7}$$

単一質点場

質量 M の質点による重力場の場合，

$$\phi(r) = -G\frac{M}{r}, \quad v_c = \sqrt{G\frac{M}{r}} \tag{8.8}$$

となり，円運動速度は $r^{-1/2}$ で減少する．このような回転法則は惑星の公転についてケプラーが発見した法則と同じであり，ケプラー則と呼ぶ．

一様球モデル

密度 ρ が一定の球の内部の重力場と円運動速度は

$$\phi(r) = -\frac{4}{3}\pi G\rho\, r^2, \quad v_c = \sqrt{\frac{4}{3}\pi G\rho}\, r \tag{8.9}$$

となり，円運動速度は距離に比例し，その回転周期 $T = \dfrac{2\pi r}{v_c} = \sqrt{\dfrac{3\pi}{G\rho}}$ は距離によらない一定の値となる．

プランマーモデル

楕円銀河の密度分布を表す簡単な解析解として

$$\phi_P(r) = -\frac{GM}{(r^2+a^2)^{1/2}}, \quad \rho_P(r) = \frac{3M}{4\pi a^3}\left(1+\frac{r^2}{a^2}\right)^{-5/2} \tag{8.10}$$

で与えられる密度–ポテンシャル対があり，総質量 M，有効半径 a のプランマー（Plummer）モデルとして知られている．

そのほかのモデル

キング（King）モデルなどがよく用いられるがくわしくは文献[*1]を参照されたい．

[*1] King 1996, *AJ*, 71, 64–75.

8.1.3 扁平な軸対称円盤

直径に比して厚さの薄い円盤状銀河を厚さゼロの円盤とみなすと，ポアソン方程式 (8.3) は，円筒座標系で面密度を $\Sigma(r)$，面上での重力ポテンシャルを $\psi(r)$ として

$$\frac{1}{r}\frac{d}{dr}\left(r\frac{d\psi(r)}{dr}\right) = -2\pi G\Sigma(r) \tag{8.11}$$

となる．面外ではラプラス方程式 $\triangle\phi = 0$ を適用する．このような系に対する解として，いくつかの解析解が知られている．

マクローリン円盤

半径 R_0 で密度一様の 3 次元球を z 軸方向につぶして得られる面密度分布 Σ をもつ円盤の密度ポテンシャル対は

$$\phi_\mathrm{M}(r, z=0) = \frac{3\pi GM(r^2 - 2R_0^2)}{8R_0^3}, \tag{8.12}$$

$$\Sigma_\mathrm{M}(r) = \frac{3M}{2\pi R_0^2}\sqrt{1 - \frac{r^2}{R_0^2}} \tag{8.13}$$

となる．このような円盤をマクローリン円盤と呼ぶ．

クズミン円盤

次のような軸対称ポテンシャルを考えよう．

$$\phi_\mathrm{K}(r, z) = -\frac{GM}{\sqrt{r^2 + (a + |z|)^2}}. \tag{8.14}$$

図 8.1 に示すように，$z > 0$ 空間ではこのポテンシャルは点 $(0, -a)$ にある質点 M が作る重力ポテンシャルと同じであり，$z < 0$ の空間では点 $(0, a)$ にある質点 M のポテンシャルと同じである．式 (8.14) で定義されたポテンシャルは $z = 0$ の面で上下の値が連続につながるが，その微分値は不連続になっている．したがって，$\triangle\phi$ は $z = 0$ 以外では 0 となり，このようなポテンシャルはガウスの定理により，次式で表される $z = 0$ 面に分布する面密度 Σ により生じる重力ポテンシャルと等価である．面密度 Σ は

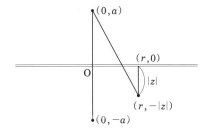

図 8.1 クズミン円盤のポテンシャルの意味.銀河面の下側の半無限空間のポテンシャルは座標 $(0, a)$ にある質量 M の質点によるものとし,上半無限空間は座標 $(0, -a)$ においた質量 M の質点によるものとする.ポテンシャルの勾配が銀河面の上下で不連続になるが,それに対応した面密度分布 Σ を与える.

$$\Sigma(r) = \frac{aM}{2\pi(r^2 + a^2)^{3/2}}. \tag{8.15}$$

この密度–ポテンシャル対は,クズミン(Kuzmin)モデルまたはトゥームレ(Toomre)モデル 1 と呼ばれる.

拡張トゥームレモデル

式 (8.14) と (8.15) で表される密度–ポテンシャル対をパラメータ a でそれぞれ偏微分して得られる対も密度分布が非負であり,かつポアソン方程式を満たす.$(n-1)$ 回偏微分した対をトゥームレモデル n と呼ぶ.このモデル系列で n を無限大にすると,密度分布はガウス分布に収束することが示されている(図 8.2).

そのほかのモデル

このほかにも,歴史的にはハッブルモデル,シュミット(Schmidt)モデル,アーベル積分を用いたブラント(Brandt)モデルなどがあり,場合に応じて使われる.

8.1.4 3 次元モデル

3 次元の密度ポテンシャル対の一例として宮本–永井モデルを紹介しよう.重力ポテンシャル分布 ϕ_M と質量密度分布 ρ_M は,それぞれ

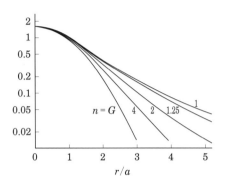

図 8.2 トゥームレモデル円盤 (n) と，ガウス分布円盤 (G) の面密度分布（Toomre 1963, *ApJ*, 138, 385）．

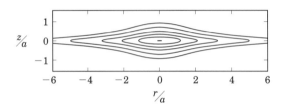

図 8.3 3次元宮本–永井モデルの (r, z) 断面での等密度曲線の一例．$b/a = 0.2$ の場合（Miyamoto & Nagai 1975, *PASJ*, 27, 533）．

$$\phi_M(r, z) = -\frac{GM}{\sqrt{r^2 + (a + \sqrt{z^2 + b^2})^2}}, \tag{8.16}$$

$$\rho_M(r, z) = \frac{b^2 M}{4\pi} \frac{ar^2 + (a + 3\sqrt{z^2 + b^2})(a + \sqrt{z^2 + b^2})^2}{[r^2 + (a + \sqrt{z^2 + b^2})^2]^{5/2}(z^2 + b^2)^{3/2}} \tag{8.17}$$

となる．スケール長 a と b の値により，密度分布 (8.17) 式はバルジを含む円盤状銀河に似たさまざまな形状を再現する（図 8.3）．

8.1.5 完全陪直交関数系

3次元空間での銀河の密度分布 $\rho(\boldsymbol{r})$ と対応する重力ポテンシャル分布 $\phi(\boldsymbol{r})$ をある座標系の完全直交関数系で級数展開

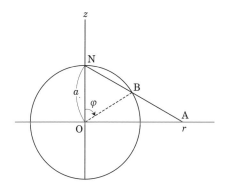

図 **8.4** 球面から無限平面への写像. 北極点 N から球面上の点 A を通る線分を引くことによる赤道平面上の点 B への写像を定義する. 無限平面円盤の密度–ポテンシャル対を球関数のルジャンドル陪関数で展開できるのはこのような座標変換を利用したためである (Aoki & Iye 1978, *PASJ*, 30, 519).

$$\rho(\boldsymbol{r}) = \sum_{k=1}^{n} \rho_k f_k(\boldsymbol{r}), \tag{8.18}$$

$$\phi(\boldsymbol{r}) = \sum_{k=1}^{n} \phi_k g_k(\boldsymbol{r}) \tag{8.19}$$

したとき, 各基底関数対がポアソン方程式の解であり, かつ

$$\int \rho_j f_j(\boldsymbol{r}) \phi_k g_k(\boldsymbol{r}) \, dr = \rho_j \phi_k \delta_{jk} \tag{8.20}$$

を満たすような級数展開を完全陪直交関数系と呼ぶ. ここで δ_{jk} は, $j = k$ のとき 1, $j \neq k$ のとき 0 となるクロネッカー記号である.

そのような関数系として, 球座標系上のフーリエ–ルジャンドル展開, 極座標系上のフーリエ–ベッセル展開が有名である.

円盤状銀河へ適用する例として, 球の表面を無限平面上へ写像する座標変換 (図 8.4)

$$\xi = \frac{r^2 - a^2}{r^2 + a^2} \tag{8.21}$$

を用いると, クズミン円盤モデルに対する完全直交関数系 (青木–家の密度–ポテンシャル対) を次のように表すことができる.

$$\psi_n^m = -\frac{GM}{a}\left(\frac{1-\xi}{2}\right)^{1/2} P_n^m(\xi)\exp(im\theta), \tag{8.22}$$

$$\mu_n^m = \frac{M}{2\pi a^2}\left(\frac{1-\xi}{2}\right)^{3/2} P_n^m(\xi)\exp(im\theta). \tag{8.23}$$

ここで，ψ_n^m と μ_n^m は動径方向の波数 n，回転方向波数 m の基底関数となるポテンシャルと密度であり，$P_n^m(\xi)$ はルジャンドル陪関数である．たとえば2本腕の渦状構造や棒状構造は $m=2$ の成分の重ね合わせで記述できる．他にも解があり，銀河の重力場のゆらぎや安定性の解析に用いられる．

8.2 恒星系力学

この節では，銀河や星団のような自己重力恒星系，つまり，多数の恒星がお互いの重力を受けて運動している系について，その状態を記述する枠組みである恒星系力学の基礎を概観する．なお，より深い内容は第12巻1章で扱う．本節では，主に球対称な恒星系について，基礎方程式である無衝突ボルツマン方程式から，定常状態を表す方程式，そのモーメントをとったジーンズ方程式やビリアル定理等の基本的な関係を導き，観測量から重力ポテンシャルの形と質量分布を推定する原理について述べる．また，定常状態への力学進化，また多数の恒星からなる系の，熱平衡に向かう進化についても概観する．

8.2.1 無衝突ボルツマン方程式

楕円銀河や，円盤銀河のハローのように非常に多数の恒星からなる系の振る舞いは，恒星やダークマターを多数の重力相互作用する粒子群とみなして，無衝突ボルツマン方程式

$$\frac{\partial f}{\partial t} + \boldsymbol{v}\cdot\nabla f - \nabla\Phi\cdot\frac{\partial f}{\partial \boldsymbol{v}} = 0 \tag{8.24}$$

で記述することができる．ここで，f は位置 (x,y,z)，速度 (v_x,v_y,v_z) からなる6次元の位相空間での粒子の分布関数である．外場がないとすると，重力ポテンシャル Φ はポアソン方程式 $\triangle\Phi = 4\pi G\rho$ で与えられる．恒星系の場合は空間での質量密度 ρ は，粒子分布関数 f を速度空間で積分して次式で得られる．

$$\rho = \int f \, d\boldsymbol{v}. \tag{8.25}$$

これが「無衝突」ボルツマン方程式であるということの意味は，文字通り衝突を無視していることである．ここで衝突とは粒子同士の直接の物理的な衝突のことをさすだけではなく，重力による個々の近接衝突をも無視することを意味するものである．数学的には N 個の粒子からなる系の $6N$ 次元の位相空間（Γ 空間）での記述を1粒子分布関数，2粒子の相関の分布関数，それ以上 $\cdots$，と展開したときの1粒子分布関数の項だけを残す場合が無衝突ボルツマン方程式となる．

8.2.2 2体緩和

2体緩和とは，基本的には1粒子分布関数で書けない相関の効果をさす．今，ある自己重力質点系が1粒子分布としては無衝突ボルツマン方程式の安定な定常解であるとする．この場合，定義により無衝突ボルツマン方程式で記述できる範囲では系は進化しない．しかし，系が有限個の粒子からできていると，各粒子が系の中を運動するに従って，厳密にはポテンシャルは変化する．この変化によって他の粒子の軌道自体が変化する．これを，ある粒子が系の中の他の粒子とランダムに相互作用することによる分布関数の拡散として表現しようというのが「2体緩和」という考え方である．

より厳密に考えると，ある粒子の軌道がどのように変化したかによって他の粒子の軌道の変化のしかたも変わるので，2体緩和ですべてが表現されるのではなく，多体の相関まで考慮する必要がある．また，位相空間で近い二つの粒子を考えるとその二つが経験する他の粒子との相互作用にはもちろん相関があるので，ランダムな相互作用という仮定は明らかに成り立たない．

しかし，これまでの多体シミュレーション等による研究では，多体の効果の中では2体緩和が圧倒的であることが分かっている．したがって，ここではそれ以上の話には立ち入らない．粒子数 n，個々の質量 m，速度はマクスウェル分布でその平均速度が v_m の粒子系の緩和時間は

$$t_r = \frac{0.065 v_m^3}{nm^2 G^2 \log \Lambda} \tag{8.26}$$

である（くわしくは第12巻参照）．ここで，G は重力定数，Λ はいわゆるクー

ロン対数であり，N 個の粒子からなる自己重力系では $\Lambda \sim N$ である．質量密度 $\rho = nm$ を使うと $t_r \propto 1/\rho m$ となり，ρ が同じなら m が大きいほど緩和時間が短くなる．これは，同じ質量分布を少ない粒子数で表すと緩和時間が短くなるということである．現実の系では，星数の少ない散開星団では 2 体緩和の影響は大きく，球状星団，矮小銀河と星数が大きくなるに従って影響が小さくなる．もちろん，緩和時間は基本的には場所によって変わる局所的な量なので，平均的な緩和時間が長い銀河でも銀河中心では星の数密度が高くて緩和が重要になる．

とはいえ，円盤銀河や楕円銀河の大局的な構造を問題にするときには 2 体緩和はとりあえず無視できる．

8.3 力学平衡

ここでは力学平衡とは，無衝突ボルツマン方程式（8.24）とポアソン方程式（8.3）を連立させたものの定常解，つまり 2 体緩和などを考えない範囲での平衡状態を考える．平衡状態の分布関数には，いわゆるジーンズの定理が成り立つ．それは，無衝突ボルツマン方程式（8.24）はそもそも f のラグランジュ微分 $Df/Dt = 0$ であって，星の軌道にそって f の値が変わらないことを意味する．力学平衡なら，星の軌道は静的なポテンシャルの中での軌道であり保存量を持つ．したがって，軌道が保存量によって完全に分類できれば，f は保存量の関数となる．これはジーンズの定理の一つの表現である．逆にいうと，あるポテンシャルを考えて，その中の軌道の保存量の関数として分布関数を与えると，それは無衝突ボルツマン方程式の解になっている．ただし，ポアソン方程式は一般には満たしていない．以下，簡単な場合に無衝突ボルツマン方程式とポアソン方程式を連立させて解くことを考える．

8.3.1 球対称な恒星系の場合

まず，分布関数が球対称な場合を考えてみよう．保存量はエネルギー E と角運動量 $\boldsymbol{J}$ の 3 成分なので，分布関数はこれらの関数として書ける．しかし，分布が球対称であるためには全角運動量 $J = |\boldsymbol{J}|$ だけに依存しなければならない．つまり，分布関数は $f(E, J)$ の形で表現できる．

さらに単純化して J にもよらない場合を考えてみる．これは，速度分布が等

方的である場合に相当する．以下，扱いやすくするためにポテンシャルの符号を反転させて変数をとり直す．

$$\Psi = -\Phi + \Phi_0, \quad \mathcal{E} = -E + \Phi_0 = \Psi - v^2/2. \tag{8.27}$$

ここで Φ_0 は定数で，$\mathcal{E} > 0$ で $f > 0$, $\mathcal{E} \leqq 0$ で $f = 0$ となるようにとる．

これらを使って，密度を v の角度方向に渡って積分したものをポアソン方程式に代入すると

$$\frac{1}{r^2}\frac{d}{dr}\left(r^2\frac{d\Psi}{dr}\right) = -16\pi^2 G \int_0^{\sqrt{2\Psi}} f\left(\Psi - \frac{1}{2}v^2\right) v^2\, d\boldsymbol{v}$$

$$= -16\pi^2 G \int_0^{\Psi} f(\mathcal{E})\sqrt{2(\Psi - \mathcal{E})}\, d\mathcal{E}. \tag{8.28}$$

これで，一般に f から Ψ を求めることができる．あるいはその逆に，Ψ から f を求めることも可能だが，一般には，求まった f が $f \geqq 0$ の条件を満たすという保証はないことに注意する必要がある．しかし，とにかくこれで，観測された密度分布から速度分布を求める，あるいはその逆に速度分布から密度分布を求めることが可能になった．

速度分布が非等方な場合には，密度分布と速度分布の対応は一意ではない．

8.3.2 軸対称な恒星系の場合

恒星系が軸対称ならポテンシャルも軸対称である．このとき，自明な保存量はエネルギーと対称軸周りの角運動量（J_z）だけである．しかし，これ以外に保存量がないわけではない．保存量があるかどうかはポアンカレ断面を書くことで調べることができる．

円筒座標 (r, z, ψ) で考えると，角運動量 J_z が保存することから有効ポテンシャルを (r, z) だけで書くことができ，軌道は本質的に 2 次元平面内の運動である．エネルギーが保存量なので，軌道は (r, z, v_R, v_z) の 4 次元の位相空間の中の 3 次元的な領域に制限されている．もう一つ別の保存量があれば 2 次元超曲面になる．

4 次元空間の中の 2 次元超曲面といってもよく分からないので，たとえば $z = 0$ と制限して，残りの 3 変数のうち 2 つだけの平面上で考えてみよう．エネ

ギーだけが保存量ならば,制約は二つなので軌道はこの平面上である2次元的な領域になる.しかし,もう一つ保存量があれば制約が三つになるので軌道は1次元的な曲線になって現れる.このような,二つの変数と軌道の交点のプロットがポアンカレ断面である.

　実際に適当な軸対称ポテンシャルでポアンカレ断面を書いてみると多くの場合に保存量があることがわかる.しかし,与えられた軸対称ポテンシャルから保存量を求める一般的な方法は知られていない.

　原理的には保存量があるとしても,実際の恒星系で分布関数がそれに依存しているかどうかは別の問題である.エネルギーや角運動量以外の保存量,つまり第3積分が存在するかどうかは,現実の銀河がどのようにしてできたか,という問題に帰着する.

　我々の銀河系の場合,第3積分に依存しないモデルでは円盤の星の分布は表現できないことを簡単に示すことができる.分布関数が $f(E, J_z)$ の形で書けるとすると,これは分布関数が (r, z) 平面内の速度についてはその絶対値を通してしか依存できない,ということを意味する.このことから,R 方向と z 方向の速度分散は等しくなければならない.しかし,太陽近傍の星の観測では,この二つは等しくない.このことは第3積分が存在することを示唆している.

　二つの重要な場合については,第3積分に当たるものを解析的に求めることができる.一つは球対称からのずれが小さい場合である.さらにもとのポテンシャルがケプラー・ポテンシャルの場合に軌道がどうなるかを求めたのがいわゆる古在メカニズムである.対称軸周りの角運動量が保存するので,離心率と軌道傾斜角[*2]の間に関係がつき,さらに第3積分から昇降点経度[*3]と軌道傾斜角との間にも関係がでてくる.もう一つは軌道が対称面内の円軌道に近い場合である.このときには軌道を対称面内の円軌道の周りで展開でき,動径方向と垂直方向の運動を分離できる.したがって,独立な保存量がある.

　円盤銀河を考えると,重要なのは,軌道が対称面内の円軌道に近い後者の場合である.

[*2] 対称軸に直交する赤道面と軌道平面のなす角.
[*3] 赤道面と軌道平面の交線の赤道面上の基準点からの角度.

―― 非軸対称な恒星系はどうか？ ――

　軸対称でもない場合には軌道はどうなるだろうか．観測的には多くの楕円銀河，特に大きなものは三軸不等である．また，ダークマターの構造形成シミュレーションでできるものは三軸不等である．したがってポテンシャルも三軸不等であり，角運動量は3成分とも保存しなくなり自明な保存量はエネルギーしかない．しかし，保存量がエネルギーだけなら，速度分布は等方的であり三軸不等な形と矛盾してしまう．

　三軸不等な恒星系のモデルで分布関数まで解析的に表現できるものは知られていない．ポテンシャルと軌道の組み合わせについてよく調べられているのは分離可能なシュテッケル・ポテンシャルである．これは楕円体座標を用いて分離できる形のポテンシャルで，対応する密度分布も構成できる．このポテンシャルでは，軌道は箱型のものと円筒型といわれるものに分類でき，箱型軌道は原点を通る（角運動量が0になりえる）軌道であり円筒軌道はどれかの軸の周りを回るものである．これらの軌道を使って与えられた密度分布を構成することも，一意性の問題はあるにせよ可能である．

8.4　銀河の構造と運動の流体近似

　前節までに述べた，銀河を恒星系として記述する手法と並んで，銀河をガス流体として扱う手法がある．恒星系の速度分散を流体の圧力とみなすことにより，位相空間を扱わずに済むので扱いが簡単になり，マクロな視点で銀河の構造と運動の基本を理解することができるメリットがある．

8.4.1　基本方程式

　銀河回転面に準じた円筒座標系での表記を採用し，密度 ρ，圧力 P，重力ポテンシャル ϕ，速度 $\boldsymbol{u}$ の流体として銀河を考えると，以下の方程式系を得る．

(1)　連続の式（スカラー方程式）

$$\frac{\partial \rho}{\partial t} + \rho \nabla \boldsymbol{u} = 0. \tag{8.29}$$

(2)　運動方程式（ベクトル方程式）

$$\frac{\partial \boldsymbol{u}}{\partial t} + (\boldsymbol{u}\cdot\nabla)\boldsymbol{u} = -\nabla\phi - \frac{1}{\rho}\nabla P. \tag{8.30}$$

ここで，右辺第 1 項は重力，第 2 項は圧力勾配による力を表す．

(3) 状態方程式（スカラー方程式）

$$P = c_s^2 \rho, \quad c_s \text{ は音速}. \tag{8.31}$$

(4) 重力場を記述するポアソン方程式（スカラー方程式）：式（8.3）．

この方程式系は変数が 6 個（密度，圧力，重力ポテンシャルと運動速度ベクトルの 3 成分），方程式が（8.3），（8.29），（8.30）の 3 成分の式，（8.31）の 6 本であり，初期値境界値問題としては決定論的に解けるはずである．だが，実際に運動方程式に現れる重力場の項を求めるにはポアソン方程式を全系について解いて重力ポテンシャルを求めなければならないので，6 本の連立方程式をそのまま解くことは容易ではない．

そこで，解析的手法としては垂直方向のつりあいを分離して無限に薄い自己重力回転円盤を仮定し，局所近似を用いたり，ポアソン方程式を満たす密度分布と重力ポテンシャル分布の対からなる完全陪直交関数系（8.1.5 節参照）で展開して，有限項を採用する手法がよく用いられる．

密度分布を与えてポアソン方程式を境界値問題として数値的に解く場合もあるが，密度が負にならないような解を選ぶ必要がある．状態方程式としては，(8.31) 式のように局所的な音速 c_s（恒星系なら速度分散 σ）を導入したり，圧力が密度だけの関数で表せるバロトロピック関係 $P = P(\rho)$，あるいはより限定的に圧力が密度のべき乗に比例するポリトロープ関係 $P = K\rho^\gamma$ を仮定するなどのさらなる単純化を行う．

8.5　ジーンズ方程式とビリアル定理

速度の 1 次のモーメントをとるために無衝突ボルツマン方程式（8.29）に v_j を掛けて速度空間で積分し，適当な変形をすると

$$\rho\frac{\partial \bar{v}_j}{\partial t} + \rho\bar{v}_i\frac{\partial \bar{v}_j}{\partial x_i} = -\rho\frac{\partial \Phi}{x_j} - \frac{\partial(\rho\sigma_{ij}^2)}{\partial x_i} \tag{8.32}$$

という式が導ける．ここで，$\sigma_{ij}^2 = \overline{(v_i - \bar{v}_i)(v_j - \bar{v}_j)}$ は速度分散テンソルであり，$\bar{x}$ はある量 x の局所平均であり，ρ は密度である．これは，流体の場合のオイラー方程式（運動方程式）とほぼ同じ格好になっている．左辺は平均の流れに沿って見た平均速度のラグランジュ微分であり，右辺第1項はポテンシャル力である．最後の項は流体の場合の圧力の項に対応する．流体と違うのは，これが非等方的なストレステンソル σ_{ij}^2 になっているということである．これがジーンズ方程式である．

球対称で力学平衡な恒星系では，ジーンズ方程式は極座標 (r, θ, ϕ) を使って以下の形に書き直せる．

$$\frac{d(\rho \overline{v_r^2})}{dr} + \frac{\rho}{r}\left[2\overline{v_r^2} - (\overline{v_\theta^2} + \overline{v_\phi^2})\right] = -\rho \frac{d\Phi}{dr}. \tag{8.33}$$

さらに，速度分布を等方的とすると

$$M(r) = -\frac{r\overline{v_r^2}}{G}\left(\frac{d\ln \rho}{d\ln r} + \frac{d\ln \overline{v_r^2}}{d\ln r}\right) \tag{8.34}$$

となる．ここで $M(r)$ は半径 r の中の質量であるが，ポテンシャルの積分から求まる力学的な質量であることに注意してほしい．

さて，ジーンズ方程式 (8.32) に x_k を掛けて空間全体で積分し，さらに力学平衡を仮定し，トレースを取る等の変形をすると，最終的に（スカラー）ビリアル定理

$$2K + W = 0 \tag{8.35}$$

を得る．ここで K は系の運動エネルギー，W はポテンシャルエネルギーである．系の全エネルギーを E とすれば，$E = K + W$ であるから，

$$E = -K = \frac{W}{2} \tag{8.36}$$

となる．つまり，定常状態にある自己重力恒星系では，必ず全エネルギーはポテンシャルエネルギーのちょうど半分であり，絶対値が運動エネルギーに等しい．これは球対称な系に限らず楕円銀河でも円盤銀河でも，力学平衡ならば必ず成り立つ．この状態をビリアル平衡ともいう．

系の質量を M，大きさを R の程度とすると，$W \sim -GM^2/2R$ である．また，

系の全体粒子の速度分散(回転等も含めて)の平均をvとすれば$K = Mv^2/2$である.したがって,$M \sim Rv^2/G$となる.つまり,系の大きさ,速度分散が分かると質量がきまる.

8.6 動力学

8.6.1 ジーンズ不安定

動力学の基本になるのは力学平衡な状態からの微小なゆらぎのふるまいを扱う線形な振動モードの解析である.しかし,球対称の単純な系でも,振動モードが解析的に求められる例はあまりない.もっとも単純な場合として空間分布が無限一様な場合を考える.無限一様で時間定常な恒星系はもちろん現実には存在できないが,これは膨張宇宙の中での重力不安定や円盤銀河における不安定性を理解するための基礎になるという意味で重要である.さらに,話を簡単にするために流体で考える.流体と恒星系で,安定性条件は速度分布が同じならば同じになる,ということがわかっているからである.

流体の運動は,連続の式 (8.29),運動方程式 (8.30) と,ポアソン方程式 (8.3) および状態方程式で与えられる.ここで,ρ, p は密度,圧力,Φ は重力ポテンシャルであり,簡単のため状態方程式は $P = P(\rho)$ とし,圧力は密度だけの関数で与えられるとする.

今,$\rho, p, \boldsymbol{v}, \Phi$ をそれぞれ $\rho = \rho_0 + \rho_1$ などの形にして,添字 0 がつくものはもとの方程式の平衡解であり,1 がつくものは小さい(2 次以上の項を無視していい)として方程式を書き直す.$\rho_1, p_1, \boldsymbol{v}_1, \Phi_1$ に線形化した方程式系で $p_1, \boldsymbol{v}_1, \Phi_1$ を消去して整理すると

$$\frac{\partial^2 \rho_1}{\partial t^2} - c_s^2 \nabla^2 \rho_1 - 4\pi G \rho_0 \rho_1 = 0 \tag{8.37}$$

となる.ここで c_s は音速である.状態方程式は,線形化できる範囲では音速だけで表すことができる.

この方程式は最初の2項をみれば普通の波動方程式で,最後の項がポアソン方程式を通して出てくる重力の項である.したがって,波長が短い極限では普通の波動方程式に近づく.これに対し,波長が長い極限では空間2階微分の項が効か

なくなるので，線形の常微分方程式で固有値は正負二つの実数となり，必ず不安定（ジーンズ不安定）である．

解を

$$\rho_1 = C e^{i(\boldsymbol{k}\cdot\boldsymbol{x} - \omega t)} \tag{8.38}$$

の形を仮定して代入すれば分散関係

$$\omega^2 = c_{\rm s}^2 k^2 - 4\pi G \rho_0 \tag{8.39}$$

が求まる．したがって，

$$k_{\rm J}^2 = \frac{4\pi G \rho_0}{c_{\rm s}^2} \tag{8.40}$$

で決まる波数 $k_{\rm J}$ を境に振る舞いが変わる．$k > k_{\rm J}$ なら ω は実数で普通の音波と同じ，$k = k_{\rm J}$ なら $\omega = 0$ で，与えた摂動は時間的に発展しない（中立安定）．$k < k_{\rm J}$ なら ω は純虚数で，このときは解は減衰する解と発散する解の両方がある．発散する解をもつ場合を不安定（ジーンズ不安定）という．

$k_{\rm J}$ は波数なので，その逆数に 2π を掛けると波長になる．これをジーンズ波長 $\lambda_{\rm J}$ と呼び，以下で与えられる：

$$\lambda_{\rm J} = \sqrt{\frac{\pi}{G\rho_0}} c_{\rm s}. \tag{8.41}$$

恒星系の場合にも，同様にジーンズ波長 $\lambda_{\rm J}$ を計算でき，速度分布がマックスウェル分布のときには上と同じ表現で与えられる．これより長い波長の摂動は成長し，系は不安定になる．

しかし，ジーンズ波長より短いモードは厳密には音波に対応するわけではない．簡単な例を示そう．図 8.5 のように 1 次元の重力がない系で，ある有界な領域に摂動を与えたとする．すると，時間が経つに従って位相空間での摂動が空間的には引き延ばされていくことがわかる．このために，たとえば密度の変化といった量は時間が経つに従って減衰していく．つまり，位相空間でみれば摂動は変形するだけで元のままに存在しているが，空間密度は複雑なふるまいを示しながら減衰していって，十分な時間が経つと一様になる．これを位相混合と呼ぶ．

重力が無視できない場合でも平面波では状況は同じで，位相空間では摂動がそのまま残っていても空間密度では減衰する．

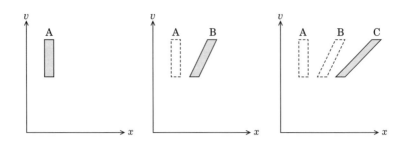

図 **8.5** 位相空間での摂動の時間進化.

8.6.2 力学的摩擦

ここで少し違った状況を考えてみる．いま，温度 0（ジーンズ不安定は起きないとする）の無限に一様な物質分布の中を，適当な大きさを持った球対称なポテンシャルの場が移動しているとしよう．分布関数は時間がたっても形は変わらないとする．具体的にはたとえば球状星団が銀河の中を動く場合の周囲の恒星のふるまいを考えることに相当する．

このときの周囲の恒星の動きは，移動するポテンシャルに固定した座標系では図 8.6 のようになる．つまり，平行に入ってきたものが散乱される．もともとの止まっていた物質分布に固定された座標系で考えると，散乱された粒子は，左向きと中心向きの速度をもらうことになり，加速されてエネルギーを得たことになっている．

周囲がエネルギーをもらっているので，動いている球状星団の方は減速される．これが力学的摩擦と呼ばれるものである．この効果は，動いているものが単純な質点でも広がりを持つ集団でもつねに働くということに注意してほしい．逆に，無限に広がった平面波では粒子は散乱されないのでこのような力は働かない．

これは，2 体緩和の極端な場合と考えることもできる．2 体緩和は局所的に熱平衡に近づくように分布関数を進化させる．熱平衡では任意の自由度が持つエネルギーの期待値は等しい（エネルギー等分配）ので，星，ダークマター粒子，巨大ブラックホール，衛星銀河の運動エネルギーが等しくなろうとする．

ここでタイムスケールに注意しなければならない．力学的摩擦による加速度を厳密に評価すると以下のようになる．

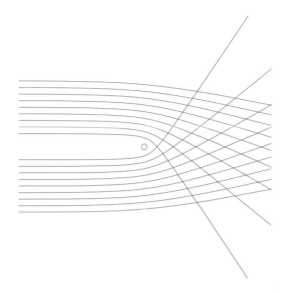

図 **8.6** 重い粒子の周りで散乱される粒子の軌跡．重い粒子は静止系では左向きに運動しているが，重い粒子に固定した座標系では周りの粒子の軌道はこの図のように重力的散乱を受ける．

$$\frac{d\boldsymbol{v}_\mathrm{s}}{dt} = -16\pi^2 G^2 m(M_\mathrm{s}+m)\log\Lambda \frac{\int_0^{c_\mathrm{s}} f(\boldsymbol{r},v_\mathrm{m}) v_\mathrm{m}{}^2\,dv_\mathrm{m}}{|\boldsymbol{v}_\mathrm{s}|^3}\boldsymbol{v}_\mathrm{s}. \qquad (8.42)$$

ここで $\boldsymbol{v}_\mathrm{s}$, M_s は力学的摩擦を受ける移動物体の速度，質量であり，m, $f(x,v)$ は周囲の粒子の質量と分布関数である．速度の積分範囲は周囲の粒子の速度の絶対値が物体の速度を越えない範囲となる（速度分布が等方的なとき）．現実的なケースでは普通 $\boldsymbol{v}_\mathrm{s}$ は周囲の粒子の速度分散の程度であり，このときには力学的摩擦のタイムスケール (t_df) と周囲の緩和時間 (t_r) の関係は

$$t_\mathrm{df} \sim \frac{m}{M_\mathrm{s}} t_\mathrm{r} \qquad (8.43)$$

となる．言い換えると，力学的摩擦のタイムスケールは，移動物体の質量と周囲の粒子の質量だけで決まり，周囲の粒子が何であるかには依存しない．

8.6.3 激しい緩和と NFW プロファイル

　重力不安定による構造形成では，波長の長いスケールの大きな構造が先にできる場合（トップダウン）でも，逆に小さなものから先にできる場合（ボトムアップ）でも，最初は力学平衡にないものができて，そのうちに力学平衡になる，という進化をする．このような構造形成シナリオだけから最終的な平衡状態について何かいえることはないだろうか？　また，楕円銀河はどれもいわゆる $r^{1/4}$ 則でよく近似できている．それは力学平衡にいたる過程で構造に何か普遍的な性質が出てきているということではないだろうか？

　普遍的な性質を生ずる過程としてリンデンベルは 1967 年に「激しい緩和」というものを提案した．彼の理論は，大雑把にいうと以下のようなものである

- 系がまだ力学平衡に落ちついていない間，密度分布の変化に伴ってポテンシャルは複雑な時間変化をする．これは，それぞれの粒子エネルギーを変える．
- 粒子のエネルギーの変わり方は初期の（位相空間内での）位置によって決まるので，エントロピーが変わるとか，ランダム化されるとかいうことはないが，粗視化してみれば粒子のエネルギーの変わり方はランダムとみなせるはずである．
- したがって，このランダムな変化に対する熱平衡が存在するはずである．これをリンデンベル統計と名付ける．
- この平衡状態では等分配ではなく，単位質量当たりのエネルギーが等分配になる．

　なお，普通のボルツマン統計ではなくリンデンベル統計にしたがう理由は，f の値に制約がある（初期の分布の最大値を超えられない）からである．

　これは理屈としては美しいが，いろいろ無理があることも確かである．基本的な問題として，緩和が熱平衡状態に向かうとは限らない．第 1 に力学平衡に落ちつけばエネルギー変化は止まってしまうし，普通の速度空間での緩和では速度が大きいときには減速になる項（力学的摩擦）と拡散項とのつりあいで熱平衡が実現されるが，力学的摩擦に当たる項はあるかどうかがわからないからである．

　とはいえ，アイディアは美しいので数値実験やいろいろな理論的な研究が数多くなされた．それらの基本的な結論は，初期条件によって最終状態はいろいろであり，とてもある一つのものに向かうといえるようなものではない，ということ

になっている.

さて,ダークマターによる宇宙での構造形成を考えると,初期密度ゆらぎは第0近似としては波長の長いゆらぎから波長の短いゆらぎまで等しく存在するはずであり,小さいものが合体をくりかえすことで大きなものができると考えられている.構造形成の過程が一つであれば,できるものがみな同じ形であっても不思議ではない.ナヴァロ(J. Navarro)たちは,数値計算の結果をもとに以下のような主張をした

- 冷たいダークマターシナリオによる構造形成を考えたとき,ダークマターが作る(ガスや星を考えない)自己重力系の密度分布は

$$\rho \propto \frac{1}{r_*(1+r_*)^2} \tag{8.44}$$

の形に書ける.ここで r_* は正規化した半径である.
- この形は普遍的で,個々の銀河でも銀河団でも同じである.

式 (8.44) は,きわめて有名になった NFW プロファイルである.しかし,福重俊幸と牧野淳一郎やムーア(B. Moore)他はより粒子数の多い数値計算結果から上の「普遍的」な形になったのは数値誤差のせいという主張をしている.彼らによるとダークマターハローの中心部の構造は,第0近似としては半径の -1.5 乗で中心密度が上るものとなる.つまり,普遍的な構造は確かに存在するようである.しかし,どういうメカニズムでそうなるかはまだよく分かっていない.

8.6.4 重力熱力学的不安定

無衝突系では熱平衡に向かうわけではないが,2体緩和によって進化する衝突系ではどうなるだろうか? 衝突系でも自己重力系では熱平衡になりえない.この理由は簡単で,熱平衡なら速度分布関数はマックスウェル分布になるはずだが,これは速度無限大まで分布関数が0にならない.ところが,自己重力系で粒子が系に束縛されているためにはエネルギーが負でなければならないので,速度無限大の粒子は存在できないからである.

しかし,ここでは理想化して熱平衡状態があるようにした系の熱力学的な安定性について簡単に述べよう.

ジーンズ不安定の項で述べたように臨界波長は恒星系でも流体でも同じであっ

たが，熱力学的安定性についても同様に中立安定な分布は恒星系でも流体でも同じである．これは，熱力学的安定性は分布関数がエントロピーの極大になっているかどうかだけで決まるからである．

8.6.5 等温状態の安定性

自己重力系の熱平衡を考えるため，球対称の断熱壁の中に自己重力的な理想気体が入っている場合を考える．温度が高い極限では重力は無視できるので単純に普通の気体としてふるまうが，エネルギーを抜いて温度を下げていくと重力が無視できなくなるので中心密度が上がってくる．

さらにエネルギーを低くしていくと，中心密度は上がっていく．しかし，あるところで安定な熱平衡状態が存在しなくなる．つまり，それよりも中心密度が高い熱平衡状態を構成できるが，そのエネルギーは逆に高くなってしまう．この極値の点では，線形の範囲でエネルギーもエントロピーも変えないような密度の摂動が存在する．このことは，この点が熱力学的に中立安定であるということである．

この点より中心密度が高い平衡解は熱力学的に不安定である．つまり，エネルギーを変えないでエントロピーを増やせるような摂動が存在する．

線形の成長モードがどのようになるかは固有値問題を解くことで調べられる．時間発展するモードの具体的な形は熱伝導が温度・密度にどう依存するかで違うが，基本的には中心部から熱を奪ってそれを周辺に与えると，周辺は温度上昇するが中心部はそれ以上に温度上昇するので与えた摂動が成長する，という解がでてくる．中心部で余計に温度が上がるのは収縮して重力エネルギーが解放されるからである．進化していった先には安定な平衡状態はないので，理想気体という記述が成り立つ限り中心密度はどんどん上がることになる．

ただし，線形モードのもう一つの解となる，周辺から熱を奪ってそれを中心部に与えるというモードも不安定である．このときには全体として温度が下がり，中心は膨張し，最終的には同じエネルギーの安定な解に向けて進化する．

8.6.6 有限振幅での進化と重力熱力学的振動

不安定な球対称の自己重力系がこの後どうなるかを調べるには，数値計算をする必要がある．蜂巣泉らは1978年に自己重力流体について数値計算を行なった

結果，重要なことは，中心から熱をとったときに「自己相似解」が現れる場合があることを発見した．緩和時間の式から明らかなように，密度が上がるとタイムスケールが短くなる．このときは，密度の高い「コア」ができ，それがどんどん収縮を続けることになる．このときには，中心の収縮のタイムスケールは密度が上がるにつれて短くなり，有限時間で密度が無限大になる．これによってブラックホールができるという可能性が検討された．

しかし，典型的な球状星団や矮小楕円銀河では，ブラックホールはできそうにない．コアが十分に小さくなると，エネルギー供給源ができるからである．

ここでのエネルギー供給の元は連星である．仮に星団があらかじめ連星をもっていなかったとしても，コアが十分に小さくなると，そのなかで3体相互作用で連星ができるようになる．これは基本的には星の中で温度，密度が上がると核融合が始まるというのと似ているので，連星のできやすさは密度と温度（平均速度）の関係だけで決まる．これは結局コアの粒子数だけで決まるということである．

連星によるエネルギー供給が入ると，コアの収縮は止まる．熱源として連星を考慮した計算を初めて行なったのはエノン（M. Henon）であり，1982年ころまでにいくつかそのような計算が行なわれた．その結果，コアからの熱伝導による熱の流出と連星からのエネルギー入力がバランスし，系全体が一様な膨張をするという結果が得られた．

しかし，1983年になって，杉本大一郎とベトウィーザー（E. Bettwieser）は，じつはこのホモロガスな膨張解も熱力学的に不安定であるという発見をし，その結果起きる振動に「重力熱力学的振動」という名前をつけた．これはその後に線形安定性解析もされ，このような系を記述するフォッカー–プランク方程式の数値積分や多体問題の直接数値積分でも振動が起こることが確認されている．球状星団のように中心部の星の多くが中性子星や重い白色矮星で，基本的に質点とみなせるような場合には実際にこの振動が起こっているものと思われる．

若い星団で恒星の大きさが無視できないときには，ある程度密度が上がると恒星同士の物理的な衝突の確率が無視できなくなる．衝突のタイムスケールが十分に短いなら暴走的に超大質量星が形成される可能性もある．これは，現在活発に研究が行われている領域である．

第9章

渦状構造論

銀河の渦状構造は渦状腕とも呼ばれ，銀河のもっとも目立つ構造である．若くて青い星々の輝く渦状腕に沿って，シャープなシルエットを作る暗黒星雲（ダークレーン），OB アソシエーションや H$_{\text{II}}$ 領域などが集まり，星間ガスから盛んに星が生まれていることが分かる．渦状構造の理解は銀河動力学の大きなテーマであり，局所密度波理論や大局モードの理論が発展した．渦状腕は渦状銀河における主要な星形成の場として，銀河の諸現象や進化に大きな役割をはたしている．さらに，渦状腕は非軸対称な構造として，銀河円盤の星やガスにトルクを及ぼし，角運動量や物質の再配分による長期的な銀河構造の進化にも寄与する．

9.1 銀河の渦状構造の理論：密度波理論

9.1.1 銀河の渦状構造と渦状腕の理論

渦状腕には，巻き込み具合，腕の長さ，腕の顕著さなどにさまざまな特徴があるが，これらの特徴は銀河の形態や全体構造と相関があり，渦状腕が銀河円盤の構造を反映した持続的な構造であることを示している．

渦状腕は観測する波長域によってその様相が大きく変わる．可視光像では星形成領域やダークレーン[*1]など若い天体が目立ち，渦状腕は非常に複雑な様相を呈

[*1] 星間塵が凝集して背景の光を隠し，暗い帯状に見える領域．

するが，近赤外線像ではスムーズな渦状構造が見られる．近赤外線では，可視光では目立たない古い星が主に見えるので，古い星の円盤にスムーズな渦状構造があることがわかる．銀河円盤の質量は大部分を古い星が占めているので，銀河動力学的には星の円盤の渦状構造が銀河渦状構造の本体で，星の形成などガス円盤に付随する現象は二次的な構造と考えることができる．

　回転運動に伴う渦巻き模様は台風など，自然界にもその例が広く見られるが，ほとんどが一時的なものですぐに消えてしまう．しかし銀河の渦状腕は前述のように持続的な構造と考えられるので，渦巻構造を維持するための銀河特有の機構が働いていると考えられる．渦状腕のもっとも著しいものは晩期型の渦状銀河に見られる，グランドデザインと呼ばれる銀河全体に広がった長い渦状腕である．渦状構造の理論はこのようなグランドデザインの性質を説明するものでなければならないが，銀河は半径によって回転周期が異なる差動回転をしているので，まず「巻き込みの困難」（後述）に直面する．もし渦状腕がいつも同じ物質で構成されていると，差動回転によって巻き込まれ長時間維持できないはずだからである．

　そこで，渦状腕を銀河円盤の波動現象と考える理論が登場した．その先鞭をつけたのが，1960年代半ばにリン（C.C. Lin）とシュー（F.H. Shu）によって提案された密度波理論である．リンとシューの理論は局所理論であり，大局的な線形モードを調べたハンター（C. Hunter）に始まる一連の研究については 9.2 節で述べる．

　ここでは，密度波理論に基づいて銀河の渦状構造の性質を調べる．銀河円盤は恒星円盤とガス円盤の二重構造をしているが，これから論ずる密度波は恒星円盤の波動現象である．星の形成など，ガス円盤に付随する現象は，この密度波の重力変動によってガス円盤に引き起こされる現象で，9.3 節の銀河衝撃波理論で論ずる．

9.1.2　銀河円盤の差動回転と巻き込みの困難

　銀河は差動回転しているので，半径方向に広がった物質の分布は，内側が早く回転して先行し，外側が取り残され，時間とともにきつく巻き込まれてしまう．したがって，渦状腕がいつも同じ物質で構成されていると，観測されるような開

いた渦巻き構造を説明できない．これが「巻き込みの困難」である．

差動回転による巻き込みの効果は，半径方向に一直線に並べた星が銀河回転によって時間とともにどのように動くかを追跡するとよく分かる．そこで，銀河中心から距離 R にある星の方位角を $\phi(R,t)$ とし，$t=0$ に $\phi(R,0)=0$ とする．これらの星が回転角速度 $\Omega(R)$ で銀河回転をすると，t における R の星の方位角は $\phi(R,t)=\Omega(R)t$ となり，星は渦巻き形に並ぶ．渦巻きが円の接線方向となす角（ピッチ角）を i とすると，渦巻きに沿う半径方向の増分 dR と角度方向の増分 $Rd\phi$ の比が $\tan i$ になるので，$\cot i = R(d\phi/dR) = Rt(d\Omega/dR)$．また，一周して隣り合う渦の間隔 ΔR は，$dR = R\tan i\, d\phi$ において，$\Delta R \ll R$ とすると R は一定とみなせるので，$d\phi = 2\pi$ とすると

$$\Delta R \approx 2\pi R \tan i = 2\pi/t(d\Omega/dR) \tag{9.1}$$

となる．このように，ピッチ角 i あるいは ΔR は時間に反比例して減少し，渦状腕は時間とともに急速に巻き込まれていく．銀河系の場合，$R = 10\,\mathrm{kpc}$，$\Omega R = V_\mathrm{c} = 220\,\mathrm{km\cdot s^{-1}}$（一定）とすると，$t = 10^{10}$ 年でピッチ角は $i \approx 0.3$ 度，渦状腕の間隔は $\Delta R \approx 0.3\,\mathrm{kpc}$ となるはずだが，実際の銀河系の渦状構造はこれほど巻き込んでいない．

9.1.3 運動学的密度波

巻き込みの困難を回避するために，渦状構造は銀河円盤の波動現象と考えられるようになった．波の特徴として，たとえば水面の波を考えると，さまざまな波模様が作りだされ水面を伝わっていくが，水はその場で振動するだけで，波模様（波動パターン）と同じ運動をするわけではない．そこで，もし，銀河回転とは別に，銀河円盤に渦巻状の波動パターンをもつ波が存在できれば，巻き込みの困難を回避することができる．

渦状波の具体的なイメージを得るために，回転する円盤に渦巻き状のパターンが現れる一例を思考実験によって示す．

銀河円盤内の星は銀河中心の周りを角速度 Ω で円運動しながら，動径方向には周転円振動数 κ で振動運動する[*2]．その軌道は，静止系ではいわゆるバラの花形軌道を描き，閉じることがない．このような星の運動を，角速度 $\Omega_\kappa \equiv \Omega - \kappa/2$ で回転する座標系から眺めてみる．回転系から見た星は回転方向には角速度

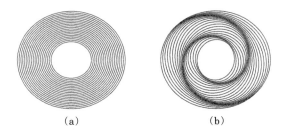

図 9.1 運動学的密度波 (Binney & Tremaine 1987, *Galactic Dynamics*, Princeton Univ. Press, p.350).

$\Omega - \Omega_\kappa$ で回転 (公転) し，1 公転する間に動径方向に 2 回振動するので，軌道は楕円を描いて閉じることになる．すなわち，回転系では星の軌道は静止した楕円に見え，この楕円を静止系から見るとその軸が角速度 Ω_κ で回転して見えることになる．

そこで，まず，図 9.1 (a) のように，長軸が同じ方向を向いた楕円軌道上を運動する星が集まった円盤を考える．それぞれの楕円軌道上には星が一様に分布し，Ω_κ は半径によらず一定と仮定する．そうすると，円盤は長軸方向に少し伸びた形を保ち，特別な変化や模様は現れない．次に，楕円軌道の長軸を軌道の半径とともにわずかずつ同じ方向 (図では反時計周り) にシフトさせてみる．そうすると図 9.1 (b) のように，軌道の密な場所が渦巻き状に現れる．

この渦巻き構造は，角速度 Ω_κ で回転する系では静止してみえるが，静止系からは Ω_κ で回転しているようにみえる．この円盤の星は銀河回転をしながら渦状構造を通過するが，そこに留まるわけではなく，渦状構造を通り過ぎていく．すなわち，ここに現れた渦巻き模様は一種の波模様である．この渦状波は星どうしの重力 (自己重力) を無視しているので運動学的密度波と呼ばれる．

以上の考察では $\Omega_\kappa = \Omega - \kappa/2$ が半径によらず一定としたが，実際の銀河では半径によって変化する．そのため，楕円軌道の長軸の方向は半径によって異なる角速度で回転し，渦状構造は次第に崩れていく．このように運動学的密度波は

[*2] (295 ページ) 惑星の楕円軌道は平均的な角速度で円運動する観測者からみると，その周りを小さな逆回転の楕円軌道 (周転円) を描いて動くように見える．ケプラーの楕円軌道の発見以前には惑星運動を周転円軌道で説明していた．銀河円盤の多くの星も同様に円運動からわずかにずれた軌道を描く．その運動は動径方向と銀河面に垂直方向にそれぞれ単振動するとみなすことができる．

力学的には不完全であるが,密度波の特徴をよく備えている.また,銀河では銀河円盤のかなり広い範囲で $\Omega - \kappa/2$ の値がほぼ一定となるものがあるので,もし,銀河円盤に少しだけ楕円軌道の向きをそろえるような機構があれば持続的な渦状構造が実現すると期待される.

9.1.4 自己保存的密度波

　運動学的密度波は渦状構造が波として存在しうることを説明するが,そのままでは長時間持続しない.では,渦状波が持続するためにはどのような条件が必要であろうか.銀河円盤に変動が生ずると,それが原因となって新しい変動が引き起こされ,それが連鎖的にくりかえされて波が伝播する.波は銀河面に広がるうちに互いに交じり合い減衰していく.これらのうち,もし,変動の結果が「原因」と等しくなるような場合,波は再生産され長時間持続することが期待される.このような波を自己保存的と呼ぶことにする.

　具体的に自己保存的になる条件を考えてみる.まず,銀河円盤に渦状密度波が存在し,その密度の変動を $\delta\rho$(作用)とする.それによって生ずる重力ポテンシャルを $\delta\Phi$ とすると,$\delta\Phi$ はポアソン方程式を解いて得られる.$\delta\Phi$ による重力は円盤内に運動の変化を引き起こすが,その運動速度の変化 δv は運動方程式を解くことによって得られる.この運動によって新たに密度のゆらぎ $\delta\rho$(応答)が生ずるが,これは連続の方程式を解くことによって得られる.このような連鎖を経た結果,波が自己保存的に再生産されるためには

$$\delta\rho(\text{作用}) = \delta\rho(\text{応答}). \tag{9.2}$$

となることが必要である.銀河円盤の変動を波で表すと,この条件から,波の振動数と波数の間の関係が得られる.これを分散関係といい,これによって波の性質が決まる.

9.1.5 局所密度波理論

　密度波の分散関係を導くためには,銀河円盤の動力学の方程式を解いて,銀河円盤内の変動を具体的に求めなければならない.しかし,一般的な銀河円盤の動力学は数学的に複雑で簡単に解くことができない.そこで,リンとシューにならって,銀河の簡単なモデルと近似方法を用いて,分散関係式を導く過程を追っ

てみる．

　銀河円盤は主として星の集団であるが，星の集団的な振る舞いは，星の速度分散（無秩序運動）をガスの熱運動速度（音速）に対応させると近似的にガスとして扱うことができる．そこで，銀河円盤を流体（ガス）として扱い，音速 c_s は星の速度分散と解釈する．太陽近傍では星の速度分散は秒速約 30 km である．さらに，銀河円盤の厚さは無視できるほど薄いとする．これによって銀河円盤内の変動は 2 次元的な流体の運動として流体力学的に扱うことができる．

　渦状腕については，きつく巻いた渦巻とする．この仮定により，銀河円盤の狭い領域に限っても，密度波の振動が多周期分あるとして，局所的に波の性質を調べることができる．実際の渦状腕はあまり巻き込んでいないのでこの仮定は不適切に見えるが，この仮定により数学的な取り扱いが容易になるとともに，銀河全体の構造を考えなくても局所的に密度波の性質を調べることができる．このような密度波の理論を局所密度波理論と呼ぶ．その道筋を以下に示す．

　まず，銀河円盤に極座標 (R, ϕ) を導入し，表面密度を $\Sigma(R, \phi, t)$，速度ベクトル場を $\boldsymbol{v}(R, \phi, t)$，重力ポテンシャルを $\Phi(R, \phi, t)$ とする．これらの物理量を，密度波のない円運動する軸対称の状態（無摂動状態）と渦状波による変動（摂動）の和で表す．

$$\Sigma(R, \phi, t) = \Sigma_0(R) + \Sigma_1(R, \phi, t), \tag{9.3}$$

$$\boldsymbol{v}(R, \phi, t) = \boldsymbol{v}_0(R) + \boldsymbol{v}_1(R, \phi, t), \tag{9.4}$$

$$\Phi(R, \phi, t) = \Phi_0(R) + \Phi_1(R, \phi, t). \tag{9.5}$$

ここで，$\Sigma_0, \boldsymbol{v}_0, \Phi_0$ は密度波の存在しない無摂動状態，$\Sigma_1, \boldsymbol{v}_1, \Phi_1$ は密度波による微小摂動を表す．さらに，密度波の摂動を方位角方向に m 回の周期性をもち振動数 ω で振動する波として次のように表現する．

$$\begin{pmatrix} \Sigma_1 \\ \boldsymbol{v}_1 \\ \Phi_1 \end{pmatrix} = \mathrm{Re}\left[\begin{pmatrix} S(R) \\ \boldsymbol{V}(R) \\ F(R) \end{pmatrix} e^{i(\omega t - m\phi + f(R))} \right]. \tag{9.6}$$

ここで，$S, \boldsymbol{V}, F$ は密度波の表面密度，速度ベクトル，重力ポテンシャルの振幅で，Re は実数部分を表す．$f(R)$ は密度波の半径方向の振動（位相の変化）を表

し，渦状構造を表すためには単調に増加あるいは減少する関数でなければならない．また，局所的に波数 k と波長 λ を次のように定義できる．

$$k = 2\pi/\lambda \equiv df/dR. \tag{9.7}$$

きつく巻いた渦状腕の近似では，k が大きく（波長 λ が短く），密度波は半径方向に激しく振動する．そして，局所的には位相の変化を $f(R) \approx kR$, すなわち波数一定の平面波とみなすことができる．

渦状波の幾何学

密度波の振動の位相 $\chi(R,\phi,t)$ を $\chi(R,\phi,t) \equiv \omega t - m\phi + f(R)$ と書いたとき，表面密度が最大の軌跡が渦状腕を表すと考えると，$\chi(R,\phi,t) = 2n\pi$（n は整数）の軌跡が渦状腕を表す．半径 R と時間 t を固定して，ϕ 方向の位相の変化を見ると，ϕ 方向には 1 周のうちに m 回振動するので，m は渦状腕の本数を表す．

R が一定の場所で，位相一定の軌跡の時間変化を見ると，$d\phi = (\omega/m)\,dt$ なので，渦状パターンは回転角速度（パターン速度）$\Omega_{\rm p} = d\phi/dt = \omega/m$ で剛体回転する．

また，渦状腕のピッチ角 i は，その定義から $\cot i = R\,d\phi/dR = R(df/dR)/m = kR/m$．ピッチ角一定の渦巻きは対数螺旋と呼ばれ，自然界によく見られるが，銀河の渦状腕も対数螺旋で近似できるものが多い．

渦巻きには，銀河回転の方向に対して二つの向きがあり，それは k の符号で決まる．銀河回転が ϕ が増加する方向とすると，$k > 0$ の場合 ϕ が増加すると R が増加するので，銀河回転によって渦がほどける方向になる．これをリーディング腕と呼ぶ．一方，$k < 0$ の場合は渦がなびく（巻き込む）方向になり，トレーリング腕と呼ぶ．実際の銀河で，回転方向が決められたものについては，渦状腕の方向はトレーリングになっている．

密度波の分散関係式

以上の仮定のもとに，密度波による摂動量の振幅は小さいとしてその 2 次以上の項を無視すると，摂動量に対する線形の方程式系が得られ，解析的に解くことができる．密度波による重力ポテンシャル Ψ が与えられたときに，運動方程式と連続の式を線形化した方程式を解いて，最終的に生ずる密度の変動は

$$-\frac{k^2 \Sigma_0 \Psi}{\kappa^2 - (\omega - m\Omega)^2 + k^2 c_\mathrm{s}^2} \tag{9.8}$$

と与えられる．一方，重力ポテンシャル Ψ を生ずるための密度は，ポアソン方程式の近似解から

$$-\frac{|k|\Psi}{2\pi G} \tag{9.9}$$

で与えられ，これらが等しいという自己保存の条件が成り立つためには

$$(\omega - m\Omega)^2 = k^2 c_\mathrm{s}^2 + \kappa^2 - 2\pi G \Sigma_0 |k|. \tag{9.10}$$

これがリンとシューが最初に導いた密度波の分散関係式である．

　各項の意味を考えてみる．左辺は静止系からみた振動数であるが，円盤が回転しているため一種のドップラー効果で振動数が $(\omega - m\Omega)$ となる．これは，m 本の渦状腕が角速度 Ω で回転すると，振動数 $m\Omega$ で振動するように見えるので，$m\Omega$ だけ振動数が変わって見えるためである．

　右辺の第 1 項 $k^2 c_\mathrm{s}^2$ は音波の分散関係と同じで圧力の効果を表し，$(\omega - m\Omega)^2$ を正の方向に増加させる．星を渦状腕に集めようとすると，圧力は元に戻そうと復元力として働く．第 2 項は差動回転の効果で，これも，星を集めようとすると，角運動量保存則のため周転円周期で振動してもとに戻ろうとする．回転の効果は復元力として働くので，符号は正．第 3 項は重力の効果である．星を渦状腕に集めようとすると，一層それを促進し，復元力を弱める．重力の効果は $(\omega - m\Omega)^2$ を減少させるので，重力の効果が限界を超え $(\omega - m\Omega)^2 < 0$ となると，実数解がなくなり，密度波は存在しなくなる．このように，分散関係式から，密度波は回転と重力の効果を考慮した円盤を伝わる音波と考えることができる．

軸対称摂動の安定性

　摂動が軸対称の場合には，$m = 0$ なので分散関係は

$$\omega^2 = \kappa^2 + k^2 c_\mathrm{s}^2 - 2\pi G |k| \Sigma_0. \tag{9.11}$$

分散関係式を k についての 2 次式と考え，常に $\omega^2 > 0$ となる条件を求めると

$$Q \equiv \frac{c_\mathrm{s} \kappa}{\pi G \Sigma_0} > 1 \tag{9.12}$$

となる．これがガス円盤の軸対称摂動に対する安定性の条件である．Q はトゥームレの Q と呼ばれ，銀河円盤の安定度を表すパラメータである．音速 c_s（星の速度分散）が大きいと，Q が大きくなり円盤はより安定化する．実際の銀河円盤は安定と考えられるので，Q は 1 より大きいが，渦状銀河の場合 Q 値が大き過ぎると渦状構造ができないので，1 よりかけ離れて大きな値にはならない．

密度波の分類：短波と長波

密度波の分散関係式を波数 k について解くと

$$\frac{|k|}{k_{\mathrm{crit}}} = \frac{2\{1 \pm [1 - Q^2(1-\nu^2)]^{1/2}\}}{Q^2}. \tag{9.13}$$

ここで，$k_{\mathrm{crit}} \equiv \kappa^2/2\pi G \Sigma_0$，また，$\nu$ は無次元振動数で

$$\nu = \frac{\omega - m\Omega}{\kappa} = \frac{m(\Omega_{\mathrm{p}} - \Omega)}{\kappa}. \tag{9.14}$$

ν は銀河回転する星が渦状腕と出会う振動数を周転円振動数 κ を単位に表したものである．分散関係式の中に ± があるが，この符号によって 2 種類の波に分けられる．正の符号の場合，波数の絶対値が大きな波（波長が短い波）になるので，短波（Short wave）と呼ぶ．負の符号の波は，波数の絶対値の小さな（波長の長い）波になるので，長波（Long wave）と呼ぶ．したがって，与えられた無次元振動数 ν に対して，短波（S）・長波（L）とリーディング（L）・トレーリング（T）の組み合わせで 4 種の波が存在する．以下，波の種類を表すとき必要に応じてこの ST, SL, LT, LL の略号を使う．

分散関係を図 9.2 に示す．波数が大きい領域が短波で，小さい領域が長波に対応する．$Q = 1$ の場合は，解が $\nu = 0$ まで届くが，Q が大きくなると解は $\nu = 0$ から離れ，密度波の存在範囲が狭くなる．

ここまで銀河円盤を流体（ガス）として扱ってきたが，銀河円盤をより現実的な恒星円盤（無衝突粒子系）とした無衝突ボルツマン方程式による解析でも，同じような分散関係が得られる．しかし，図 9.2 のように $|\nu| = 1$ 付近では流体円盤と恒星円盤との違いが顕著になる．すなわち，流体円盤では短波の解が $|\nu| > 1$ の領域まで伸びているのに対し，恒星円盤では $|\nu| < 1$ の範囲に限られる．

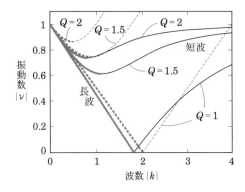

図 **9.2** 密度波の分散関係．横軸は波数 k の絶対値，縦軸は無次元振動数 ν の絶対値．三つの対は $Q=1, 1.5, 2$ に相当する．実線が恒星円盤，破線が流体円盤に対する分散関係．密度波は $Q=1$ のときは共回転半径（$\nu=0$）に到達できるが，$Q>1$ になると，共回転半径（$\nu=0$）に到達できなくなる (Binney & Tremaine 1987, *Galactic Dynamics*, Princeton Univ. Press, 366)．

9.1.6 密度波の伝播領域と共鳴

銀河円盤には，銀河回転と周転円振動の二つの振動があり，密度波の振動と共鳴する場所がある（図 9.3）．

共回転

$\nu = m(\Omega_\mathrm{p} - \Omega)/\kappa = 0$, すなわち $\Omega_\mathrm{p} = \Omega$ のとき，銀河回転と渦状波が同じ角速度を持つ．このとき，星と渦状腕が一緒に回転することになる．このような場合を共回転共鳴といい，その場所を共回転半径という．後で見るように，共回転半径をはさんで密度波の種類やエネルギーの符号が変わり，密度波の励起・増幅に重要な役割を果たす．

リンドブラッド共鳴

$\nu = \pm 1$ の場合，すなわち

$$\Omega_\mathrm{p} = \Omega \pm \frac{\kappa}{2} \tag{9.15}$$

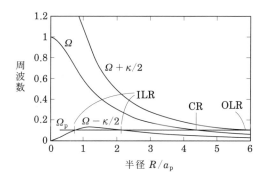

図 9.3 密度波の伝播領域. パターン速度 Ω_p が与えられると, 共回転 (CR), 内外リンドブラッド共鳴 (ILR, OLR) の位置が定まる. 共回転半径付近には Q の値に応じて Q バリアが現れるが, そこを除いて, ILR と OLR の間に密度波が存在する. a_p は半径の規格化定数 (Sparke & Gallagher 2000, *Galaxies in the Universe: An Introduction*, Cambridge Univ. Press, 211, Fig 5.29).

の場合, 星が渦状腕に出会う振動数 $m(\Omega_p - \Omega)$ と周転円運動の振動数 κ 周期が等しくなり, 周転円振動と密度波が共鳴を起こす. このような共鳴をリンドブラッド共鳴という. $\nu = -1$ のときは共回転半径の内側に共鳴半径があり, 内部リンドブラッド共鳴 (ILR; Inner Lindblad Resonance) という. また, $\nu = +1$ のときは, 共回転半径の外側にあり, 外部リンドブラッド共鳴 (OLR; Outer Lindblad Resonance) という.

リンドブラッド共鳴では, 共鳴現象によって密度波の振動が星の周転円運動 (無秩序運動) を増大させる. そのため, 密度波の振動のエネルギーが星の無秩序運動に変わり, 密度波が急激に減衰する. したがって, Q バリア禁止領域 (後述) を除いて, 密度波が存在できる領域 (伝播領域) は, ILR ($\Omega - \kappa/m$) と OLR ($\Omega + \kappa/m$) の間 (伝播領域) に限られる. 恒星円盤の場合は分散関係から解がこの範囲に限られる. 密度波の伝播領域は渦状腕の本数 m が増えると狭くなるので, グランドデザインのように長い渦状腕は本数が少なく, また, 本数の多い腕は短いことになる. これらは観測される渦状腕の性質とよく一致する.

Q バリア

分散関係の図 9.2 を見るとわかるように，$Q > 1$ の場合，共回転付近に密度波が到達できず，禁止領域が現れる．これを Q バリアと呼ぶ．この禁止領域は，分散関係式 (9.13) の根号内が負になる領域，$\nu^2 > 1 - 1/Q^2$ で，Q が大きいとその幅が広くなる．Q バリアに到達した密度波はそこで反射されるが，そのとき分散関係から決まる種類の波に変わる．

Q バリアは銀河の中心部にも形成される．銀河の中心部には速度分散の大きいバルジなどがあって，Q が中心に向かって急激に増大する．Q が大きな領域は，密度波にとっては「硬い壁」のように見え，そこで密度波が反射される．もし，ILR 半径の外側に Q バリアがあると，密度波は ILR 半径に到達する前に反射され，リンドブラッド共鳴による吸収や減衰を回避することができる．

波束と群速度

分散関係を満たす波がいくつも重なって存在すると，干渉し合って波の振動を強めあう部分（波束）が現れ，そこにエネルギーが集中する．波束の伝わる速度を群速度といい，波のエネルギーが伝わる速度と方向を与える．群速度 v_g は分散関係が与えられると，$v_\text{g} = \partial\omega(k)/\partial k$ によって求められる．密度波の分散関係から群速度を計算すると

$$v_\text{g}(R) = \pm \frac{|k|v_\text{s}^2 - \pi G \Sigma_0}{\omega - m\Omega}. \tag{9.16}$$

符号 + はトレーリング波（$k < 0$），− はリーディング波（$k > 0$）を示す．波束の伝播方向を知るために v_g の符号を調べる．トレーリング波の場合，短波では波数が大きいため $|k| > \pi G \Sigma_0 / c_\text{s}^2$ なので分子の符号は正，反対に長波では負となる．

また，分母の $(\omega - m\Omega)$ の符号は共回転半径の内側では負，外側では正となる．以上をまとめると，群速度の向きは共回転半径を基準にして，ST 波と LL 波については共回転から離れる方向に，SL 波と LL 波は近づく方向に伝播する．

銀河系の場合，半径 $R = 10\,\text{kpc}$ 付近で群速度を評価してみると，$v_\text{g} \approx 60\,\text{km}\cdot\text{s}^{-1}$ で，銀河面を横断する時間は $10\,\text{kpc}/v_\text{g} \approx 2 \times 10^8$ 年となる．したがって，波束は銀河回転の時間スケールで銀河面を横断し，リンドブラッド共鳴で吸収されることがあれば，この程度の時間スケールで減衰することになる．

9.1 銀河の渦状構造の理論：密度波理論 | 305

表 **9.1** 密度波の種類と波束の伝播方向.

波束の伝播	共回転から離れる	共回転に近づく
トレーリング $k < 0$	ST （Short Trailing）	LT （Long Trailing）
リーディング $k > 0$	LL （Long Leading）	SL （Short Leading）

9.1.7 密度波の増幅機構

密度波はリンドブラッド共鳴による吸収やガスによる散逸などで減衰するので，それを維持するためには，密度波を増幅する機構が必要である．いくつかの増幅機構が提案されているが，その中から，密度波を自発的に増幅する，WASER機構とスウィング増幅機構を紹介する．

密度波のエネルギー

通常，波のエネルギーは正であるが，特別な状況では負になる．銀河円盤の密度波の場合，負のエネルギーの波が存在すると，密度波が存在しない場合に比べて，銀河円盤のエネルギーが減少する．つまり，銀河円盤からエネルギーを取り去ることによって密度波を発生させることができる．

WASER機構

共回転半径の内側と外側では波のエネルギーの符号が反対なので，もし波が共回転に到達すると興味深い現象が起こる．いま，共回転の内側からエネルギーが負（−1とする）のLT波が共回転に到達し，共回転を通過する波と反射する波が生じたとする．これは，共回転から外側に伝わるエネルギーが正（+1とする）の新しいST波が励起され，同時に，エネルギーが保存するように内側に向かう負のエネルギーのST波が励起されたと考えることができる．

エネルギーの保存が成り立つためには，−2のエネルギーの波が必要である．これは，共回転の内側にエネルギーが−2のST波が発生することによって実現する．結果として，共回転に入射したLT波が反射してエネルギーが2倍に増幅されたことになる．一般には $Q > 1$ なので共回転付近に Q バリアができるが，Q が1に近いときはトンネル効果で共回転の外側に波を励起することができる．ただし，Q の大きさに応じて，外側の波のエネルギー増幅率も小さくなる．

この現象は，マイクロ波が特殊な状態（励起状態）にある物質に入射すると，入射波に誘導されて強いマイクロ波が放射される現象と似ている．このようなマイクロ波の増幅機構をメーザー（MASER）機構という．上述の密度波の増幅機構は WASER 機構と呼ばれる．密度波は，WASER 機構によって，共回転に入射・反射されるたびに増幅されると考えられる．

ここで内側に向かう ST 波は ILR に到達すると ILR で波のエネルギーが吸収されてしまう恐れがある．しかし，もし，ILR の外側に Q バリアによる反射壁があれば，そこで反射して外向きの LT 波となって再び共回転に近づき，さらに増幅されることが可能になる．

スウィング増幅機構

局所線形密度波理論では適切に扱えないが，リーディング状の密度波の波束が差動回転によってほどけてトレーリング状の渦状波に移り変わるときに波が強く増幅される場合がある．この場合，渦状波に引き寄せられた星は，周転円運動をしながら，渦状波と一種の共鳴状態になって渦状波の重力を強く受ける．その結果，星の運動は渦状波の内部に向かうようになり，より長い時間渦状波に留まろうとする．さらに，渦状波がトレーリングになって差動回転によって巻き込まれるようになると，渦状波に引き寄せられた星をさらに渦状波に寄せ集めるように働く．こうして，渦状波の重力と差動回転による効果が相乗的に働き，星が長時間渦状波に滞在するようになり，一時的に渦状波が強く増幅される．このようなリーディング渦状波がトレーリング渦状波に変わるときに強く増幅される機構をスウィング増幅機構という．

この機構がはたらくには，どこでどのようにリーディング波が形成されるかが問題になる．一つの可能性として，内部リンドブラッド共鳴がない場合が考えられる．この場合，内側に向かうトレーリング波は内部リンドブラッド共鳴による吸収を受けないので，中心まで到達することが可能となる．このような波が中心を通り過ぎると，今度は対称性からリーディング波になって外側に伝わる．これがスウィング増幅を受ける可能性がある．

9.1.8 密度波と銀河円盤の進化

定常的密度波は増幅と減衰がつりあって，持続的な渦状構造を維持していると考えられるが，密度波を励起・増幅するエネルギーはどこから来るのであろうか．

孤立した銀河ではそのようなエネルギー源を銀河内部に求めなければならないが，それは銀河が構造を変えることによって生み出される．銀河円盤は外側に向かって回転角速度が減少するので，半径方向に角運動量の交換が起これば，高温から低温に熱エネルギーが流れるように，内側から外側に角運動量とエネルギーが流れる．その結果，角運動量を失った部分は収縮し，重力エネルギーを解放する．

渦状密度波は非軸対称なので，そのトルクによって銀河円盤内に角運動量の流れを起こす．トレーリングの渦状波は，角運動量を外向きに運ぶ効果があるので，その結果解放されたエネルギーを密度波の増幅に利用することができる．このように，トレーリング渦状腕が存在すると，それによって角運動量が輸送され，その結果解放された重力エネルギーによって密度波を増幅・維持するフィードバックループが形成される．このようにして角運動量の輸送が起こり，銀河円盤はゆっくり進化すると考えられる．

9.1.9 密度波の観測とパターン速度の測定

銀河円盤は星とガスの円盤からなる二重構造をしているが，これまで論じた密度波は星の円盤の構造である．銀河円盤は主として暗い古い星から構成されているので，可視光領域では，高温の明るい星の光に隠されてほとんど見えないが，近赤外線像にはスムーズな渦状構造が見えてくる．

密度波は重力場のゆらぎに伴って星やガスの速度の変動を引き起こす．銀河の回転曲線や速度マップの円運動からのずれを密度波によるとすると，この変動の大きさから密度波の重力の強さを推定できる．銀河系の場合，変動の大きさは秒速 20–30 km 程度で，渦状腕の重力の強さは銀河回転とつりあう重力の 5% 前後になる．

パターン速度 Ω_p は線形密度波理論からは決まらない．そこで，密度波は主として共回転半径の内側にあると考え，渦状腕の外側の端が共回転半径付近にあるとすると，渦状腕の外端の位置の銀河回転速度がパターン速度になる．銀河系の場合は，回転曲線やガスの運動のゆらぎの解析から，ピッチ角は約 8 度 で，$\Omega_p \approx 11\text{--}14\,\mathrm{km\cdot s^{-1}\cdot kpc^{-1}}$ と考えられる．

渦状腕における強いガスの集中や星形成に伴う現象は非常に目立つが，これらはガス円盤に付随した現象である．ここでは，銀河衝撃波（後述）で圧縮された

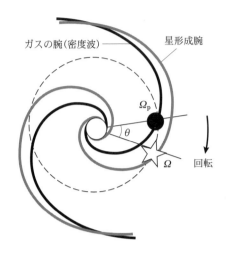

図 9.4　密度波に沿って圧縮されたガスの腕（ダークレーン）で星形成が始まるが，星が光り出すのは，数百万年後になる．共回転の内側では，パターンを追い越してから星が輝き始める．

ガスから，星が形成されるまでに時間差（数百万年）があるために生ずる，ガスの腕と星の腕の空間的な隔たりを利用してパターン速度を測定する方法を紹介する（図 9.4）．

ガスの腕と星の腕の軌道にそって測った角距離 θ は，ガスの角速度 Ω と，パターン速度 $\Omega_{\rm p}$ の差に星形成にかかる時間 $t_{\rm sf}$ をかけたものに等しい．

$$\theta = (\Omega - \Omega_{\rm p})t_{\rm sf}. \tag{9.17}$$

ここで $t_{\rm sf}$ が分かっていれば，ある半径で θ を測り，回転曲線と半径から Ω を測ることによって，$\Omega_{\rm p}$ を求めることができる．星形成時間が未知であっても，上の式が Ω と θ の線形関係であることを使えば，いろいろな半径で求めた θ を，Ω の観測値に対して図示し，直線（1 次関数）で表すと，横軸切片がパターン角速度 $\Omega_{\rm p}$，傾きが星形成時間 $t_{\rm sf}$ を与える．この方法を使って実際の銀河について測定してみると，パターン速度 $\Omega_{\rm p} \approx 20\text{--}30\,{\rm km \cdot s^{-1} \cdot kpc^{-1}}$，星形成時間 $t_{\rm sf} \approx$ 500 万年という値が得られる（図 9.5）．

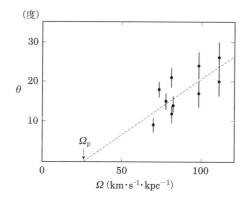

図 **9.5** ガスと星の腕の位置のずれ角 θ を，Ω に対してプロットすると線形の関係があり，パターン速度 Ω_p （横軸切片）と星形成時間 t_sf（傾き）が同時に求められる．NGC4254 についての測定結果（Egusa *et al.* 2004, *PASJ*, 56, 45）．

9.2 渦状腕の発生と成長

9.2.1 大局モードの不安定性

　密度波理論は局所的な波の性質を論じたが，大局的な渦状構造そのものは説明していない．この問題は，力学平衡状態にある銀河円盤の振動の安定性を調べる手法の一つである「固有振動モード」を求める問題として扱うことができる．線形理論の範囲内での固有値問題としての扱いは，物理数学的にも筋道の明快な定式化が可能であり，流体近似の範囲内では恒星の固有振動を扱う問題と物理学的に共通な概念を随所に用いることができる．

　恒星の振動問題と異なり，特に円盤状銀河の振動問題では，回転の効果が大きいため，力学平衡形状が球対称ではない．このため，球対称な極座標でなく，平衡形状を反映した楕円体座標系や，空間写像を用いて極座標からの座標変換で定義される直交座標系で，方程式系を変数分離して解く試みが研究されてきた．

　境界値問題としてではなく，初期値問題としての数値流体力学的あるいは N 体問題としての研究アプローチは，コンピュータの能力向上とともに，さまざまな物理過程を取り込んで次第に現実的なシミュレーションに進化してきた．数値シミュレーションについては第 12 巻でくわしく扱う．

以下，自己重力回転ガス流体円盤の振動の問題について，その手法を解説する．

9.2.2 流体近似

8.4 節で，銀河面を赤道面とする円筒座標系でオイラー表記による流体近似での基礎方程式系，すなわち，(1) 連続の式（スカラー方程式），(2) 重力と圧力勾配による加速度を表す運動方程式（ベクトル方程式），(3) 状態方程式（スカラー方程式），および (4) 重力場を記述するポアソン方程式（スカラー方程式）を導いた．

8.4.1 節で述べたように，これらの方程式系は変数が 6 個（密度，圧力，重力ポテンシャルと運動速度ベクトルの 3 成分），方程式が 6 本であり，初期値境界値問題としては決定論的に解けるはずである．だが，実際に運動方程式に現れる重力を求めるにはポアソン方程式を全系について解いて重力ポテンシャルを求めなければならないので，6 本の連立方程式をそのまま解くことは通常は容易ではない．

そこで，解析的手法として，垂直方向のつりあいを分離して無限に薄い自己重力回転円盤を仮定し，ポアソン方程式を満たす密度分布と重力ポテンシャル分布の対からなる完全陪直交関数系で摂動量を展開し，有限項を採用する手法が用いられる．

状態方程式としては，局所的な音速 c_s（恒星系なら速度分散 σ）を導入して $p = c_s^2 \rho$ と表したり，ポリトロープ関係 $p = K\rho^\gamma$ を仮定するなどの単純化を行うことが多い．

9.2.3 円盤状銀河の構造

銀河円盤の厚み方向の構造は，星々のランダム運動で広がろうとする効果と，銀河面へ引き戻そうとする重力のつりあいで決まっている．乱雑運動の大きさが回転運動の 4 分の 1 程度の場合，銀河円盤の実効的厚みは直径の約 16 分の 1 になる．

前章の運動方程式 (8.30) の平衡状態を考えると，面内の力のつりあいの式として，次式が得られる．

$$\frac{v_0(r)^2}{r} = \frac{d\phi_0(r)}{dr} + \frac{1}{\rho_0(r)} \frac{dP_0(r)}{dr}. \tag{9.18}$$

速度分散曲線 $\sigma_0(r)$ の観測データから $P_0(r) = \sigma_0(r)^2 \rho_0(r)$ あるいは他の状態方程式を用いて圧力場 $P_0(r)$ を決め，(9.18) 式から重力場 $d\phi_0(r)/dr$ の強さを求めると，ポアソン方程式 (8.3) からそのような重力場ポテンシャル $\phi_0(r)$ を生ずるために必要な密度分布 $\rho_0(r)$ を計算することができる．

9.2.4 一様回転円盤の安定性

密度一様の楕円体を赤道面に縮約して得られる面密度分布 $\mu(r) = \mu_0 \xi = \mu_0 \sqrt{1-(r^2/a^2)}$（ただし，ここで $\mu_0 = 3M/2\pi R^2$）を持つ質量 M，半径 R のマクローリン円盤（8.1.3 節）は，回転エネルギー E_R と熱エネルギー E_T の和に対する熱エネルギーの比 $\beta = E_T/(E_R + E_T)\,(0 \leqq \beta \leqq 1)$ を温度の目安のパラメータとすると，回転角速度 Ω が一定値 $\Omega = \sqrt{(1-\beta)3\pi GM/4R^3}$ の一様回転する力学平衡状態を持つ．力学平衡状態からの線形ゆらぎ量 μ', ψ', u', v', p' に対する摂動微分方程式系は以下のようになる．

(1) 連続の式（スカラー方程式）

$$\frac{\partial \mu'}{\partial t} + \frac{\partial(\mu u')}{\partial r} + \frac{\mu u'}{r} + \frac{\mu}{r}\frac{\partial v'}{\partial \theta} + \frac{V}{r}\frac{\partial \mu'}{\partial \theta} = 0. \tag{9.19}$$

(2) 運動方程式（ベクトル方程式）

$$\mu\left(\frac{\partial u'}{\partial t} + \frac{v}{r}\frac{\partial u'}{\partial \theta} - 2\frac{vv'}{r}\right) - \frac{v^2}{r}\mu' = -\frac{\partial p'}{\partial r} + \mu\frac{\partial \psi'}{\partial r} + \mu'\frac{\partial \psi}{\partial r}, \tag{9.20}$$

$$\mu\left(\frac{\partial v'}{\partial t} + u'\frac{\partial v}{\partial r} + \frac{v}{r}\frac{\partial v'}{\partial \theta} + \frac{vu'}{r}\right) = -\frac{1}{r}\frac{\partial p'}{\partial \theta} + \frac{\mu}{r}\frac{\partial \psi'}{\partial \theta}. \tag{9.21}$$

(3) 状態方程式（スカラー方程式）

$$\frac{\delta p}{p} = \gamma \frac{\delta \mu}{\mu}. \tag{9.22}$$

ここで，$\delta p, \delta \mu$ は流れに添ったラグランジュ摂動量とする．

(4) ポアソン方程式（スカラー方程式）

$$\triangle \phi' = 4\pi G \mu' \delta(z). \tag{9.23}$$

この円盤に対する密度ゆらぎを直交座標系 (ξ, θ) で次のようにフーリエ–ルジャンドル陪関数展開する．

$$\mu'(r,\theta) = \sum_m \sum_n a_n^m \mu_n^m = \frac{M}{2\pi a^2} \sum_m \sum_n a_n^m \xi^{1/2} P_n^m(\xi) e^{im\theta}. \quad (9.24)$$

ここで，密度ゆらぎの各基底関数

$$\mu_n^m = (M/2\pi a^2) \xi^{1/2} P_n^m(\xi) e^{im\theta} \quad (9.25)$$

と対応する重力ポテンシャル分布

$$\psi_n^m = -(GM/a) \xi^{-1/2} P_n^m(\xi) e^{im\theta} \quad (9.26)$$

は完全直交関数系をなし，重力エネルギーを E_j^i とすると

$$\iint \mu_j^i(r,\theta) \psi_l^k(r,\theta) r \, dr \, d\theta = E_j^i \delta_{ik} \delta_{jl} \quad (9.27)$$

を満たす．したがって，この場合ポテンシャルのゆらぎを

$$\psi'(r,\theta) = \sum_m \sum_n a_n^m \psi_n^m \quad (9.28)$$

のように級数展開することができる．

このような関数系として，球座標系上のフーリエ–ルジャンドル展開，極座標系上のフーリエ–ベッセル展開がよく用いられる．一方，円盤銀河に対する扱いとしては，有限半径円盤に対する楕円体座標上のフーリエ–ルジャンドル陪関数展開，また 8.1 節で述べた無限半径円盤に対して空間写像をもちいて定義した座標系におけるフーリエ–ルジャンドル陪関数展開の例がある．

連続の式と運動方程式に現れる，速度 $\boldsymbol{v} = (u,v)$ とその摂動量についても密度や重力ポテンシャル対と共通な基底関数による級数展開

$$u' = \sum_m \sum_n b_n^m P_n^m(\xi) e^{im\theta}, \quad (9.29)$$

$$v' = \sum_m \sum_n c_n^m P_n^m(\xi) e^{im\theta} \quad (9.30)$$

を施し，上記の方程式に代入して，各式に基底関数をかけて全空間で積分を実行すると，完全陪直交性のため，線形化微分方程式系を摂動物理量の展開係数に対する次のような代数方程式系に置き換えることができる．

$$A(\boldsymbol{x}) = \lambda \boldsymbol{x}. \quad (9.31)$$

ここで A は線形化方程式の各摂動物理量に対する作用素のモーメントを要素

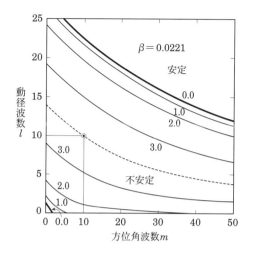

図 **9.6** 恒星系円盤における不安定モードの成長率の分布．$m \sim l \sim 10$ のところ（●）で成長率が最大となる（Iye 1978, *PASJ*, 30, 223）．

とする実行列であり，$\boldsymbol{x} = (\boldsymbol{a}, \boldsymbol{b}, \boldsymbol{c})$ は摂動物理量の展開係数を要素とするベクトル，λ は固有値である．一様回転する（$\Omega = $ 一定）マクローリン円盤の場合には行列 A は対角行列となり，各基底関数が固有関数となる．

一例として，熱エネルギー比 $\beta = 0.0221$ の比較的「冷たい」円盤の場合の不安定モードの成長率の分布を図 9.6 に示す．自己重力不安定性は，動径波数 l，方位角波数 m の大きい（波長の短い）摂動は音波で均されて安定化されるため，中間波数のモード（図では，$m \sim l \sim 10$）の成長率が最大となる．

9.2.5 渦巻き発現のメカニズム

一般の差動回転する円盤に対する行列 A はすべての要素が実数である実行列となる．実行列の固有値は実数または複素共役の対となる．

固有値が実数の場合は，振幅が一定の成長を伴わない単振動モードに対応し，固有モードの空間パターンは渦巻き型にはならない．これを「反渦巻き定理」と呼ぶ．

一方，固有値が複素数の場合，振幅が時間とともに増大する解があるため，不安定成長する解が存在する．固有ベクトルはその成分が複素数となるため，各基

底関数への展開係数に複素位相が伴って現れる．このため，固有モードの空間パターンは必然的に渦巻き的になる．また，自己重力円盤では最後に残る不安定モードは棒状構造となることも示される．

各摂動物理量を基底関数により展開すると本来は無限項が必要となるが，大局的振る舞いを見るためにはたとえば低次の N 項までの基底関数で打ち切ることにすると，連続の式と銀河面内の運動方程式のみを扱う場合，行列 A は $3N \times 3N$ 項を持つ実行列となる．

たとえば，状態方程式として 2 次元ポリトロープ関係 $P = \beta\mu^3$ を仮定し，角速度 $\varOmega = \varOmega_0(1-\beta)^{1/2}$ で一様回転する力学平衡円盤系をつくり，そのような円盤の固有振動モードを解析的に求めると，円盤の「温度」β を上昇させてジーンズ不安定性を緩和させるにつれて，順次不安定モードが解消するが，棒状構造に対応する振動モードが最後まで不安定で残りやすいことが示される．

このように，円盤の重力不安定固有振動モードは必然的に渦巻き状になることがわかる．力学平衡状態にある銀河の密度分布，回転速度場，速度分散場が与えられると振動のパターンが決まり，どのモードが重力的に成長するかを計算できる．

銀河円盤の速度分散が小さく，いわば円盤が冷たい場合には，複雑で細かい渦巻パターンが多数発生する．速度分散が大きく，円盤が暖かい場合には，渦巻パターンは単純ですっきりしたものになる．渦巻パターンの成長率も円盤が暖かく

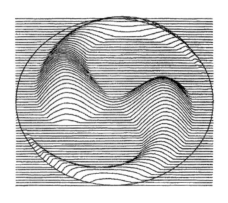

図 **9.7** 自己重力不安定性により成長する渦巻振動モード（Iye 1978, *PASJ*, 30, 223）．

図 **9.8** NGC3115 (http://ned.ipac.caltech.edu/).

なるほど小さくなり,激しい重力不安定はなくなる.線形摂動の範囲では銀河のモデルにもよるが,2本腕(図9.7)に限らず,3本腕や4本腕の渦巻きが同時に発生する場合がある.

9.2.6 渦状腕のモード解析による銀河構造の解明

S0銀河(レンズ状銀河)は円盤部の速度分散が大きく,重力不安定なモードがないため,渦巻構造が成長しない銀河である.S0銀河NGC 3115(図9.8)について観測される回転曲線や速度分散曲線を再現する力学モデルをつくり(図9.9),その重力安定性を調べると,銀河円盤を安定化するには全質量の30%以上のハロー質量が必要であることが示される.これは銀河の安定性条件から力学平衡モデルへの制限を試みた例である.

地震学や星震学(星の表面震動から内部構造を探る学問)では,地球や太陽・恒星の振動モードスペクトルの観測データを再現するように内部構造を調整することで,直接見ることができない内部構造を診断することができる.地球や太陽と異なり,恒星の場合の観測データは明るさの時間変動などの時系列データである.

これに対して,銀河の振動は周期が長いため時間変化を測定することはできな

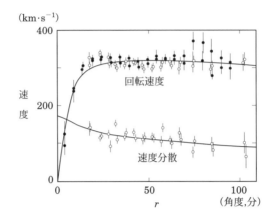

図 **9.9** S0 銀河 NGC3115 の回転曲線（上）と速度分散曲線（下）を再現する銀河円盤トゥームレモデル（Ueda et al. 1985, ApJ, 288, 196）.

いが，渦巻構造や棒状構造など銀河振動モードの空間パターンを観測することができる．NGC4254 の非対称な渦巻き構造は方位角波数 m が奇数のフーリエ成分の存在を示しており，NGC4622 の渦状腕には逆向きの渦巻成分が共存すると言われている（図9.10）．熱力学的に熱いバルジやハローの成分が強くなると円盤部の自己重力不安定性が抑えられる．銀河の内部構造は線形不安定な成長率の大きいモードの発現とみなすことにより，速度場や速度分散場と光度分布を再現するモデル系列の範囲内でさらにモデルを絞り込み，銀河の内部構造を診断する「銀震学」的手法が考えられる．

密度の粗密波としての振動パターンは銀河面内の縦波である．これに対して，銀河面が湾曲する振動のパターンもある．この場合は波としては横波であり，重力不安定にはならない．したがって，このような振動は別の銀河の重力の影響がない限り発生しない．NGC5907（図9.10）の銀河面は周辺部が湾曲しており，銀河を取りまくループ状の筋が見られる．別の小銀河の衝突の影響の証拠と考えられている．

渦巻のパターン認識

渦状銀河の光度分布を極座標表示しフーリエ変換すると，銀河の渦巻構造に 2 本腕の成分，3 本腕の成分がどれだけあるかを客観的に調べることができる．

図 9.10 （上（左））NGC4254（NOAO/AURA/NSF）.
（上（右））NGC4622（G. Byrd, R. Buta, T. Freeman, NASA）.
（下）NGC5907（R Jay Gabany-collaboration; D.Martínez-Delgado, J.Peñarrubia, I. Trujillo, S.Majewski, M.Pohlen）.

このような客観表現をすると，2本腕成分の強い銀河ばかりでなく，たとえばNGC4254のように1本腕や3本腕成分の渦巻成分を持つ銀河もあることが分かる．人間の目は対称性のよい2本腕成分を認識しやすいため，渦状銀河の絵を描かせるとほとんどの人は2本腕の渦巻を描くが，実際に観測される渦状銀河の角方向フーリエスペクトルは必ずしも $m=2$ 成分のみが卓越するわけではない．重力不安定モードが渦巻構造発生の原因だとすると，線形摂動の範囲では2本腕

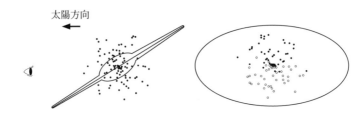

図 9.11 銀河円盤の傾き：球状星団の赤化量の差による銀河面の傾きの判定．右図で，白丸は球状星団が赤いことを表す（Iye & Richter 1985, *A&Ap*, 144, 471）．

に限らず 3 本腕や 4 本腕の渦巻構造がごく自然に発生することが示される．

　銀河の渦巻きが差動回転の流れに乗ったとき，今後さらに巻き込む形（トレーリング）か，それともほどけてゆく形（リーディング）かは，渦巻き構造の成因と関連して論争の種となった．この問題の決定には銀河面が我々に対してどちら向きに傾いているかを決める必要がある．ダークレーンの影（後述）が非対称に見えることや銀河面の背後にある球状星団の色が星間塵による減光作用で赤くなる赤化現象（図 9.11）などから，銀河面の傾きがいくつかの銀河で決められた．その結果からほとんどすべての渦巻きはトレーリングであろうと考えられている．

9.3　銀河衝撃波理論

9.3.1　渦状腕の構造

　図 9.12 は渦状銀河 M51 の可視光像である．明るく輝く 2 本の渦状腕が際立っているが，その中にさまざまな構造が見られる．渦状腕は青い光でより顕著である．星の光を背景に，渦状腕の内側に沿ってシャープなダークレーンが目立つ．これは，渦状腕に沿って星間ガスが強く集中していることを示す．また，一酸化炭素分子の放射する電波のマップでは分子雲が渦状腕に強く集中し，そのピークはダークレーンに一致する．ダークレーンの外側の縁付近には明るい高温の星や H$_{\rm II}$ 領域が点々と連なっているが，これは活発な星形成領域である．H$_{\rm II}$ 領域の分布は Hα 線像に一層顕著に見えるが，活発な星形成領域が渦状腕に沿った非常に狭い領域に集中していることがわかる．

図 9.12 渦状銀河 M51 の可視光像(口絵 9 参照).ハッブル宇宙望遠鏡による撮影(N. Scoville (Caltech), T. Rector (U. Alaska, NOAO) *et al.*, Hubble Heritage Team, NASA).

密度波理論によると星やガスは銀河回転によって渦状腕の内側から外側に抜ける方向に運動するので,渦状腕の構造はガスの流れの方向に系統的に変化していることになる.このような渦状腕への強いガスの集中や狭い領域での活発な星形成などは,恒星円盤の線形密度波理論では説明することができないが,基本的な性質は密度波によって引き起こされるガス円盤の非線形現象,特に渦状腕に沿って形成される銀河衝撃波によって自然に理解することができる.本節では銀河ガス円盤の非線形現象,特に銀河衝撃波について紹介する.

9.3.2 密度波による銀河円盤の変動

密度波理論によると,渦状腕では星の密度が高いので渦巻状に重力ポテンシャルの谷が形成され,それが一定の角速度(パターン速度)で剛体回転する.

渦状パターンの回転速度は,共回転半径の内側では,銀河回転の速度より遅いので,星やガスは銀河回転をしながら渦状ポテンシャルを追い越していく.このときに渦状ポテンシャルの重力場によって星やガスの運動が乱される.密度波の重力の強さは平均的重力(銀河回転とつりあう重力)の 10% 前後で,それによって生ずる星やガスの速度の変動は秒速約 20–25 km になる.

恒星円盤とガス円盤の違い

　密度波に対して，星もガスも同じ重力を受けるが，その振る舞いは大きく異なる．これは速度分散（あるいは音速）が星の系とガスの系とで異なるためである．
　銀河円盤の星は銀河回転しながらランダムに運動しその銀河面内の速度分散は太陽系近傍で秒速約 30 km である．このような星の集団を少し大きなスケールで平均化すると，音速が秒速約 30 km の気体とみなすことができる．したがって，星の密度波による速度の変動は音速より小さく，その変化はスムーズである．さらに，変動の振幅も小さいので線形理論で扱うことができる．また，銀河円盤の質量の大部分は星が占めるので，銀河円盤の重力は主として星によってきまる．
　星間ガスは大変不均一で，ガス雲やガス雲の間の希薄なガスがランダムに運動し乱流状態にあり，平均すると秒速約 10 km 程度の速度分散を持つ．これを少し大きなスケールで平均化すると，音速が秒速 10 km 程度のガスとみなすことができる．したがって，密度波に対するガスの変動は超音速になる．このため，ガスの円盤には超音速流に特徴的な非線形現象が見られる．そのもっとも著しいものが，渦状構造に沿って発生する大規模な衝撃波——銀河衝撃波である．
　星間ガスの乱流速度は銀河円盤の広い範囲で場所によらずほぼ一定である．また，星間ガスの熱的性質が等温的であることなどから，星間ガスの平均的な性質は近似的に等温ガスとみなすことができる．そこで，ガス円盤は音速が秒速約 10 km の等温ガスとして扱うことにする．
　このように，銀河円盤は「高温」の恒星円盤と「低温」のガス円盤からなる二重構造をなし，ガス円盤は恒星円盤の重力場に支配されて受動的に変動すると考えることができる．以下，このようなモデルでガス円盤の振る舞いを調べる．

9.3.3　超音速流と衝撃波

　ガスの流れの性質は，速度が音速以下（亜音速）か，あるいは音速を超える（超音速）かによって大きく異なる．亜音速の場合，ガスの流れが乱されると，乱れは音波となって四方八方に伝播して平滑化され，ガスはスムーズに流れる．言い換えると，亜音速の場合，上流のガスは事前に下流の情報が得られるので，それに合わせて流れを調節し，スムーズに流れることができる．
　一方，超音速の場合，流れが音速より速いので，下流の情報が上流に伝わるこ

とができない.したがって,下流に流れを乱す障害物などがあっても,上流のガスはそれに気づかず,突然ガスの乱れにぶつかる.このため,ガスの流れは乱れの源のところで不連続的に変化する.この不連続な変化が衝撃波である.

衝撃波はその前後で物理量が不連続的に変化するが,これらの間に質量,運動量の保存則が成り立つ.流れが断熱的な場合には,さらにエネルギーの保存則が成り立つ.これらの保存則から,衝撃波背後の物理量を衝撃波に入射する前のガスの物理量で表すことができる(ランキン–ユゴニオの関係式).

等温ガスの場合,音速を c_s とすると $p = c_\mathrm{s}^2 \rho$ なので,運動量流束(運動量フラックス)は $\rho v^2 + p = \rho v^2 + c_\mathrm{s}^2 \rho$ となり,衝撃波前後の質量と運動量の保存則は

$$\rho_2 v_2 = \rho_1 v_1, \quad \rho_2 v_2^2 + v_\mathrm{s}^2 \rho_2 = \rho_1 v_1^2 + v_\mathrm{s}^2 \rho_1. \tag{9.32}$$

ここで,添え字1は衝撃波の上流,2は下流を表す.これから,衝撃波前後の密度の比は $v_1 v_2 = c_\mathrm{s}^2$ より

$$\rho_2/\rho_1 = v_1/v_2 = v_1^2/c_\mathrm{s}^2 = M_1^2. \tag{9.33}$$

$M_1 \equiv v_1/c_\mathrm{s}$ は衝撃波に入る前のマッハ数である.このように,等温ガスの場合,衝撃波前後の密度の比はマッハ数の2乗に比例して増大する.星間ガスが等温ガスとみなせる場合,衝撃波の強さに応じて密度が高くなるので,衝撃波によるガスの圧縮が星形成の引き金として重要である.

ここで,断熱的な衝撃波との違いに触れておく.強い衝撃波の場合,衝撃波前面で衝撃波に衝突するガスの動圧 $\rho_1 v_1^2$ と衝撃波領域の圧力 p_2 とがバランスし,衝撃波の構造を維持する.すなわち,$\rho_1 v_1^2 \approx p_2 \propto T_2 \rho_2$ になる.断熱ガスの場合,衝撃波の背後で温度が増大し圧力に寄与するので,その分密度の上昇が少ない.単原子気体の場合,マッハ数が無限大の極限でも,密度は最大4倍までしか上昇しない.一方,等温ガスの場合,衝撃波の前後で温度が変わらないので,その分圧力を高めるために密度が増大しなければならない.

一般にガスが衝撃波面に斜めに流れ込む場合には,斜め衝撃波になる.この場合,衝撃波に垂直な速度成分は不連続的に変化してガスを圧縮するが,平行成分は不変でガスの圧縮には関与しない.また,垂直成分は衝撃波で減少するので,ガスの流線は衝撃波の下流では衝撃波に近づくように折れ曲がる.

9.3.4 銀河ガス円盤の非線形力学と銀河衝撃波

密度波による渦巻状重力ポテンシャルの谷が銀河円盤内を回転し，ガスの乱れが超音速になる場合を想定し，藤本光昭とロバーツ（W.W. Roberts）は，局所密度波理論に基づいてガスの非線形運動を調べ，渦状腕に沿って大規模な衝撃波が発生することを示した．渦状腕とともに回転する座標系に，渦状腕に準拠した曲線直交座標を導入し，きつく巻いた渦状腕（局所密度波）の近似を利用して，衝撃波を含む周期的な定常解を求めた．これから，その概略を示す．

渦状密度波のパターン速度 Ω_p で回転する座標系では，密度波の重力ポテンシャルが静止し，定常的なガスの流れが期待できる．この座標系では，銀河回転角速度を Ω とすると，中心から距離 R の銀河回転の速度は $V_\mathrm{c} = (\Omega - \Omega_\mathrm{p})R$ となり，銀河回転するガスは V_c で渦状腕を追い越していく．ガスの流れに沿って重力ポテンシャルが密度波によって波打っているので，ガスは加速・減速をくりかえしながら銀河回転を続ける．

ガス円盤は，その厚さが半径方向の広がりに比べて十分に薄いので，厚さは無視して銀河円盤面内の運動だけを考える．そこで，表面密度を $\Sigma = \int_{-\infty}^{\infty} \rho\, dz$ と定義し，密度 ρ の代わりに Σ を用いる．圧力については，等温ガスとするが，$p = c_\mathrm{s}^2 \rho$ の代わりに $p = c_\mathrm{s}^2 \Sigma$ とすると，$\nabla p = c_\mathrm{s}^2 \nabla \Sigma$ となる．

さらに，速度は z によらないとして，回転系での銀河ガス円盤の連続の式と運動方程式を z 方向（銀河面に垂直方向）に積分すると，次のような回転系での薄いガス円盤の基礎方程式を得る．

$$\frac{\partial \rho}{\partial t} + \nabla \cdot (\Sigma \boldsymbol{v}) = 0, \tag{9.34}$$

$$\frac{\partial \boldsymbol{v}}{\partial t} + \boldsymbol{v} \cdot \nabla \boldsymbol{v} = -c_\mathrm{s}^2 \frac{\nabla \Sigma}{\Sigma} - \nabla \Phi + 2r\Omega_\mathrm{p}^2 - 2\Omega_\mathrm{p} \boldsymbol{e}_z \times \boldsymbol{v}. \tag{9.35}$$

ここで $\boldsymbol{e}_z$ は z 方向の単位ベクトル．右辺の第 3, 第 4 項は回転による効果で，$r\Omega_\mathrm{p}^2$ は遠心力，$-2\Omega_\mathrm{p} \boldsymbol{e}_z \times \boldsymbol{v}$ はコリオリの力である．

これらの式を Ω_p で回転する円柱座標 (R, ϕ) で表すために，速度の成分を $\boldsymbol{v} = (v_R, v_\phi)$ とし，銀河回転による円運動の部分（添え字 0）と密度波による変動の部分（添え字 1）に分ける．

$$v_R = v_{R1}, \quad v_\phi = v_{\phi 0} + v_{\phi 1}. \tag{9.36}$$

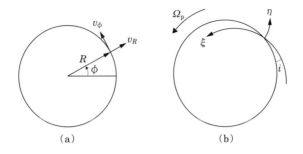

図 9.13 (a) 円柱座標 (R,ϕ) と (b) 渦状腕に準拠した曲線直交座標系 (η,ξ) (Roberts 1969, *ApJ*, 158, 123).

銀河回転による円運動部分は，R 方向には成分がないので $v_{R0} = 0$, ϕ 方向には $v_{\phi 0} = V_c = R(\Omega - \Omega_\mathrm{p})$. また，重力ポテンシャルも軸対称ポテンシャル Φ_0 と密度波のポテンシャル Φ_1 に分けて $\Phi = \Phi_0 + \Phi_1$ とすると，連続の方程式と運動方程式の R, ϕ 成分は

$$\frac{\partial \Sigma}{\partial t} + \frac{\partial (\Sigma R v_R)}{\partial R} + \frac{\partial (\Sigma v_\phi)}{\partial \phi} = 0, \tag{9.37}$$

$$\frac{\partial v_R}{\partial t} + v_R \frac{\partial v_R}{\partial R} + \frac{v_\phi}{R}\frac{\partial v_R}{\partial \phi} - \frac{v_{\phi 1}{}^2}{R} = -\frac{c_\mathrm{s}^2}{\Sigma}\frac{\partial \Sigma}{\partial R} - \frac{\partial \Phi_1}{\partial R} + 2\Omega v_{\phi 1}, \tag{9.38}$$

$$\frac{\partial v_\phi}{\partial t} + v_R\left(\frac{\partial v_{\phi 1}}{\partial R} + \frac{v_{\phi 1}}{R}\right) + \frac{v_\phi}{R}\frac{v_{\phi 1}}{\partial \phi} = -\frac{c_\mathrm{s}^2}{\Sigma}\frac{\partial \Sigma}{\partial \phi} - \frac{1}{R}\frac{\partial \Phi_1}{\partial \phi} - \frac{\kappa^2}{2\Omega}v_R. \tag{9.39}$$

次に，渦状腕を基準にした直交曲線座標系 (η,ξ) を導入し（図 9.13），η 軸は渦状腕に垂直に，ξ 軸は渦状腕に平行に設定する．渦状腕をピッチ角 i が一定の対数螺旋とすると，ピッチ角の定義から $\cot i = R(d\phi/dR)$ なので，渦状腕に沿って $d\phi = \cot i\, dR/R$. また，(R,ϕ) と (ξ,η) の関係は，局所的には両者の座標軸が角度 i 傾いているだけなので，次のように定義する．

$$d\eta = \cos i\, dR/R + \sin i\, d\phi, \quad d\xi = -\sin i\, dR/R + \cos i\, d\phi. \tag{9.40}$$

ここで，η が一定の軌跡が渦状腕に平行になる．この座標系で，銀河回転の円運動部分（添え字 0）と密度波による部分（添え字 1）に分けると η,ξ 成分は

$$v_\eta = v_{\eta 0} + v_{\eta 1}, \quad v_\xi = v_{\xi 0} + v_{\xi 1} \tag{9.41}$$

となる．

　座標変換による変数変換の関係を用いて基礎方程式を渦状腕に準拠した (η, ξ) 系に変換する．このとき，きつく巻いた渦状腕の近似を使い，η 方向の変化に比べて ξ 方向の変化を無視すると，基礎方程式は η 方向の1次元の方程式になり，連続の式と運動方程式の η, ξ 成分は

$$\frac{\partial \Sigma}{\partial t} + \frac{\partial(\Sigma v_\eta)}{\partial \eta} = 0, \tag{9.42}$$

$$\frac{\partial v_\eta}{\partial t} + v_\eta \frac{\partial v_\eta}{\partial \eta} = 2\Omega r v_{\xi 1} - \frac{c_s^2}{\Sigma}\frac{\partial \Sigma}{\partial \eta} - \frac{\partial \Phi_1}{\partial \eta}, \tag{9.43}$$

$$\frac{\partial v_\xi}{\partial t} + v_\eta \frac{\partial v_\xi}{\partial \eta} = -\left(\frac{\kappa^2}{2\Omega}\right) r v_\eta. \tag{9.44}$$

ここで，$v_{\eta 1}, v_{\xi 1}$ は微小量としないことに注意する．

　これらの式を円柱座標 (R, ϕ) の方程式と比べると，$\partial/\partial\phi$, v_1^2/R を含む項を無視し，$\cos i \approx 1$ として (v_R, v_ϕ) を (v_η, v_ξ) に置き換えたものになっている．これは，きつく巻いた渦状腕の近似では物理量の変化は主として渦状腕に垂直方向（η 方向）に起こり，ピッチ角 i が小さい極限では，η 軸の方向はほぼ R に一致することによる．

　最後に，密度波の重力ポテンシャルは2本の渦状腕からなり，滑らかに変化するとして次のように表す：

$$\Phi_1 = A\cos\left(-\frac{2\eta}{\sin i} - \varphi\right). \tag{9.45}$$

ここで φ は η の基準点を与える定数で，この重力ポテンシャルは η 方向に $\pi \sin i$ の周期で周期的に変わり，重力の η 方向の成分は $f_\eta = -(\partial \Phi_1/\partial\eta)/R = FR\Omega^2 \sin(2\eta/\sin i + \varphi)$ である．ここで，F は密度波の重力の強さを $R\Omega^2$，すなわち銀河回転とつりあう重力を単位に表し，A との関係は $F = (2A/R\sin i)(1/R\Omega^2)$ となる．

　このようにして，きつく巻いた密度波に対するガスの基礎方程式が得られた．これらの方程式を数値的に解くと，密度波に対するガスの流れの時間発展を追跡することができる．密度波の振幅を一定値までゆっくりと増加させると，ガスの流れは密度波の重力に加速・減速されながら変動が成長し，やがて重力ポテン

シャルの谷の近くに定常的な衝撃波が発生する.

上の式で時間微分をゼロとすると $(\partial/\partial t = 0)$, 定常的な流れに対する微分方程式になる. 重力ポテンシャルが η 方向に $\pi \sin i$ の周期で周期的なので, 周期的な解が期待されるが, この微分方程式を数値的に解くと, 一般には周期的な解を与えない. しかし, 適切な位置に衝撃波を導入すると, 周期的な解が得られる. 衝撃波の位置はあらかじめ分からないので, 微分方程式を音速点から上流と下流に向けて積分し, それらの数値解が一周して出会ったところで衝撃波の不連続条件を満たすような位置を探し, そこで解を接続する. このようにして, 衝撃波を含む定常的周期解が近似的に得られる. その一例を図 9.14 に示す.

密度波の重力ポテンシャル Φ_1 とともに, 流れに沿った密度 Σ, 速度の各成分の変化 (v_η, v_ξ) が示されている. 表面密度と速度の垂直成分 $v_{\eta 1}$ に注目すると, ガスは密度波の重力ポテンシャルの谷に流れ込むと, 加速され衝撃波に出会い, そこで表面密度は急激に増大し, 速度は減速する. このとき, 衝撃波の前後の密度の比は約 10 倍に達する. 衝撃波に垂直な速度は秒速約 30 km, ガスの音速は秒速 10 km なので, マッハ数は約 3 となる. 等温度ガスの場合, 密度のジャンプはマッハ数の 2 乗なので, 約 10 倍になっている. 衝撃波を通過するとガスの表面密度は急激に減少するが, その後密度分布は緩やかな尾を引き, 渦状腕の谷の部分に少し密度の高い広がりを作る. やがてガスはポテンシャルの谷を這い上がって次の渦状腕に向かう.

9.3.5 銀河衝撃波と渦状腕の構造

銀河衝撃波が発生すると, 大きな速度のジャンプが生じ, その背後に強く圧縮されたガスが密度の鋭いピークを作る. 銀河衝撃波によって圧縮されたガスのピークが渦状腕に沿ったダークレーンや分子雲の分布のピークを作ると考えると, これらの観測される高密度ガスの性質をよく説明できる. また, 銀河衝撃波理論から渦状腕に沿ってガスの速度の不連続的な変化が予想されるが, 理論から予測されるような視線速度の変化 (円運動からのずれ) がガスの電波観測によって確かめられている.

渦状腕にはガスが集中していて星が生まれやすい環境になっているが, 渦状腕に沿った活発な星の形成は, 銀河衝撃波によるガスの圧縮が引き金となって大規

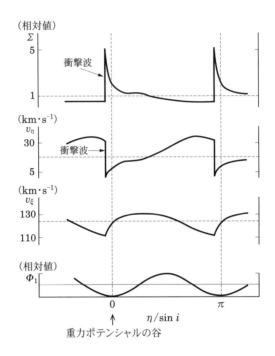

図 9.14 密度波に対する定常的ガス流（Roberts 1969, *ApJ*, 158, 123）．横軸はガスの流れに沿った位置（$\eta/\sin i$）を表し，ガスは左から右に流れる．下から，$\Phi_1, v_\xi, v_\eta, \Sigma$．面密度 Σ は平均値を 1 とした相対値，速度は $\mathrm{km\cdot s^{-1}}$，重力ポテンシャルは相対的な変化を示し，その谷が渦状腕の中心にあたる．密度波のパラメータは $\Omega_\mathrm{p} = 12\,\mathrm{kms^{-1}\cdot kpc^{-1}}$, $i = 8°\!.1$, $F = 0.05$ で，銀河系のモデルに対する $R = 10\,\mathrm{kpc}$ 付近の解．

模な星形成が起こると考えると理解しやすい．衝撃波が引き金となってダークレーンの中で星形成が始まったとすると，星として輝くまでには時間がかかるので，新しく生まれた星はダークレーンの下流で輝き始める．このようにして生まれた星は，寿命に応じて下流に広がり，輝く渦状腕を作る．

　O, B 型星の場合，その寿命は短く 10^7 年程度なので，渦状腕から離れる前に寿命を終える．したがってこれらの星は渦状腕に沿ったガスのピークの背後の非常に狭い領域にしか見ることができない．これが，O, B 型星や HII 領域が，渦

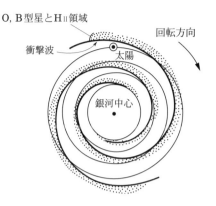

図 **9.15** 銀河衝撃波と渦状腕の構造 (Roberts 1969, *ApJ*, 158, 123).

状腕に沿った非常に狭い領域に集中している理由である．

　ガスや星は，銀河回転によって内側から外側に向かう方向に渦状腕を横切る．したがって，図 9.15 のように，圧縮されたガスが作るダークレーン，新しく生まれた O, B 型星と H_{II} 領域，少し寿命の長い明るい青い星が渦状腕の内側から外側に向かって並ぶ．このようにして，渦状腕の基本的な構造を銀河衝撃波理論によって自然に理解することができる．

9.3.6 渦状腕における星形成

　よりくわしく考えてみよう．これまでガスは単一の等温ガスとしてきたので，銀河衝撃波は単なる不連続面であった．しかし，実際にはガスは非常に不均一で，銀河衝撃波の構造も複雑である．銀河衝撃波領域の星形成の過程としては，既存のガス雲が銀河衝撃波に流れ込んで重力不安定になる場合と，まず星形成の前段階として銀河衝撃波領域で分子雲やその集団が形成され，ついで星が形成される場合が考えられる．

　最初にガス雲が圧力の高い衝撃波領域に突入した場合を考える．このとき，ガス雲は高い圧力によって圧縮され，限界を超えると重力的に不安定になり星が生まれると考えられる．外圧によって圧縮されたガス雲の安定性はビリアル定理によって調べることができる．質量 M，温度 T のガス雲が重力平衡を保つことが

できる最大の外圧 $p_{\max}$ は，表面の圧力を考慮したビリアル定理から，内部運動と磁場を無視すると，$p_{\max} \approx (kT/\mu)^4/G^3M^2$ となる．すなわち，外圧が $p_{\max}$ を超えると，ガス雲は力学平衡を保てなくなり押しつぶされる．あるいは，温度が変わらないとすると，力学平衡を保てる最大の質量は外圧の1/2乗に比例して減少することになる．したがって，銀河衝撃波による外圧の増大によって，それまで安定であったガス雲が重力不安定になる可能性がある．

ガス雲が静的に圧縮された場合を考えたが，実際にはさまざまな動力学的な現象が起こり，衝撃波領域に突入したガスの振る舞いは複雑である．ガス雲が圧力の高い衝撃波領域に突入した場合を想定すると，ガス雲は動圧（風圧）を受けながら衝撃波領域を超音速で進み，次第にブレーキがかかり停止する．その間，ガス雲は減速による慣性力（前方に向かう見かけの重力）を受け前面に強く押し付けられる．このような状況では，ガス雲の前面が不安定になって波打ち，一部のガスが前方に押し出されることがある（レーリー–テーラー不安定）．また，ガス雲の側面では周囲のガスと速度の不連続があるので，渦が発生して表面が波打ちガス雲がかき乱される（ケルビン–ヘルムホルツ不安定）．このようなガス雲と周囲のガスとの相互作用は，ガス雲を分裂に導いたり，一部のガスをより強く圧縮して重力不安定を促進したりする可能性がある．

また，衝撃波領域にはガス雲が多数密集しているので，ガス雲どうしの衝突が頻繁に起こる．ガス雲の衝突もガスを強く圧縮し，星形成の引き金として重要である．

星形成の前段階としては分子雲の形成が重要であるが，銀河衝撃波領域では巨大分子雲やその集団の形成が促進される．まず，銀河衝撃波領域ではガス雲の密度が高いので，ガス雲の衝突合体による巨大分子雲の形成が促進される．また，表面密度の増大によってガス円盤の重力不安定が成長したり，圧縮されて強められた磁場が浮き上がるパーカー不安定によって磁場の谷間にガス雲が集められたりして，巨大分子雲やその集合体が形成される可能性がある．このようにして，渦状腕に沿って星形成の環境や条件が整い，活発な星形成領域を形成することが考えられる．さらに，質量の大きな星が形成されると，強い紫外線や星風によって周囲のガスを圧縮し，星の形成が次々と連鎖的に起こることも考えられる．

これらの過程のうちどれが支配的かは必ずしも定かではないが，いずれも銀河

衝撃波領域で起こりうる過程で，状況に応じて星形成に寄与するものと考えられる．

9.3.7 銀河衝撃波の形成と密度波の減衰

密度波の重力ポテンシャルは周期的なので，ガスの流れも周期的になると期待される．周期的であるためには，一周した後同じ状態に戻る必要がある．しかし，衝撃波は非可逆過程でガスが衝撃波を通過するとエントロピーが増大するので，一周した後同じ状態にはならず，厳密には周期的ではありえない．実際には，共回転の内側では，ガスは衝撃波に後ろから衝突するので，そこでブレーキがかかり，ガスは角運動量とエネルギーを失って少しずつ中心に向かって落下し，流線は閉じることがない．この反作用を受けて，密度波のエネルギーと角運動量は，ガスが失った分だけ増加する．ところで，密度波のところで指摘したように，共回転半径の内側では密度波のエネルギーと角運動量は負なので，正のエネルギーと角運動量を与えることは密度波を減衰させることになる．

この他にも共鳴現象による密度波の減衰などがあるので，密度波を維持するためには，密度波を増幅する機構が必要である．

9.4 渦状腕理論の数値的検証

9.4.1 きつく巻いた渦巻近似の限界

前節までは，渦状構造がきつく巻いた（すなわち，ピッチ角が小さい）近似のもとでの渦状衝撃波の定常解について調べた．しかし，実際の銀河では，渦巻構造のピッチ角は，さまざまな値をとり，この近似は厳密には正しくない．また，衝撃波構造は定常とは限らないので，基礎方程式において時間微分項を無視して求めた定常解が現実の銀河の構造を表していない可能性もある．実際，小ピッチ角の近似で，衝撃波の時間発展を調べた数値計算では，渦状ポテンシャルに対して衝撃波の位置が時間的に変化するということが示されている．ピッチ角を変えた場合の衝撃波構造に与える影響や，銀河円盤全体にわたる渦状構造の変化など，より現実的な問題を調べるためには，少なくとも2次元時間進化の流体シミュレーションが必要である．本節では，そのようなシミュレーションから明らかになった渦状衝撃波の構造と，その不安定性に起因する2次的構造について紹介する．

9.4.2 2次元シミュレーション

ここでは，ポテンシャル $\Phi_{\rm ext}$ 中で回転でつりあっている，薄い等温ガス円盤の2次元時間進化を解く．簡単のため，ガスの状態方程式は等温とし，ガスの自己重力も無視する．また，重力ポテンシャルは，ガスの運動の影響を受けないとする．重力ポテンシャル $\Phi_{\rm ext}$ を

$$\Phi_{\rm ext}(R,\phi,i) = \Phi_0(R)[1 + \Phi_1(R,\phi,i)], \tag{9.46}$$

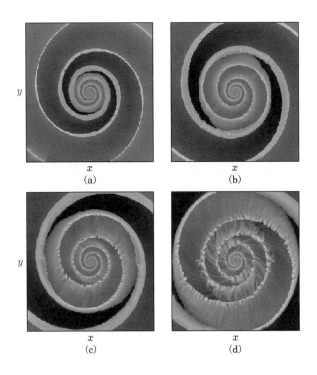

図 **9.16** 渦状衝撃波の形成プロセス．ピッチ角は $i = 10$ 度．$\varepsilon_0 = 0.1$，渦状ポテンシャルの回転角速度，$\Omega_{\rm p} = 26\,{\rm km\cdot s^{-1}\cdot kpc^{-1}}$．ポテンシャルの回転系での密度分布を示した．ガスの温度は 10^4 K．格子数は 2048^2．左上より (a) $t = 750$ 万年，(b) 1250 万年，(c) 1750 万年，(d) 2800 万年．図のサイズは，1 辺 4 kpc．

と仮定する．ここで i はピッチ角，ϕ は方位角．Φ_0 と Φ_1 は，ポテンシャルの軸対称および非軸対称成分であり，非軸対称ポテンシャルは剛体回転しているとする．渦状ポテンシャルを表す非軸対称ポテンシャルは，対数渦巻

$$\Phi_1(R,\phi,i) = \varepsilon_0 \cos\left[2\phi + 2\cot i \cdot \ln\left(\frac{R}{R_0}\right)\right] \tag{9.47}$$

を仮定する．ここで ε_0 は，渦状ポテンシャルの強度を表すパラメータで，典型的には $\varepsilon_0 = 0.01\text{--}0.1$ 程度とする．R_0 は任意の定数．軸対称成分の Φ_0 は，軸対称成分の質量を M_axi として，たとえば，

$$\Phi_0(R) = \frac{GM_\mathrm{axi}}{(R^2+a^2)^{1/2}}, \tag{9.48}$$

と与える．ここで，a は，コア半径で，銀河のバルジ程度の大きさにとる．

図 9.16（330 ページ）に密度の 2 次元分布の時間進化を示す．渦状構造が形成されているのがわかる．

図 9.17 に方位角方向の断面図を示す．定常モデル（9.3 節，図 9.14）から予想されるように，密度が 100 倍程度変わる鋭い衝撃波が形成されているのがわかる．しかし，衝撃波後面の構造はなめらかではなく，衝撃波間に周期的な密度

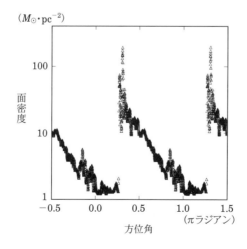

図 9.17 方位角方向の密度変化．図 9.16 (d) の半径 1.5 kpc での密度を表したもの．

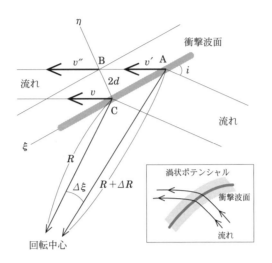

図 9.18 渦状衝撃波近傍の流れ．衝撃波に速度 v で入射した流れは，衝撃波面通過後に v' に減速される．その後，v'' まで加速される．

の粗密が生じている．2 次元時間発展のシミュレーションによってはじめて明らかになった構造である．これは，後述するように衝撃波後面の流体不安定性に起因しており，渦状銀河にしばしばみられるスパーと呼ばれる渦状腕に垂直なダークレーン構造をつくる一因と考えられている．

図 9.18 に，渦状衝撃波近傍の流れの模式図を示す．渦状衝撃波は，十分小さいスケールでみると，曲率を無視して斜め衝撃波で近似できる．流れが斜め衝撃波に入射すると，衝撃波に垂直な速度成分 $v_\perp$ のみが減少する．M をマッハ数とすると，下流での速度は $v_\perp / M^2$ 程度になる（強い等温衝撃波の場合）．その結果，斜めに渦状衝撃波に入射した流れは，衝撃波に沿う方向に曲げられ，衝撃波後面（図 9.18 の B 点と C 点の間）では，速度のずれ（シア）が発生する．強い衝撃波（つまり，M が大きい）ほど，流れは衝撃波によって急激に曲げられ，衝撃波後面では，衝撃波に垂直方向に密度が減少する．この速度シアと密度勾配により，一種のケルビン–ヘルムホルツ不安定性に起因する密度ゆらぎが衝撃波後面に成長する場合がある．図 9.16（d）を見ると，銀河中心に近いところで渦状衝撃波が分裂し，渦巻に沿って高密度の塊が形成されているのが分かる．この

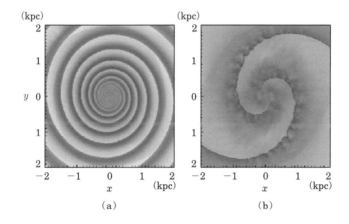

図 **9.19** 衝撃波の安定性は渦状ポテンシャルのピッチ角にも影響される（$i = 5$ 度（a）と $i = 20$ 度（b）の場合を示す）．$\varepsilon_0 = 0.1$, $\Omega_\mathrm{p} = 26\,\mathrm{km \cdot s^{-1} \cdot kpc^{-1}}$. ガスの温度 $T_\mathrm{g} = 10^5\,\mathrm{K}$ を仮定．1024×1024 の等間隔格子を使った．

ような塊は，内部の角運動量が一様ではなく，そのためゆらぎが非線形成長すると，渦状衝撃波の間に引き延ばされる．これが，前述のスパー構造の原因となっている．

定性的には，速度シアが大きいほど，よりケルビン–ヘルムホルツ不安定になりやすいため，スパーも発生しやすい．斜め衝撃波では流れが曲げられる（図9.18）が，そのために生じる速度シアはピッチ角 i が大きいほど強くなるので，ピッチ角がより大きい衝撃波の方が不安定となりやすい（図9.19）．

9.4.3 恒星系密度波の動的構造

定常密度波理論（9.1.1 節）が提唱された 1960 年代に，トゥームレ（A. Toomre）らは非定常的な渦状腕の発生機構を提唱している．差動回転中に発生したゆらぎがシア運動によって巻き込まれる際に，スイング増幅メカニズム（9.1.7 節）よって増幅されるのがその基本的なメカニズムである．

しかし，この現象の理論的理解には，きつく巻いた渦状腕近似（9.1.5 節）や，ゆらぎの線形性や定常性を仮定できないため，2 次元もしくは 3 次元の数値シミュレーションが不可欠である．自己重力恒星系円盤中のゆらぎの進化は，重力

多体計算（N 体実験）によって調べられているが，回転のタイムスケール程度で渦状腕の構造が変化し，リン–シュー的な定常密度波は再現されない．図 9.20 は，藤井通子らによる 3 次元 N 体円盤の時間発展である．複数の渦状のゆらぎが，円盤中に自己重力不安定とスウィング増幅機構により発生する．しかし，個々のゆらぎは合体や分裂，銀河回転による引き伸ばしによって常に変動する．その結果は，最も強度の大きい腕の本数は常に変動し，また半径によっても変動の仕方は異なる．このように個々の渦巻腕は短い時間で変動するが，円盤全体としては宇宙年齢程度（10 Gyr）の間，常に渦巻腕が存在していることに注目してほしい．我々が現在観測する渦状銀河の構造は，「スナップショット」であり，数千

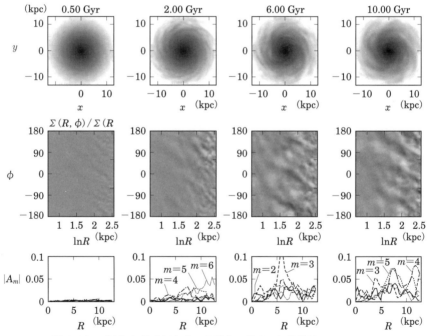

図 9.20 （上）恒星系円盤中に自発的に発達した渦状腕の 10 Gyr 間の進化．（中央）平均密度に対する比の半径–角度分布．濃い部分が渦状腕に相当する．（下）密度分布のフーリエモード分解．縦軸は渦状腕の振幅，横軸は半径．m は腕の本数に相当するモード．この計算では 3000 万体の粒子が用いられている．Fujii *et al.* (2011) から改変．

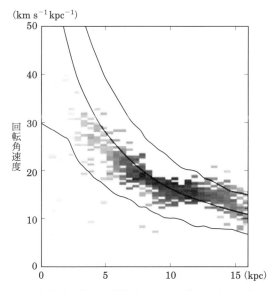

図 **9.21** 恒星系円盤中の渦状腕の回転角速度の半径分布.中央の曲線は銀河の $\Omega(R)$.もし,渦状腕が剛体回転していると,$\Omega(R) =$ 一定,となるはずだが,渦状腕は銀河回転にほぼ従っているので,半径によって回転角速度が異なる.

万年から数億年後には渦巻き構造は「今現在」のそれとは変化している可能性がある.

渦巻腕に付随した星(N 体粒子)の軌道の詳しい解析によると,このような変動は自己重力回転系に特有の非線形現象であることが示唆されている.スウィング増幅機構により,渦巻腕の振幅が大きくなると周転円運動(3.4.2 節)をする星との相互作用によって,星のエネルギーと角運動量も変化する(周転円運動の中心が半径方向にずれる).この変化は個々の星に対してバラバラに起こるのではなく,ある程度の大きさの星集団が同じように動くため,渦巻腕が局所的に弱くなったり,逆に星集団の合体により強くなる場合もある.

定常密度波理論では,渦巻腕の回転速度は一定(剛体回転)が仮定されていた.しかし,N 体実験の結果は,各半径での高密度の領域は,その半径での銀河回転にほぼ従う(図 9.21).つまり,個々の渦巻腕に着目すると「巻き込む」の

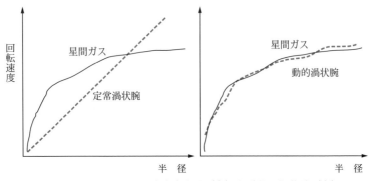

図 9.22 剛体回転する定常密度波（左）と動的な渦状腕（右）の回転速度の違い．定常な渦状腕の場合，星間ガスと渦状ポテンシャルの間に半径によっては大きな速度差が生じ，それが銀河衝撃波を生む．一方，N 体シミュレーションが示すような動的な渦状腕は，銀河回転とともに運動するので，星間ガスとの速度差が小さく，系統的なずれは生じない．

である．

では，「巻き込みの困難」（9.1.2 節）を回避するために導入された「渦状腕＝波動」というアイデアは間違っていたのであろうか？ 実は恒星系渦巻腕は，完全な「マテリアルアーム」（つまり，腕の構成物質が常に同じ）でもなければ，完全な「密度波」（腕の構成物質が常に入れ替わる）でもない．N 体実験からは，一部の粒子が集団的に腕と共に動き，また，一部の粒子はその場で振動しているという，両者の中間的な構造であることが示唆されている．現実の渦状銀河は，2 本の長い渦状腕が顕著なものや，多数の短い渦巻き構造をもつものなど多様な形態を示す．2 本腕の渦巻き構造は N 体実験でも，棒状構造（バー）に付随して出現する．この場合，渦巻きの根本部分（バーに近い部分）は剛体回転に近く定常的であり，遠く離れると差動回転して非定常な渦巻き構造に近くなる．

9.4.4 動的渦状腕と星間ガス

前節で述べたように，恒星系円盤に自発的に励起される渦巻き構造の運動速度（9.1.7 節）は，銀河の局所的な回転速度と近い．図 9.22 に剛体回転する渦状構造の場合との違いを模式的に示す．

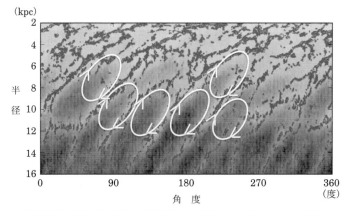

図 9.23 3 次元 N 体 + 星間ガスのシミュレーションにおける渦巻き構造の半径–角度分布．濃い灰色が星間ガス，薄い灰色が星円盤の密度を表す．星間ガスは概ね腕と腕の間を数 kpc スケールの大きな「周転円運動」をする．その結果，星の渦状腕の底（図の白い部分）付近に腕の「両側」から流れ込み，高密度ガス領域を形成する（Wada et al. 2011 から改変）．

9.3.4 節および 9.3.5 節で述べたように，剛体回転する恒星系密度波が作るポテンシャルと星間ガスが超音速で流れ込むと銀河衝撃波を形成する．しかし，恒星系渦巻きが，ほぼ銀河回転速度で運動するなら，図 9.14 のような銀河衝撃波は形成されない．現実的な星間ガスのモデルを用いた数値シミュレーションによれば，星間ガスは恒星系ポテンシャルの「両側」からポテンシャルの底に流れ込み，高密度で低温のガス領域を形成し，星形成が誘発される（図 9.23）．

腕による重力ポテンシャル自体が非定常なので，この星間ガスによる腕構造自体も銀河回転程度の時間で変化するが，常に銀河円盤中のどこかにこのような高密度領域が形成され，結果としてどの瞬間を見ても，渦状腕とそれに付随した星形成領域が存在している．この動的な描像では，定常密度波とそれに伴う銀河衝撃波で予想されたように（9.1.9 節），ガスの腕と星形成腕の位置が系統的にずれる（オフセットする）ことはなく（図 9.15），また，腕周辺のガスの速度場も複雑で，斜め衝撃波（9.3.3 節）のように揃ったものにならない．

一方で，図 9.5 で示したように，星とガスの腕の位置のずれ（オフセット）が実際に観測され，それを用いて腕のパターン速度が計測されている銀河もある．

オフセットが綺麗に観測される銀河は，M51（図 9.12）のように 2 本腕の場合が多く，それらの多くは中心にバー構造があるか，相互作用銀河である．つまり，密度波的な構造は非軸対称の摂動（バーや近くの銀河）により励起され，恒星渦巻腕と星間ガスに大きな相対速度があると，銀河衝撃波的な構造（9.4.2 節）になる，と考えられる．しかし，その場合でも，理論シミュレーションからは 2 本腕渦巻きは次第にその形状が変化することがわかっている．「定常」密度波的な構造は長続きしないのである．

　ただし，ここで示したような新しい理論的描像を観測によって直接検証することは今のところ難しい．系外銀河の観測では星間ガスや渦巻きを構成する個々の星の 3 次元的な運動（軌道）はわからないからである．一方，我々の銀河系では，2016 年に最初のデータが公開された Gaia 計画において，数億個の恒星の位置や固有運動が観測されていることから，銀河渦巻きの力学構造の理解についても今後大きな進展が期待される．

参考文献

本書を読むにあたり参考になる図書を挙げる．とくに断らないものは全般の参考に，章を記したものは当該の章を読むときの参考にするとよい図書である．

赤羽賢司・海部宣男・田原博人著『宇宙電波天文学』，共立出版，1988，2012　（第 3 章）
家正則著『銀河が語る宇宙の進化』，培風館，1992
岡村定矩著『銀河系と銀河宇宙』，東京大学出版会，1999
奥田治之・祖父江義明・小山勝二著『天の川の真実——超巨大ブラックホールの巣窟を暴く』，誠文堂新光社，2006　（第 2 章，第 3 章）
R. キッペンハーン著，祖父江義明訳『宇宙とその起源——銀河からビッグバンへ』，朝倉書店，1991
沢武文「天の川銀河とアンドロメダ銀河」，『パリティ』，Vol.21, No.7, pp.47–53, 丸善，2006　（第 7 章）
M.A. シード・D.E. バックマン著，有本信雄監訳，中村理・高木俊暢・小野寺仁人・松浦美香子訳『最新天文百科——宇宙・惑星・生命をつなぐサイエンス』，丸善，2010
祖父江義明著『電波でみる銀河と宇宙』，共立出版，1988
祖父江義明著『コンピューターが描く宇宙——ギャラクシー・グラフィックス』，恒星社厚生閣，1989
高原文郎著『宇宙物理学』，朝倉書店，1999，2015　（第 8 章，第 9 章）
藤本光昭編『銀河と宇宙』（現代天文学講座 9），恒星社恒星閣，1981
R. ベレンゼン・R. ハート・D. シーリイ著，高瀬文志郎・岡村定矩訳『銀河の発見』，地人書館，1980
宮本昌典編『銀河系』（現代天文学講座 8），恒星社恒星閣，1980
横尾武夫編『新・宇宙を解く——現代天文学演習』，恒星社厚生閣，オンデマンド版 2002
L.L. ランダウ・E.M. リフシッツ著，広重徹・恒藤敏彦訳『場の古典論——電気力学，特殊および一般相対性理論』，東京図書，1978　（第 8 章，第 9 章）

K. Croswell, *The Alchemy of the Heavens*: *Searching for Meaning in the Milky Way*, Anchor, 1996　（第 1 章）
R. Genzel, F. Eisenhouer, S. Gillessen, "The Galactic Center massive black hole and nuclear star cluster", *Reviews of Modern Physics*, vol.82, Issue 4, pp. 3121-3195, 2010　（第 3 章）
G. Bertin, *Dynamics of Galaxies*, 2nd ed., Cambridge University Press, 2014
J. Binney, S. Tremaine, *Galactic Dynamics*, 2nd ed., Princeton University Press, 2008　（第 9 章）
M.D. MacMillan, *The Theory of Potential*, Dover, 1958
D. Mihalas, *Galactic Astronomy*: *Structure and Kinematics of Galaxies*, W.H. Freeman & Co., 1981

G.L. Verschuur, K.I. Kellermann, *Galactic and Extragalactic Radio Astronomy*, Springer Verlag, 1988

B.E. Westerlund, *The Magellanic Clouds,* Cambridge University Press, 1997 （第 7 章）

索引

数字・アルファベット

30 Dor	242, 248
CDM 宇宙論	231
GSR	255
G 型矮星問題	192, 197
H_2 ガス	79
H_{II} 領域	23
H_I ガス	79, 245
H_I ガスの質量	246
Ia 型超新星	236
II 型超新星	235
K 殻電離	120
LSR	63
M31	190
M32（NGC221）	194
M33	198
MACHO	87
N11	248
N44	248
NGC205	197
Q バリア	304
SN1987A	244
VERA	75
VLBI	77
WASER 機構	305
X 線	36, 116

あ

アーチ星団	112, 135
アーチフィラメント	101
アインシュタインリング	88
厚い円盤	45, 57
天の川	3
暗黒星雲	35
アンドロメダ銀河（M31）	190
位置–速度	32
位置–速度図	103

一酸化炭素（CO）	101
五つ子星団	112, 135
いて（sagDEG）	200
いて座 A	98, 105
いて座 A*	132
いて座 A East	132
いて座 A West	132
いて矮小銀河	202
色–等級図	181, 196, 198, 201, 236, 239
ウィング成分	243
薄い円盤	45, 57, 194
渦巻き星雲	12
宇宙ジェット	101
宇宙の再電離	233
運動学的距離	78
運動学的密度波	296
エディントン	19
遠銀点	259
遠赤外線	33
円盤	42, 56, 192
円盤状の領域	242
大マゼラン雲	180, 241
オールト	16
オールト定数	66
おとめ座 W 星型	22
おとめ座銀河団	184
おとめ座超銀河団	183〜185

か

カーチス	13
回転	63
回転曲線	73, 228, 254
回転遷移	98
回転遷移線	129
回転速度	84
回転楕円体	7
化学進化	181, 192, 196, 202

化学進化史	234, 239	クズミン円盤	272
角運動量	70	蛍光放射	121
核ガンマ線	124	銀経	28
角速度	68	ケフェウス型（δCep 型）変光星	9
可視光	35	ケルビン–ヘルムホルツ不安定性	332
渦状腕	293, 333	減光	110
渦状銀河	51	元素組成	234
渦状構造	293	恒星系力学	276
渦状腕における星形成	327	高速度 HI 雲	255
カプタイン	7	高速度雲	256
ガンマ線	116	高速度星	15
緩和	277	光度関数	225
緩和時間	277	光度–金属量関係	223
輝線強度質量	106	固体微粒子	39
球状星団	10, 62, 181, 192, 198	こと座 RR 型変光星	192, 198
共回転	302	固有運動	7, 67, 188, 262
共鳴	302	コンステレーション	248
局所銀河群	179, 180, 183	コンパクト楕円銀河	185, 194, 206
局所静止基準	63		
局所超銀河団	184	**さ**	
局所密度波理論	298	差動回転	294
巨大ブラックホール	121, 132	散開星団	19, 181
銀緯	28	さんかく座星雲	180
銀河回転	64	シアン化水素（HCN）	105
銀河群	181	ジーンズ	13
銀河系	3, 180	ジーンズ波長	285
銀河系サブグループ	188	ジーンズ不安定	284
銀河考古学	182, 194, 196	ジェット	100
銀河座標	27	シェヒター関数	225
銀河衝撃波	322	自己交差軌道	130
銀河静止基準	255	視線速度	64, 255
銀河団	181	質量・光度比	86, 229, 230
銀河中心	97	質量スペクトル	60, 107
銀河定数	63	質量分布	83, 84
近銀点	259	磁場構造	92
近赤外線	34	島宇宙	5
金属	44	シャプレー	10
金属量	44, 190, 195	ジャンスキー	24
クアイケン	43	周期–光度関係	8

重元素	44
終端速度	72
周転円	68
周転円運動	129, 335
周転円角速度	70
重力ポテンシャル	269
重力マイクロレンズ	87
シュミット則	200
衝撃波	320
小マゼラン雲	180, 241
磁力線	92
新一般カタログ（NGC）	12
シンクロトロン放射	97, 98
シンプルモデル	192
垂直磁場	100
水平分枝星	199
スウィング増幅機構	306, 334
スケール高	41
スケール長	41
スパー	332
すばる望遠鏡	180
星間吸収	17
星間塵	110, 115
星間物質	58
青色コンパクト矮小銀河	222
青色超巨星	22
赤緯	28
赤外線	110
赤外線天文衛星	115
赤経	28
赤色巨星	111, 180, 192, 194
赤道座標	29
接線速度	64, 263
セファイド	9
セルシック・プロファイル	207
漸近巨星分枝星	198
相互作用	257
速度楕円体	71
速度場	78

た

ダークハロー	85, 228
ダークマター	43, 83, 227, 230, 231, 254
第 2 パラメータ問題	199
大質量ブラックホール	137
太陽位置	63
太陽円	63
太陽系	63
楕円銀河	194, 195
たわみ	81, 263
単純なモデル	196
中心円盤	100
中心核	132
中心分子雲	115
中心分子雲帯（CMZ）	112
中心分子円盤	102
中性子星	122
中性水素（H$_{\rm I}$）原子ガス	58
中性鉄 Kα 線	121
超高温プラズマ	118
超コンパクト矮小銀河	222
超新星残骸	127
潮汐力	260
超微細構造線	129
直線偏光	92
直線偏波率	101
対消滅線	124
低表面輝度銀河	221
電波	29
電波アーク	100
電波輝線	58
電波源	100
電波放射	97
電波ローブ	101
電離水素（H$_{\rm II}$）ガス	61
電離水素領域（H$_{\rm II}$ 領域）	23, 62
統計視差	7
動力学	128, 188
トランプラー	19

な

内殻電離	120
熱的電波	98
熱的放射	98
年齢と金属量の縮退	234

は

ハーシェル	5
パーセル	25
バーデ	21
バーデの窓	55, 112
バーナード	18
白色矮星	122
パターン速度	299, 307
ハッブル	14
ハッブルの法則	186
ハビング	27
バルジ	43, 53, 190
ハロー	40, 43, 62, 192
非軸対称ポテンシャル	331
非常に暗い矮小銀河	220
非熱的 X 線	121
非熱的スペクトル	132
非熱的放射	97
ビリアル定理	282
ビリアル質量	181
ビルディング・ブロック	232
ファラデー回転	92
ファン・デ・フルスト	25
ファン・マーネン	13
不規則銀河	182, 253
ブラックホール	122, 190, 196
プランマーモデル	271
分光視差	8
分散関係式	299
分子雲	59, 101
分子雲の質量	246
分子ガス	59
分子輝線	105
分子線	98
分子リング	101, 105
ポアソン方程式	269
棒渦状銀河	51
棒状構造	128, 129, 241
膨張リング	104
星形成史	181, 236, 239
ポピュラス星団	249
ボルツマン方程式	276

ま

マイクロレンズ	87
巻き込みの困難	294, 336
マクローリン円盤	272
マゼラン雲	241
マゼラン雲流	188, 255
マテリアルアーム	336
ミッシングマス問題	43
ミッシングサテライト問題	227, 231
ミッシングマス	42, 43
密度波の分散関係式	300
密度波理論	293, 335
ミニスパイラル	105, 114
宮本–永井モデル	273
ミラ型変光星	112
メーザー	75
モーガン	23
目次カタログ (IC)	12

や

ユーエン	25
有核矮小楕円銀河	207

ら

ラム圧	262
リーバー	24
リヴィット	9
力学質量	106
力学的摩擦	286

力学平衡	278
力学摩擦	258
離心率	16
硫化水素（CS）	105
リンとシューの理論	294
リンドブラッド	16
リンドブラッド共鳴	302, 303
リンドブラッド共鳴点	130
連銀河	259
連続X線	121
連続波	97
連続スペクトル	97

わ

矮小移行銀河	220
矮小銀河	205
矮小楕円銀河	185, 206
矮小楕円体銀河	185, 206, 208
矮小不規則銀河	185, 215

日本天文学会第2版化ワーキンググループ
茂山　俊和（代表）　岡村　定矩　熊谷紫麻見　桜井　隆　松尾　宏

日本天文学会創立100周年記念出版事業編集委員会
岡村　定矩（委員長）
家　　正則　　池内　　了　　井上　　一　　小山　勝二　　桜井　　隆
佐藤　勝彦　　祖父江義明　　野本　憲一　　長谷川哲夫　　福井　康雄
福島登志夫　　二間瀬敏史　　舞原　俊憲　　水本　好彦　　観山　正見
渡部　潤一

5巻編集者　　祖父江義明　東京大学名誉教授（責任者）
　　　　　　　有本　信雄　国立天文台名誉教授，ソウル大学（4, 5, 6章）
　　　　　　　家　　正則　国立天文台名誉教授（8, 9章）

執　筆　者　有本　信雄　国立天文台名誉教授，ソウル大学（5.1, 5.2, 5.3,
　　　　　　　　　　　　　5.4, 6.1* 節）
　　　　　　　家　　正則　国立天文台名誉教授（8.1, 8.4, 9.2節）
　　　　　　　生田ちさと　宇宙科学研究所（6.2, 6.3節）
　　　　　　　泉浦　秀行　国立天文台（1.1, 1.3節）
　　　　　　　河村　晶子　国立天文台（7.1, 7.2, 7.3節）
　　　　　　　小宮山　裕　国立天文台（6.1節）
　　　　　　　小山　勝二　京都大学名誉教授（3.3, 3.4* 節, 3.5* 節）
　　　　　　　沢　　武文　愛知教育大学名誉教授（7.4, 7.5, 7.6, 7.7節）
　　　　　　　祖父江義明　東京大学名誉教授（2.5, 3.1節, 3.5* 節, コラム
　　　　　　　　　　　　　(2, 3, 5章))
　　　　　　　千葉　柾司　東北大学大学院理学研究科（4.1, 4.2, 4.3節）
　　　　　　　辻本　拓司　国立天文台（4.4節）
　　　　　　　坪井　昌人　宇宙科学研究所（3.1節）
　　　　　　　土佐　　誠　東北大学名誉教授（9.1, 9.3節）
　　　　　　　長田　哲也　京都大学大学院理学研究科（3.2節）
　　　　　　　中西　裕之　鹿児島大学理工学域理学系（2.1, 2.3節）
　　　　　　　半田　利弘　鹿児島大学理工学域理学系（1.2, 1.4節, コラム
　　　　　　　　　　　　　(1章))

本間　希樹　国立天文台（2.2, 2.4 節）
牧野淳一郎　神戸大学大学院理学研究科（8.2, 8.3, 8.5, 8.6 節，コラム（8 章））
三好　真　国立天文台（3.4, 3.5 節）
和田　桂一　鹿児島大学理工学域理学系（9.4 節）

（＊は一部執筆）

銀河Ⅱ—銀河系［第2版］
シリーズ現代の天文学　第5巻

発行日　2007年4月25日　第1版第1刷発行
　　　　2018年3月15日　第2版第1刷発行

編　者　祖父江義明・有本信雄・家 正則
発行者　串崎 浩
発行所　株式会社 日本評論社
　　　　170-8474　東京都豊島区南大塚3-12-4
　　　　電話　03-3987-8621（販売）　03-3987-8599（編集）
印　刷　三美印刷株式会社
製　本　牧製本印刷株式会社
装　幀　妹尾浩也

JCOPY　〈(社)出版者著作権管理機構委託出版物〉
本書の無断複写は著作権法上での例外を除き禁じられています．複写される場合は、そのつど事前に、(社)出版者著作権管理機構（電話03-3513-6969，FAX03-3513-6979，e-mail: info@jcopy.or.jp）の許諾を得てください．また，本書を代行業者等の第三者に依頼してスキャニング等の行為によりデジタル化することは，個人の家庭内の利用であっても，一切認められておりません．

© Yoshiaki Sofue, Nobuo Arimoto, Masanori Iye et al. 2007, 2018 Printed in Japan
ISBN978-4-535-60755-2

シリーズ 現代の天文学 全17巻 [第2版]

圧倒的な支持を得た旧版に、重力波の直接観測、太陽系外惑星など、この10年のトピックスを盛り込んだ[第2版]刊行開始！

*表示本体価格

- 第1巻　**人類の住む宇宙**［第2版］岡村定矩／他編　◆第1回配本／2,700円＋税
- 第2巻　**宇宙論Ⅰ**——宇宙のはじまり［第2版増補版］佐藤勝彦＋二間瀬敏史／編　◆続刊
- 第3巻　**宇宙論Ⅱ**——宇宙の進化［第2版］二間瀬敏史／他編　◆続刊
- 第4巻　**銀河Ⅰ**——銀河と宇宙の階層構造［第2版］谷口義明／他編　◆第5回配本（2018年7月予定）
- 第5巻　**銀河Ⅱ**——銀河系［第2版］祖父江義明／他編　◆第4回配本／2,800円＋税
- 第6巻　**星間物質と星形成**［第2版］福井康雄／他編　◆続刊
- 第7巻　**恒星**［第2版］野本憲一／他編　◆続刊
- 第8巻　**ブラックホールと高エネルギー現象**［第2版］小山勝二＋嶺重 慎／編　◆続刊
- 第9巻　**太陽系と惑星**［第2版］渡部潤一／他編　◆続刊
- 第10巻　**太陽**［第2版］桜井 隆／他編　◆続刊
- 第11巻　**天体物理学の基礎Ⅰ**［第2版］観山正見／他編　◆続刊
- 第12巻　**天体物理学の基礎Ⅱ**［第2版］観山正見／他編　◆続刊
- 第13巻　**天体の位置と運動**［第2版］福島登志夫／編　◆第2回配本／2,500円＋税
- 第14巻　**シミュレーション天文学**［第2版］富阪幸治／他編　◆続刊
- 第15巻　**宇宙の観測Ⅰ**——光・赤外天文学［第2版］家 正則／他編　◆第3回配本
- 第16巻　**宇宙の観測Ⅱ**——電波天文学［第2版］中井直正／他編　◆続刊
- 第17巻　**宇宙の観測Ⅲ**——高エネルギー天文学［第2版］井上 一／他編　◆続刊
- 別巻　**天文学辞典**　岡村定矩／代表編者　◆既刊

日本評論社